기초 미적분학

고정미 · 김홍철 · 김병도 · 김병문
김용찬 · 손성익 · 송병철 · 오주목

KM 경문사

머리말

현대 문명의 토대를 이루고 있는 과학기술의 눈부신 성장은 합리적이고 분석적인 사고 능력과 수리적인 계산 능력 등이 그 뒷받침이 되고 있다. 그러나 이러한 현실적 당위성과 필요성에도 불구하고 대학에서 제공하는 교육과정을 이수하기에는 수학의 기초가 부족한 학생이 많은 것이 현실이다. 특히 이공계열의 대학생들이 전공 분야에 유연하게 적응하기 위해서는 체계적인 수학적 훈련을 거쳐야 한다. 이 책은 현대 과학기술의 토대를 이루고 있고 아울러 수학적 계산의 주요한 틀로 기능하는 미분적분을 중심으로 다양한 배경을 가진 학생들이 전공 분야에서 요구되는 수리적인 분석 능력과 계산 능력을 배양할 수 있도록 도와주기 위해 마련되었다. 그리고 이러한 목적에 부합하도록 가급적 추상적이고 복잡한 진술 대신에 개념과 정리들을 직관적인 설명이나 간결한 증명으로 대체하여 소재에 대한 빠른 이해와 적응력을 키워주고자 노력하였다.

이 책은 대학 1학년 과정의 이공계열 학생들을 대상으로 주당 3시간씩 한 학기동안 이수할 수 있도록 편성하였다. 제 1 장은 함수의 극한과 연속성, 도함수의 개념 및 기본함수의 도함수를, 제 2 장에서는 미분가능한 함수의 수학적 성질과 이를 이용한 여러 응용과제를 다루었다. 제 3 장에서는 적분의 계산 기술과 정적분의 개념을 중심으로 적분의 함수적인 성질을 수록하였고, 제 4 장에서는 도형의 계량과 역학의 기초 소재를 중심으로 적분을 이용하여 계산할 수 있는 소재들을 다루었다.

이 책에서는 학생들이 쉽게 원리를 이해하고 문제풀이 능력을 키워나갈 수 있도록 단계별로 필요한 예제와 풀이를 풍부하게 제시하였고, 학생들의 독자적인 학습의욕을 키워주기 위해 각 절마다 연습문제를, 그리고 각 장의 끝에 종합문제를 배치하고 문제의 해답을 부록으로 수록하였다. 모쪼록 이 책을 통해 학생들이 수학에 좀 더 자신감과 친밀감을 느껴 전공에 대한 포괄적인 이해를 돕고 아울러 학업에서도 큰 성취감을 이루는 계기가 되기를 바라마지 않는다. 모쪼록 이 책이 학생들의 성장을 돕고, 지식정보화 시대에 필요한 수학적 소양을 갖추는 데 좋은 도구로 쓰일 수 있기를 바란다.

끝으로 이 책을 만드는 데 협조를 아끼지 않으신 동료 교수들과 세심하게 다듬어서 좋은 도서로 꾸며주신 도서출판 경문사 여러분께 깊은 감사를 드린다.

저자 일동

차례

제1장 도함수의 개요

제2장 도함수의 응용

제3장 적분

제4장 적분의 응용

부록

제 1 장

도함수의 개요

1.1 함수의 극한과 연속

CALCULUS

정의역과 공역이 모두 실수 전체의 집합 $\mathbb{R}$인 함수 f에 대해 항등식 $(x-1)f(x)=x^2-1$이 성립한다고 하자. 이때 $x\neq 1$이면 $f(x)=\dfrac{x^2-1}{x-1}=x+1$이다. 그러면 $f(1)$도 알 수 있는가? 물론 $x\neq 1$일 때의 함숫값 $f(x)=x+1$에 $x=1$을 대입하면 $f(1)=2$이다. 그러나 예를 들어 $f(x)=\begin{cases} x+1, & x\neq 1\text{일 때}, \\ 5, & x=1\text{일 때}\end{cases}$ 로 정의해도 항등식 $(x-1)f(x)=x^2-1$이 성립한다. 따라서 이 식만으로는 $f(1)$을 알 수가 없다.

그런데 여기서 어떤 용수철이 있고 이 용수철에 x(kg)의 무게를 잴 때 $(0\leq x\leq 5)$ 용수철의 길이가 $f(x)$(cm)라 하자. x가 0.9, 0.99, 0.999 등으로 변할 때 $f(x)$는 1.9, 1.99, 1.999 등이고 x가 1.1, 1.01, 1.001 등으로 변할 때 $f(x)$는 2.1, 2.01, 2.001 등이다. 이때 $x=1$일 때 용수철의 길이 $f(x)$가 갑자기 5가 될 수는 없으므로 $f(1)=2$라 할 수 있다. 여기서 이 경우를 다시 생각해 보면 $x=0.9$, 0.99, 0.999, 1.1, 1.01, 1.001 등으로부터 추측한 함숫값 $f(1)$은 2이지만 엄밀하게 $f(1)=2$라고 말할 수는 없다. 그러나 $f(x)$가 길이, 위치, 넓이, 부피, 질량 등 자연과학이나 공학 등에서 나오는 여러 가지 양을 나타내는 함수라면 x가 1과 매우 가까운 수일 때 함숫값 $f(1)$이 $f(x)$과 매우 동떨어진 값이 될 수는 없다는 사실을 감안하면 $f(1)=2$가 성립한다고 할 수 있다.

이와 같이 $x=a$ 주변의 함숫값으로부터 $f(a)$를 추측한 값을 극한값이라 하고 극한값과 함숫값이 일치하는 함수를 연속함수라 한다.

먼저 극한의 정의부터 살펴보기로 하자.

정의 1.1 구간

a, b가 실수이고 $a<b$일 때 **개구간** $(a,\ b)$를 a보다 크고 b보다 작은 모든 실수들의 집합이고 **폐구간** $[a,\ b]$를 a보다 크거나 같고 b보다 작거나 같은 모든 실수들의 집합이라 하자. 이를 집합으로 나타내면

$$(a,\ b)=\{x\in\mathbb{R}\,|\,a<x<b\},$$
$$[a,\ b]=\{x\in\mathbb{R}\,|\,a\leq x\leq b\}$$

이다. 마찬가지로 $[a,\ b)$와 $(a,\ b]$를

$$[a,\ b) = \{x \in \mathbb{R} \mid a \le x < b\},$$
$$(a,\ b] = \{x \in \mathbb{R} \mid a < x \le b\}$$

로 정의한다. 그리고 ∞와 $-\infty$가 숫자는 아니지만 실수 a에 대해

$$(a,\ \infty) = \{x \in \mathbb{R} \mid x > a\},$$
$$[a,\ \infty) = \{x \in \mathbb{R} \mid x \ge a\},$$
$$(-\infty,\ a) = \{x \in \mathbb{R} \mid x < a\},$$
$$(-\infty,\ a] = \{x \in \mathbb{R} \mid x \le a\}$$

로 정의한다. 특히 $(-\infty,\ \infty) = \mathbb{R}$로 정의하고 이들을 모두 **구간**이라 한다.

구간을 수직선 상에서 그림으로 나타내면 다음과 같다.

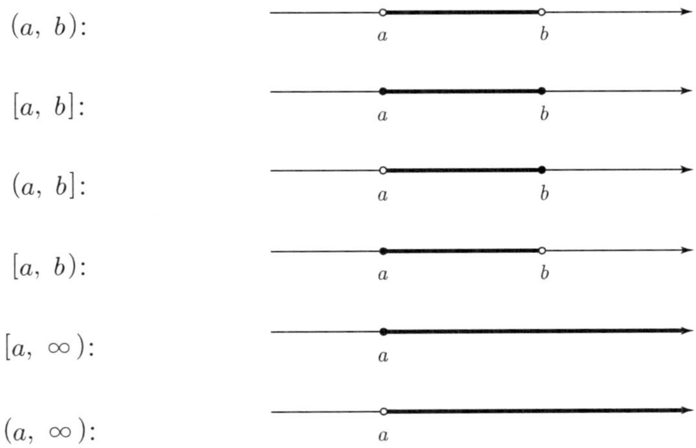

[그림 1.1] 구간

I가 구간 $(a,\ b)$, $[a,\ b]$, $[a,\ b)$, $(a,\ b]$ 가운데 하나일 때 a, b를 각각 I의 왼쪽 끝점, 오른쪽 끝점이라 하고 이들을 모두 I의 끝점이라 한다. 또 I가 구간 $(a,\ \infty)$, $[a,\ \infty)$가운데 하나일 때 a를 I의 왼쪽 끝점이라 하고 I가 구간 $(-\infty,\ a)$, $(-\infty,\ a]$ 가운데 하나일 때 a를 I의 오른쪽 끝점이라 한다. a가 I의 원소이고 끝점이 아닐 때 a를 I 내부

의 점이라 한다.

정의 1.2 극한값

I가 구간이고 a는 I의 내부의 점이라고 하자. 함수 $f(x)$가 $x \neq a$인 모든 I의 원소 x에 대해 정의되어 있다고 하자. 이때 $f(a)$는 정의되어 있어도 좋고 정의되어 있지 않아도 상관없다. 이때 x가 $x \neq a$이면서 a에 점점 가까이 갈 때 $f(x)$가 실수 L에 점점 가까이 가면 $x = a$에서 $f(x)$의 **극한값**은 L이며 극한 $\lim_{x \to a} f(x)$가 L로 **수렴**한다고 하고 기호로 $x \to a$일 때 $f(x) \to L$ 또는 $\lim_{x \to a} f(x) = L$로 나타낸다. $x = a$에서 $f(x)$가 극한값을 갖지 않으면 극한 $\lim_{x \to a} f(x)$는 **발산**한다고 한다.

예를 들어 $f(x) = \dfrac{x^3 - 8}{x - 2}$이면 $x \neq 2$일 때 $f(x) = x^2 + 2x + 4$이다. 이때 x가 점점 2에 가까이 가면 $f(x)$는 점점 12에 가까이 가므로 $\lim_{x \to 2} f(x) = 12$이다. 그리고 $g(x) = \dfrac{x-1}{|x-1|}$이면 $x > 1$일 때 $g(x) = 1$이고 $x < 1$이면 $g(x) = -1$이다. 따라서 이때 x가 점점 1에 가까이 갈 때 $g(x)$가 점점 가까이 가는 값을 정할 수 없으므로 $\lim_{x \to 1} g(x)$는 발산한다.

예제 1.1 다음 극한값을 구하라.

(1) $\displaystyle \lim_{x \to -1} \frac{x^3 + 1}{x + 1}$ (2) $\displaystyle \lim_{x \to 4} \frac{x^2 - 16}{\sqrt{x} - 2}$

풀이 (1) $\displaystyle \lim_{x \to -1} \frac{x^3 + 1}{x + 1} = \lim_{x \to -1} \frac{(x+1)(x^2 - x + 1)}{x + 1} = \lim_{x \to -1} (x^2 - x + 1) = 3.$

(2)
$$\begin{aligned}
\lim_{x \to 4} \frac{x^2 - 16}{\sqrt{x} - 2} &= \lim_{x \to 4} \frac{(x-4)(x+4)}{\sqrt{x} - 2} \\
&= \lim_{x \to 4} \frac{(\sqrt{x} - 2)(\sqrt{x} + 2)(x - 4)}{\sqrt{x} - 2} \\
&= \lim_{x \to 4} (\sqrt{x} + 2)(x + 4) = 32.
\end{aligned}$$
◆

정리 1.1 극한의 성질

I는 구간이고 a는 I 내부의 점이다. 두 함수 $f(x)$, $g(x)$가 $x \neq a$인 I의 모든 점 x에 대해 정의되어 있고 $\lim_{x \to a} f(x) = L$, $\lim_{x \to a} g(x) = M$일 때 다음이 성립한다.

(1) $\lim_{x \to a} (f(x) + g(x)) = L + M$

(2) $\lim_{x \to a} cf(x) = cL$

(3) $\lim_{x \to a} (f(x)g(x)) = LM$

(4) $\lim_{x \to a} \dfrac{f(x)}{g(x)} = \dfrac{L}{M}$ (단, $M \neq 0$)

예제 1.2 I는 구간이고 a는 I 내부의 점이다. 두 함수 $f(x)$, $g(x)$가 $x \neq a$인 I의 모든 점 x에 대해 정의되어 있다 하자.

(1) $\lim_{x \to a} f(x) = L$, $\lim_{x \to a} g(x) = M$일 때 $\lim_{x \to a} (f(x) - g(x)) = L - M$임을 보여라.

(2) $\lim_{x \to a} f(x) = 5$일 때 $\lim_{x \to a} (3f(x)^2 + 2f(x) + 5)$를 구하라.

풀이 (1) $\lim_{x \to a} (-g(x)) = -1 \cdot M = -M$이므로

$\lim_{x \to a} (f(x) - g(x)) = \lim_{x \to a} (f(x) + (-g(x))) = L - M$이다.

(2) $\lim_{x \to a} (3f(x)^2 + 2f(x) + 5) = 3 \cdot 5^2 + 2 \cdot 5 + 5 = 90.$ ◆

따름정리 1.1 극한의 성질

다항식 $p(x) = c_n x^n + c_{n-1} x^{n-1} + \cdots + c_0$에 대해 $\lim_{x \to a} p(x) = p(a)$이다.

증명 $\lim_{x \to a} p(x) = \lim_{x \to a} (c_n x^n + c_{n-1} x^{n-1} + \cdots + c_0)$

$= c_n a^n + c_{n-1} a^{n-1} + \cdots + c_0 = p(a)$이다. ◆

정리 1.2

I는 구간이고 a는 I 내부의 점이다. 두 함수 $f(x)$, $g(x)$가 I의 모든 점 x에 대해 정의되어 있고 $\lim_{x \to a} g(x) = 0$일 때 $\lim_{x \to a} \frac{f(x)}{g(x)}$가 수렴하면 $\lim_{x \to a} f(x) = 0$이다.

증명 $\lim_{x \to a} \frac{f(x)}{g(x)} = L$이면 $\lim_{x \to a} f(x) = \lim_{x \to a} \frac{f(x)}{g(x)} g(x) = L \cdot 0 = 0$이다. ◆

따름정리 1.2

I는 구간이고 a는 I 내부의 점이다. 함수 $f(x)$가 I의 모든 점 x에 대해 정의되어 있을 때 $\lim_{x \to a} \frac{f(x)}{x-a}$가 수렴하면 $\lim_{x \to a} f(x) = 0$이다.

예제 1.3 $\lim_{x \to 1} \frac{x^2 + ax + b}{x - 1} = 3$일 때 a, b는?

풀이 $\lim_{x \to 1} (x^2 + ax + b) = 0$이므로 $a + b + 1 = 0$이다. 따라서

$$\begin{aligned} \lim_{x \to 1} \frac{x^2 + ax + b}{x - 1} &= \lim_{x \to 1} \frac{x^2 + ax - 1 - a}{x - 1} \\ &= \lim_{x \to 1} \frac{(x-1)(x+a+1)}{x-1} \\ &= a + 2 = 3 \end{aligned}$$

이다. 그러므로 $a = 1$, $b = -2$이다. ◆

정리 1.3

I는 구간이고 a는 I 내부의 점이다. 두 함수 $f(x)$, $g(x)$가 $x \neq a$인 I의 모든 점 x에 대해 정의되어 있고 $f(x) \geq g(x)$일 때 $\lim_{x \to a} f(x) = L$이고 $\lim_{x \to a} g(x) = M$이면 $L \geq M$이다.

위의 정리는 함숫값이 큰 함수의 극한이 크다는 것이고 직관적으로 당연해 보인다. 다음 정리도 이와 비슷하다.

정리 1.4

I는 구간이고 a는 I 내부의 점이다. 세 함수 $f(x)$, $g(x)$, $h(x)$가 $x \neq a$인 I의 모든 점 x에 대해 정의되어 있고 $f(x) \leq g(x) \leq h(x)$일 때 $\lim_{x \to a} f(x) = \lim_{x \to a} h(x) = L$이면 $\lim_{x \to a} g(x) = L$이다.

예제 1.4 $f(x) = x^2\left(1 + \sin \frac{1}{x}\right)$라 하자. 각각의 0 아닌 x에 대해 $f(x)$의 값을 구하기는 쉽지 않지만 부등식 $0 \leq f(x) \leq 2x^2$과 극한 $\lim_{x \to 0} 2x^2 = 0$으로부터 정리 1.4에 의해 $\lim_{x \to 0} f(x) = 0$임을 알 수 있다. ◆

함수 $f(x) = \frac{x}{|x|}$를 생각해 보자. 이 함수는 $(\infty, -\infty)$에서 $x \neq 0$인 모든 점에서 정의되어 있고 $x > 0$일 때 $f(x) = 1$이고 $x < 0$일 때 $f(x) = -1$이다. 따라서 $\lim_{x \to 0} f(x)$는 발산하지만 $x > 0$이면서 x가 점점 0에 가까이 가면 $f(x)$는 1에 점점 가까이 가고 $x < 0$이면서 x가 점점 0에 가까이 가면 $f(x)$는 -1에 점점 가까이 간다. 이와 같이 $x > a$이거나 $x < a$이면서 x가 점점 a에 가까이 갈 때 $f(x)$가 점점 가까이 가는 값을 각각 $x = a$에서의 $f(x)$의 **오른쪽 극한**과 **왼쪽 극한**이라 한다. 좀 더 자세한 정의는 다음과 같다.

정의 1.3 오른쪽 극한과 왼쪽 극한

I가 구간이고 a는 I의 내부의 점이라고 하자. 함수 $f(x)$가 $x > a$인 모든 I의 원소 x에 대해 정의되어 있다고 하자. 이때 x가 $x > a$이면서 a에 점점 가까이 갈 때 $f(x)$가 실수 L에 점점 가까이 가면 $x = a$에서 $f(x)$의 오른쪽 극한값은 L이라 하고 기호로 $x \to a^+$일 때 $f(x) \to L$ 또는 $\lim_{x \to a^+} f(x) = L$로 나타낸다. 또 x가 $x < a$이면서 a에 점점 가까이 갈 때 $f(x)$가 실수 L에 점점 가까이 가면 $x = a$에서

$f(x)$의 왼쪽 극한값은 L이라 하고 기호로 $x \to a^-$일 때 $f(x) \to L$ 또는 $\lim_{x \to a^-} f(x) = L$로 나타낸다. $x = a$에서 $f(x)$가 오른쪽 극한값이나 왼쪽 극한값을 갖지 않으면 이때 각각 오른쪽 극한 $\lim_{x \to a^+} f(x)$, 또는 왼쪽 극한 $\lim_{x \to a^-} f(x)$는 발산한다고 한다.

예제 1.5 다음 극한값을 구하라.

(1) $\lim_{x \to 1^+} \frac{|x-1|(x+2)}{x-1}$ (2) $\lim_{x \to 2^-} \frac{\sqrt{x}-\sqrt{2}}{\sqrt{2-x}}$

풀이

(1) $\lim_{x \to 1^+} \frac{|x-1|(x+2)}{x-1} = \lim_{x \to 1^+} \frac{(x-1)(x+2)}{x-1} = \lim_{x \to 1^+} (x+2) = 3$

(2)
$$\begin{aligned}\lim_{x \to 2^-} \frac{\sqrt{x}-\sqrt{2}}{\sqrt{2-x}} &= \lim_{x \to 2^-} \frac{(\sqrt{x}-\sqrt{2})(\sqrt{x}+\sqrt{2})}{\sqrt{2-x}(\sqrt{x}+\sqrt{2})} \\ &= \lim_{x \to 2^-} \frac{(x-2)}{\sqrt{2-x}(\sqrt{x}+\sqrt{2})} \\ &= \lim_{x \to 2^-} \frac{-\sqrt{2-x}}{\sqrt{x}+\sqrt{2}} = 0\end{aligned}$$
◆

예제 1.6 실수 x에 대해 $[x]$를 x를 넘지 않는 가장 큰 정수로 정의한다. 이는 x를 소수로 나타낸 뒤 소숫점 이하를 버림한 값과 같다. 예를 들어 $[5.312] = 5$이다. 이때 정수 n에 대해 $\lim_{x \to n^+} [x] = n$이고 $\lim_{x \to n^-} [x] = n-1$이다. ◆

오른쪽 극한도 극한과 같이 다음의 성질을 가진다.

정리 1.5 오른쪽 극한의 성질

I는 구간이고 a는 I의 원소이고 왼쪽 극한은 아니다. 두 함수 $f(x)$, $g(x)$가 $x > a$인 I의 모든 점 x에 대해 정의되어 있고 $\lim_{x \to a^+} f(x) = L$, $\lim_{x \to a^+} g(x) = M$일 때 다음이 성립한다.

(1) $\lim_{x \to a^+} (f(x)+g(x)) = L+M$

(2) $\lim_{x \to a^+} cf(x) = cL$

(3) $\lim_{x \to a^+} (f(x)g(x)) = LM$

(4) $\lim_{x \to a^+} \frac{f(x)}{g(x)} = \frac{L}{M}$ (단, $M \neq 0$)

왼쪽 극한에 대해서도 같은 정리가 성립한다. 또 정리 1.3과 1.4와 같은 결과가 왼쪽 극한과 오른쪽 극한에 대해서도 성립한다. 예를 들어 $a < x < b$인 모든 x에 대해 $f(x) \leq g(x) \leq h(x)$이고 $\lim_{x \to a^+} f(x) = \lim_{x \to a^+} h(x) = L$이면 $\lim_{x \to a^+} g(x) = L$이다. 그리고 어떤 함수의 양쪽 극한이 모두 같은 값으로 수렴한다는 것은 이 함수의 극한이 수렴한다는 것과 같다.

정리 1.6

I는 구간이고 a는 I의 원소이고 양쪽 극한은 아니다. 함수 $f(x)$, $g(x)$가 $x \neq a$인 I의 모든 점 x에 대해 정의되어 있고 $\lim_{x \to a^+} f(x) = \lim_{x \to a^-} f(x) = L$일 때 $\lim_{x \to a} f(x) = L$이고 $\lim_{x \to a} f(x) = L$이면 $\lim_{x \to a^+} f(x) = \lim_{x \to a^-} f(x) = L$이다.

예제 1.7 $f(x) = \begin{cases} x+1, & x \geq 1 \\ -x+a, & x < 1 \end{cases}$일 때 $\lim_{x \to 1} f(x)$는 발산하지만 $\lim_{x \to 1} f(x)^2$은 수렴하는 a값은?

풀이 $\lim_{x \to 1^+} f(x) = 2$이고 $\lim_{x \to 1^-} f(x) = a-1$이다. 이때

$$\lim_{x \to 1^+} f(x)^2 = 4 = \lim_{x \to 1} f(x)^2 = \lim_{x \to 1^-} f(x)^2 = (a-1)^2$$

이므로 $a=3$ 또는 $a=-1$이다. 그런데 $\lim_{x \to 1} f(x)$가 발산하므로 $a-1 \neq 2$이다. 따라서 $a=-1$이다. ◆

다음으로 x가 점점 커질 때의 극한을 다음과 같이 정의한다.

정의 1.4

I가 (a, ∞) 또는 $[a, \infty)$ 꼴의 구간이라 하고, 함수 $f(x)$가 모든 I의 원소 x에 대해 정의되어 있다고 하자. 이때 x가 한없이 커질 때 $f(x)$가 실수 L에 점점 가까이 가면 x가 무한대로 발산할 때 $f(x)$의 극한값은 L이라 하고 기호로 $x \to \infty$일 때 $f(x) \to L$ 또는 $\lim_{x \to \infty} f(x) = L$로 나타낸다.

위와 같은 방법으로 $\lim_{x \to -\infty} f(x) = L$도 정의한다.

정리 1.7

I가 (a, ∞) 또는 $[a, \infty)$ 꼴의 구간이라 하고, 함수 $f(x)$가 모든 I의 원소 x에 대해 정의되어 있다고 하자. 두 함수 $f(x)$, $g(x)$가 I의 모든 점 x에 대해 정의되어 있고 $\lim_{x \to \infty} f(x) = L$, $\lim_{x \to \infty} g(x) = M$일 때 다음이 성립한다.

(1) $\lim_{x \to \infty} (f(x) + g(x)) = L + M$

(2) $\lim_{x \to \infty} cf(x) = cL$

(3) $\lim_{x \to \infty} (f(x)g(x)) = LM$

(4) $\lim_{x \to \infty} \dfrac{f(x)}{g(x)} = \dfrac{L}{M}$ (단, $M \neq 0$)

예제 1.8 다음 극한을 구하라.

(1) $\lim_{x \to \infty} \dfrac{2x+3}{x-1}$

(2) $\lim_{x \to -\infty} \dfrac{(2x+1)(3x-5)}{x^2+3x-2}$

풀이 (1) $\lim_{x \to \infty} \frac{2x+3}{x-1} = \lim_{x \to \infty} \frac{2+\frac{3}{x}}{1-\frac{1}{x}} = 2$

(2) $\lim_{x \to -\infty} \frac{(2x+1)(3x-5)}{x^2+3x-2} = \lim_{x \to -\infty} \frac{(2+\frac{1}{x})(3-\frac{5}{x})}{1+\frac{3}{x}-\frac{2}{x^2}} = 6$ ◆

정리 1.3과 1.4와 같은 결과가 $x \to \infty$일 때, 또는 $x \to -\infty$일 때에 대해서도 성립한다. 예를 들면 모든 $x > 0$에 대해 $\frac{x-1}{x} < \frac{[x]}{x} \le 1$이고 $\lim_{x \to \infty} \frac{x-1}{x} = 1$이므로 $\lim_{x \to \infty} \frac{[x]}{x} = 1$이다.

정의 1.5

I가 구간이고 a는 I의 내부의 점이라고 하자. 함수 $f(x)$가 $x \neq a$인 모든 I의 원소 x에 대해 정의되어 있다고 하자. 이때 x가 $x \neq a$이면서 a에 점점 가까이 갈 때 $f(x)$가 한없이 커지면 $x = a$에서 $f(x)$는 무한대로 발산한다고 하고 기호로 $x \to a$일 때 $f(x) \to \infty$ 또는 $\lim_{x \to a} f(x) = \infty$로 나타낸다.

$\lim_{x \to a} f(x) = -\infty$, $\lim_{x \to a^+} f(x) = \infty$, $\lim_{x \to a^+} f(x) = -\infty$, $\lim_{x \to a^-} f(x) = \infty$, $\lim_{x \to a^-} f(x) = -\infty$, $\lim_{x \to \infty} f(x) = \infty$, $\lim_{x \to \infty} f(x) = -\infty$, $\lim_{x \to -\infty} f(x) = \infty$, $\lim_{x \to -\infty} f(x) = -\infty$ 등도 마찬가지로 정의한다. 예를 들어 $\lim_{x \to 0^+} \frac{1}{x} = \infty$이고 $\lim_{x \to 0^-} \frac{1}{x} = -\infty$이다.

예제 1.9 $\lim_{x \to 2} \frac{3}{-x^2+ax+b} = -\infty$일 때 a, b를 구하라.

풀이 $f(x) = -x^2+ax+b$라 할 때 $\lim_{x \to 2} \frac{3}{-x^2+ax+b}$가 발산하므로 $f(2) = 0$이다. 그런데 이 극한값이 $-\infty$로 발산하므로 모든 x에 대해 $f(x) \le 0$이다. 따라서 $f(x) = -(x-2)^2$이고 $a = 4$, $b = -4$이다. ◆

정리 1.8

> I는 구간이고 a는 I 내부의 점이다. 두 함수 $f(x)$, $g(x)$가 $x \neq a$인 I의 모든 점 x에 대해 정의되어 있고 $f(x) \geq g(x)$일 때 $\lim_{x \to a} g(x) = \infty$이면 $\lim_{x \to a} f(x) = \infty$이고 $\lim_{x \to a} f(x) = -\infty$이면 $\lim_{x \to a} g(x) = -\infty$이다.

$\lim_{x \to a} f(x) = -\infty$, $\lim_{x \to a^+} f(x) = \infty$, $\lim_{x \to a^+} f(x) = -\infty$, $\lim_{x \to a^-} f(x) = \infty$, $\lim_{x \to a^-} f(x) = -\infty$, $\lim_{x \to \infty} f(x) = \infty$, $\lim_{x \to \infty} f(x) = -\infty$, $\lim_{x \to -\infty} f(x) = \infty$, $\lim_{x \to -\infty} f(x) = -\infty$ 등도 마찬가지로 정의한다. 예를 들어 $\lim_{x \to 0^+} \frac{1}{x} = \infty$이고 $\lim_{x \to 0^-} \frac{1}{x} = -\infty$이다.

다음으로 등비수열의 수렴·발산을 알아보자.

정리 1.9

> r이 실수일 때 $0 \leq r < 1$이면 $\lim_{x \to \infty} r^x = 0$이고 $r > 1$이면 $\lim_{x \to \infty} r^x = \infty$이다.

예제 1.10 다음 극한을 구하라.

(1) $\lim_{x \to \infty} \dfrac{2^x + 3^{x+2}}{3^x - 1}$ (2) $\lim_{x \to \infty} \dfrac{2^{2x} - 3^{x+10}}{2^x + 5^x}$

풀이

(1) $$\lim_{x \to \infty} \frac{2^x + 3^{x+2}}{3^x - 1} = \lim_{x \to \infty} \frac{\left(\frac{2}{3}\right)^x + 3^2}{1 - \left(\frac{1}{3}\right)^x} = 9$$

(2) $$\lim_{x \to \infty} \frac{2^{2x} - 3^{x+10}}{2^x + 5^x} = \lim_{x \to \infty} \frac{\left(\frac{4}{5}\right)^x - \left(\frac{3}{5}\right)^x 3^{10}}{\left(\frac{2}{5}\right)^x + 1} = 0$$ ◆

예제 1.11 $f(x) = \lim_{y \to \infty} \left(\dfrac{1}{x^2 + 1}\right)^y$일 때 $f(x)$를 구하고 $f(x)$가 불연속인 점을 찾아라.

풀이 $x \neq 0$이면 $0 < \dfrac{1}{x^2+1} < 1$이므로 $f(x)=0$이고 $x=0$이면 $f(0)=\lim\limits_{y \to \infty} 1^y$ $=1$이다. 따라서 $x=0$일 때 $f(x)$는 불연속이다. ◆

다음은 연속함수에 대해 생각해보자. 연속함수는 직관적으로 그래프를 그렸을 때 그래프가 끊어지지 않고 이어져 있는 함수를 의미하지만 그래프를 그리기 힘든 함수도 있고 그래프를 그리지 않고도 연속함수 여부를 판단할 수 있는 경우도 많기 때문에 다음과 같이 정의한다.

정의 1.6 연속

I가 구간이고 a는 I의 내부의 점이라고 하자. 함수 $f(x)$가 모든 I의 원소 x에 대해 정의되어 있다고 하자. 이때 $\lim\limits_{x \to a} f(x) = f(a)$가 성립하면 함수 $f(x)$는 $x=a$에서 **연속**이라 한다. a가 I의 오른쪽 또는 왼쪽 끝점일 때, $f(a)$가 정의되어 있고 각각 $\lim\limits_{x \to a^+} f(x) = f(a)$, 또는 $\lim\limits_{x \to a^-} f(x) = f(a)$인 경우도 $f(x)$가 $x=a$에서 연속이라 한다. 함수 $f(x)$가 구간 I의 모든 점에서 연속이면 $f(x)$는 I에서 연속이라 한다.

함수 $f(x)$는 $x=a$에서 연속일 조건은 다음과 같이 풀어쓸 수도 있다.

(1) $f(a)$가 정의되어 있다.

(2) $\lim\limits_{x \to a} f(x)$가 수렴한다.

(3) $\lim\limits_{x \to a} f(x) = f(a)$이다.

그림 1.2에서 (1)은 $x=a$에서 연속인 함수의 그래프이고 (2), (3), (4)는 $x=a$에서 연속이 아닌 경우이다.

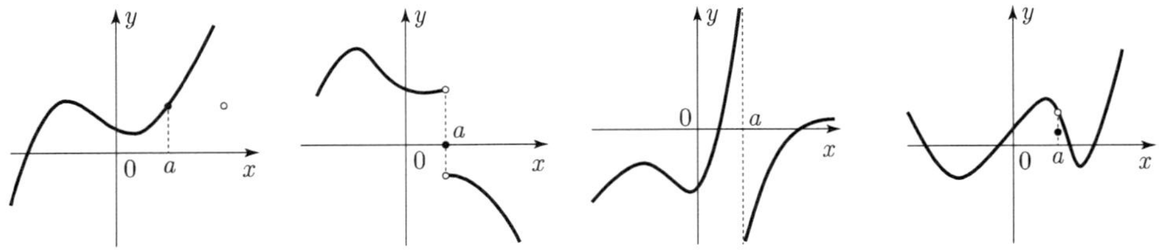

(1) (2) (3) (4)

[그림 1.2] 연속함수와 불연속함수의 그래프

정리 1.10

I는 구간이고 a는 I 내부의 점이다. 두 함수 $f(x)$, $g(x)$가 I의 모든 점 x에 대해 정의되어 있고 $x=a$에서 연속이면 $f(x)+g(x)$, $cf(x)$, $f(x)g(x)$, $\dfrac{f(x)}{g(x)}(g(a)\neq 0)$도 $x=a$에서 연속이다.

증명 $\lim\limits_{x\to a}(f(x)+g(x))=\lim\limits_{x\to a}f(x)+\lim\limits_{x\to a}g(x)=f(a)+g(a)$이므로 $f(x)+g(x)$는 $x=a$에서 연속이다. 다른 경우의 증명도 마찬가지이다. ◆

a가 구간 I의 양 끝점 가운데 하나일 때에도 정리 1.9와 같은 결과가 성립한다.

따름정리 1.3

다항식 $p(x)=c_nx^n+c_{n-1}x^{n-1}+\cdots+c_0$는 $(-\infty,\ \infty)$에서 연속이다.

예제 1.12 다음 함수들이 $x=0$에서 연속인지 판정하라.

(1) $f(x)=[1-x^2]$

(2) $f(x)=\begin{cases} x, & x\geq 0 \\ -2x, & x<0 \end{cases}$

풀이 (1) $-1<x<1$이고 $x\neq 0$일 때 $0<1-x^2<1$이므로

$$\lim_{x\to 0}f(x)=\lim_{x\to 0}[1-x^2]=0$$

이지만 $f(0)=[1]=1$이므로 $f(x)$는 $x=0$에서 연속이 아니다.

(2) $\lim_{x\to 0^+} f(x)=\lim_{x\to 0} x = \lim_{x\to 0^-} f(x)=\lim_{x\to 0}(-2x)=0$이므로 $\lim_{x\to 0} f(x)=0=f(0)$이다. 따라서 $f(x)$는 $x=0$에서 연속이다. ◆

예제 1.13 함수 $f(x)=\begin{cases}2x-a+3, & x\ge 2\\ -x+2a, & x<2\end{cases}$가 $x=2$에서 연속일 a를 구하라.

풀이 $f(2)=\lim_{x\to 2^+} f(x)=7-a=\lim_{x\to 2^-} f(x)=2a-2$이므로 $a=3$이다. ◆

정리 1.11

> I, J는 구간이고 a, b는 각각 I, J 내부의 점이다. 함수 $f(x)$가 $x\ne a$인 I의 모든 점 x에 대해 정의되어 있고 $g(x)$는 $x\ne b$인 J의 모든 점 x에 대해 정의되어 있다. 이때 $\lim_{x\to a} f(x)=b$이고 $\lim_{x\to b} g(x)=L$이면 $\lim_{x\to a} g\circ f(x)=\lim_{x\to a} g(f(x))=L$이다.

이 정리는 다음과 같이 이해할 수 있다. $t=f(x)$라 하면 $x\to a$일 때 $t\to b$이므로 극한 $\lim_{x\to a} g\circ f(x)=\lim_{x\to a} g(f(x))$는 $\lim_{t\to b} g(t)$인데 이 극한은 L로 수렴한다. 위의 정리와 유사하게 $\lim_{x\to a} f(x)=\infty$이고 $\lim_{x\to\infty} g(x)=L$이면 $\lim_{x\to a} g\circ f(x)=\lim_{x\to a} g(f(x))=\lim_{t\to\infty} g(t)=L$이다. 지수함수, 로그함수, 삼각함수 등은 모두 연속함수이다.

예제 1.14 다음 극한을 구하라.

(1) $\lim_{x\to 1} 3^{2x^2+x-1}$

(2) $\lim_{x\to\infty}(\log_2(2x^2+3x)-2\log_2 x)$

(3) $\lim_{x\to\infty}\sqrt{4^x+2^{x+1}}-2^x$

(4) $\lim_{x\to\infty}\dfrac{2^{2x}+8^{x+3}}{2^{x^2}}$

풀이 (1) $\lim_{x\to 1} 2x^2+x-1=2$이므로 $\lim_{x\to 1} 3^{2x^2+x-1}=3^2=9$이다.

(2) $\lim_{x\to\infty}(\log_2(2x^2+3x)-2\log_2 x)=\lim_{x\to\infty}\log_2\dfrac{2x^2+3x}{x^2}$

$$= \lim_{x \to \infty} \log_2\left(2 + \frac{3}{x}\right)$$

$$= \log_2 2 = 1$$

(3) $t = 2^x$라 하면

$$\lim_{x \to \infty} \sqrt{4^x + 2^{x+1}} - 2^x = \lim_{t \to \infty} (\sqrt{t^2 + 2t} - t)$$

$$= \lim_{t \to \infty} \frac{(\sqrt{t^2+2t} - t)(\sqrt{t^2+2t} + t)}{\sqrt{t^2+2t} + t}$$

$$= \lim_{t \to \infty} \frac{(t^2+2t) - t^2}{\sqrt{t^2+2t} + t}$$

$$= \lim_{t \to \infty} \frac{2}{\sqrt{1 + \frac{2}{t}} + 1} = 1$$

(4) $\displaystyle\lim_{x \to \infty} \frac{2^{2x} + 8^{x+3}}{2^{x^2}} = \lim_{x \to \infty} \frac{2^{2x}}{2^{x^2}} + \lim_{x \to \infty} \frac{8^{x+3}}{2^{x^2}}$

$$= \lim_{x \to \infty} \frac{1}{2^{x^2 - 2x}} + \lim_{x \to \infty} \frac{1}{2^{x^2 - 3x - 9}}$$ 이다.

$\displaystyle\lim_{x \to \infty} (x^2 - 2x) = \lim_{x \to \infty} x^2\left(1 - \frac{2}{x}\right) = \infty$ 이고

$$\lim_{x \to \infty} (x^2 - 3x - 9) = \lim_{x \to \infty} x^2\left(1 - \frac{3}{x} - \frac{9}{x^2}\right) = \infty$$

이므로 $\displaystyle\lim_{x \to \infty} \frac{2^{2x} + 8^{x+3}}{2^{x^2}} = 0$이다. ◆

정리 1.12 최대 · 최소 정리

함수 $f(x)$가 폐구간 $I = [a, b]$에서 연속이면 $f(x)$는 I에서 최댓값과 최솟값을 가진다.

정리 1.13 **중간값 정리**

함수 $f(x)$가 폐구간 $I=[a,\ b]$에서 연속이고 $f(a)<c<f(b)$이면 방정식 $f(x)=c$는 I에서 적어도 하나의 해를 가진다.

예제 1.15 방정식 $x^4+3x-10=0$은 반드시 실근을 가짐을 보여라.

풀이 $f(x)=x^4+3x-10$이라 할 때 $f(0)=-10<0<12=f(2)$이므로 중간값 정리에 의해 방정식 $f(x)=x^4+3x-10=0$은 $(0,\ 2)$에서 반드시 실근을 가진다. ◆

연습문제 1.1

01. 다음 극한값을 구하라.

(1) $\lim\limits_{x\to5}\dfrac{x^2-5x}{x-5}$ (2) $\lim\limits_{x\to1}\dfrac{4^x-2^{x+3}+12}{2^x-2}$

02. $\lim\limits_{x\to1}\dfrac{x^3+ax+b}{x-1}=5$일 때 $a,\ b$는?

03. 다음 극한값을 구하라.

(1) $\lim\limits_{x\to3^-}\dfrac{x-3}{|\sqrt{x}-\sqrt{3}|}$ (2) $\lim\limits_{x\to0^+}\dfrac{|3^x-9^x|}{3^x-1}$

04. 다음 극한을 구하라.

(1) $\lim_{x \to \infty} \frac{\sqrt{3x} - \sqrt{x+1}}{\sqrt{2x+1}}$ (2) $\lim_{x \to -\infty} \frac{x|x+1|}{(3-2x)(x-5)}$

05. 다음 극한을 구하라.

(1) $\lim_{x \to \infty} \frac{2^{2x} + 3^{x+1}}{2^{x+2} - 5^{x-2}}$ (2) $\lim_{x \to \infty} \left(\frac{3^x + 4^x}{2^x + 5^x} \right)^{\frac{1}{x}}$

(3) $\lim_{x \to \infty} \frac{\sqrt{6^{x+1} + 3^{2x}} - 3^x}{2^x}$ (4) $\lim_{x \to \infty} (\log_4 (8x^2 - x) - \log_2 (x+2))$

06. 다음 함수들이 $x=0$에서 연속인지 판정하라.

(1) $f(x) = \left[\frac{x-1}{x+1} \right]$ (2) $f(x) = \frac{x-1}{|x+1|} + \frac{x+1}{|x-1|}$

07. $\lim_{x \to \infty} \left(\frac{1 + \sin x}{4 - \cos x} \right)^x = 0$임을 보여라.

08. $\lim_{x \to 0} \left(\frac{a|x|}{x} + [x] \right)$가 수렴하는 a값은?

09. $\lim_{x \to 2^-} \frac{x^2 - ax - a - 1}{|x^2 - ax - a - 1|} = -1$이고 $\lim_{x \to 2^+} \frac{x^2 - ax - a - 1}{|x^2 - ax - a - 1|} = 1$이 되는 a값은?

10. 방정식 $x^2 + \sqrt{x} - 4 = 0$은 반드시 실근을 가짐을 보여라.

1.2 미분계수와 도함수

CALCULUS

아래의 그래프는 어떤 자동차의 시간 x에 대해 이동 거리 $f(x)$를 나타낸 것이라 하자.

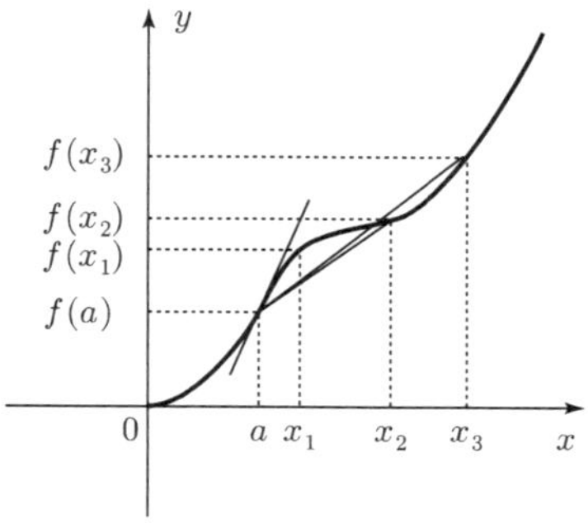

[그림 1.3]

$x=a$를 기준으로 시간이 $x=x_1,\ x_2,\ x_3$로 변할 때 좌표평면상의 점 $(a,\ f(a))$와 $(x_i,\ f(x_i))(i=1,\ 2,\ 3)$을 선분으로 연결하면 이 선분들의 기울기가 시간 $x=a$와 $x=x_i$ 사이의 자동차의 평균속도이다. 이 평균속도를 식으로 나타내면 $\dfrac{f(x_i)-f(a)}{x_i-a}$이다. 일반적으로 두 시점 a와 x 사이의 평균속도는 $\dfrac{f(x)-f(a)}{x-a}$이다. 그런데 $x=a$에서의 이 곡선의 접선이 이 시점에서의 자동차의 순간속도이다. 이때 평균속도 $\dfrac{f(x)-f(a)}{x-a}$는 $x=a$일 때는 무의미해지지만 x가 a와 매우 가까우면 순간속도와 비슷해진다. 따라서 우리는 평균속도 $\dfrac{f(x)-f(a)}{x-a}$의 극한값 $\lim\limits_{x\to a}\dfrac{f(x)-f(a)}{x-a}$가 $x=a$에서의 이 자동차의 순간속도라 판단할 수 있다. 우리는 여기서 x가 시간이고 $f(x)$가 자동차의 이동거리를 나타냈지만 x와 $f(x)$는 시간, 거리, 위치, 넓이, 온도 등 여러 가지 양을 함수의 그래프로 나타낼 수 있고 이 모든 경우에 접선의 기울기는 변화율을 나타낸다.

정의 1.7 미분가능

a가 구간 I의 내부의 점이고 함수 $f(x)$가 모든 I의 원소 x에 대해 정의되어 있을 때 극한값 $\lim\limits_{x\to a}\dfrac{f(x)-f(a)}{x-a}$이 수렴하면 $f(x)$는 $x=a$에서 **미분가능**하다고 하고

이 극한값을 $x=a$에서 $f(x)$의 **순간변화율** 또는 **미분계수**라 하고 $f'(a)$로 나타낸다. 극한값 $\lim_{x \to a} \frac{f(x)-f(a)}{x-a}$이 수렴하지 않으면 $f(x)$는 $x=a$에서 **미분불가능**하다고 한다.

함수 $y=f(x)$에 대해 $f'(a)$는 $\left.\frac{dy}{dx}\right|_{x=a}$ 나 $\left.\frac{d}{dx}f(x)\right|_{x=a}$ 로 나타내기도 한다.

예제 1.16 주어진 점에서 다음 함수들의 미분계수를 구하라.

(1) $f(x)=x^2,\ x=3$ (2) $f(x)=\sqrt{x+1},\ x=5$

(3) $f(x)=\frac{1}{x},\ x=-2$ (4) $f(x)=x|x|,\ x=0$

풀이 (1) $f'(3)=\lim_{x \to 3}\frac{f(x)-f(3)}{x-3}=\lim_{x \to 3}\frac{x^2-9}{x-3}=\lim_{x \to 3}(x+3)=6$

(2) $$f'(5)=\lim_{x \to 5}\frac{f(x)-f(5)}{x-5}=\lim_{x \to 5}\frac{\sqrt{x+1}-\sqrt{6}}{x-5}$$
$$=\lim_{x \to 5}\frac{(\sqrt{x+1}-\sqrt{6})(\sqrt{x+1}+\sqrt{6})}{(x-5)(\sqrt{x+1}+\sqrt{6})}$$
$$=\lim_{x \to 5}\frac{x-5}{(x-5)(\sqrt{x+1}+\sqrt{6})}$$
$$=\lim_{x \to 5}\frac{1}{(\sqrt{x+1}+\sqrt{6})}=\frac{1}{2\sqrt{6}}=\frac{\sqrt{6}}{12}$$

(3) $$f'(-2)=\lim_{x \to -2}\frac{f(x)+f(-2)}{x+2}=\lim_{x \to -2}\frac{\frac{1}{x}-\frac{1}{-2}}{x+2}=\lim_{x \to -2}\frac{\frac{1}{x}+\frac{1}{2}}{x+2}$$
$$=\lim_{x \to -2}\frac{x+2}{2x(x+2)}=\lim_{x \to -2}\frac{1}{2x}=-\frac{1}{4}$$

(4) $f'(0)=\lim_{x \to 0}\frac{f(x)-f(0)}{x}=\lim_{x \to 0}\frac{x|x|}{x}=\lim_{x \to 0}|x|=0$ ◆

예제 1.17 $f(x)=|x|$이면 $f'(0)=\lim_{x \to 0}\frac{f(x)-f(0)}{x}=\lim_{x \to 0}\frac{|x|}{x}$인데 $\lim_{x \to 0^+}\frac{|x|}{x}=1$

이고 $\lim_{x \to 0^-} \frac{|x|}{x} = -1$이므로 이 극한은 수렴하지 않는다. 따라서 함수 $f(x) = |x|$는 $x = 0$에서 미분불가능하다. ◆

$f'(a) = \lim_{x \to a} \frac{f(x) - f(a)}{x - a}$에서 $h = x - a$로 놓으면 $x = a + h$이므로

$$f'(a) = \lim_{h \to 0} \frac{f(a+h) - f(a)}{h}$$

로 쓸 수도 있다. $f(x)$가 상수함수이면 $f(x) = c$이므로 $f'(a) = \lim_{x \to a} \frac{c - c}{x - a} = 0$이다. 이것은 상수함수의 그래프에서 접선의 기울기가 항상 0이라는 사실과도 합치된다. 함수 $f(x)$가 구간 $I = (a,\ b)$의 모든 점에서 미분가능하면 $f(x)$는 I에서 미분가능하다고 한다. 이때 $f(x)$의 각 점에서의 미분계수는 다시 변수 x에 대해 함수로 나타낼 수 있는데 이 함수를 $f(x)$의 **도함수**라 하고 $f'(x)$로 나타낸다.

함수 $f(x)$가 I에서 미분가능하다는 것을 $f(x)$가 I에서 도함수를 가진다고 하기도 한다. 함수 $y = f(x)$에 대해 도함수 $f'(x)$는 y'나 $\frac{dy}{dx}$ 또는 $\frac{d}{dx}y$, $\frac{d}{dx}f(x)$로 나타내는 경우도 많다. 다음은 도함수의 기본성질이다.

정리 1.14

> 함수 $f(x)$, $g(x)$가 구간 I의 모든 내부의 점에서 미분가능하면 $f(x) + g(x)$, $cf(x)$, $f(x)g(x)$, $\frac{f(x)}{g(x)}$(단, $g(x) \neq 0$)는 I의 모든 내부의 점에서 미분가능하고 이들의 도함수는 다음과 같다.
>
> $$(f(x) + g(x))' = f'(x) + g'(x)$$
> $$(cf(x))' = cf'(x)$$
> $$(f(x)g(x))' = f'(x)g(x) + f(x)g'(x)$$
> $$\left(\frac{f(x)}{g(x)}\right)' = \frac{f'(x)g(x) - f(x)g'(x)}{g(x)^2} \quad (\text{단, } g(x) \neq 0)$$

증명 $(f(x) + g(x))' = \lim_{h \to 0} \frac{f(x+h) + g(x+h) - f(x) - g(x)}{h}$

$$= \lim_{h \to 0} \frac{f(x+h)-f(x)}{h} + \lim_{h \to 0} \frac{g(x+h)-g(x)}{h}$$

$$= f'(x)+g'(x)$$

$$(cf(x))' = \lim_{h \to 0} \frac{cf(x+h)-cf(x)}{h} = c\lim_{h \to 0} \frac{f(x+h)-f(x)}{h} = cf'(x)$$

$$(f(x)g(x))' = \lim_{h \to 0} \frac{f(x+h)g(x+h)-f(x)g(x)}{h}$$

$$= \lim_{h \to 0} \frac{f(x+h)g(x+h)-f(x+h)g(x)+f(x+h)g(x)-f(x)g(x)}{h}$$

$$= \lim_{h \to 0} \frac{f(x+h)(g(x+h)-g(x))}{h} + \lim_{h \to 0} \frac{(f(x+h)-f(x))g(x)}{h}$$

$$= f'(x)g(x)+f(x)g'(x)$$

$$\left(\frac{f(x)}{g(x)}\right)' = \lim_{h \to 0} \frac{1}{h}\left(\frac{f(x+h)}{g(x+h)} - \frac{f(x)}{g(x)}\right)$$

$$= \lim_{h \to 0} \frac{f(x+h)g(x)-f(x)g(x+h)}{g(x+h)g(x)h}$$

$$= \lim_{h \to 0} \frac{f(x+h)g(x)-f(x)g(x)+f(x)g(x)-f(x)g(x+h)}{g(x+h)g(x)h}$$

$$= \lim_{h \to 0} \frac{(f(x+h)-f(x))g(x)}{g(x+h)g(x)h} - \lim_{h \to 0} \frac{f(x)(g(x+h)-g(x))}{g(x+h)g(x)h}$$

$$= \frac{f'(x)g(x)-f(x)g'(x)}{g(x)^2}$$ ◆

정리 1.15

함수 $f(x)$가 구간 I의 내부의 점 $x=a$에서 미분가능하면 $f(x)$는 $x=a$에서 연속이다.

증명

$$\lim_{x \to a} f(x) = \lim_{x \to a}\left(\frac{f(x)-f(a)}{x-a}(x-a)+f(a)\right)$$

$$= \lim_{x \to a} \frac{f(x)-f(a)}{x-a} \lim_{x \to a}(x-a)+f(a) = f(a)$$

이므로 $f(x)$는 $x=a$에서 연속이다. ◆

n이 자연수일 때 $f(x)=x^n$의 도함수를 구하기 위해서 인수분해 공식

$$y^n - x^n = (y-x)(y^{n-1} + xy^{n-2} + \cdots + x^{n-1})$$

이 필요하다. 이 식은 $y^2 - x^2 = (y-x)(y+x)$와 $y^3 - x^3 = (y-x)(y^2 + xy + y^2)$의 확장으로 생각할 수 있는데 다음과 같이 유도할 수 있다.

$$\begin{aligned}
&(y-x)(y^{n-1} + xy^{n-2} + \cdots + x^{n-1}) \\
&= y(y^{n-1} + xy^{n-2} + \cdots + x^{n-1}) - x(y^{n-1} + xy^{n-2} + \cdots + x^{n-1}) \\
&= y^n + xy^{n-1} + x^2y^{n-2} + \cdots + x^{n-1}y - xy^{n-1} - x^2y^{n-2} - \cdots - x^{n-1}y - x^n \\
&= y^n - x^n
\end{aligned}$$

$y \neq 0$이고 $y \neq x$인 경우에는 $y^{n-1} + xy^{n-2} + \cdots + x^{n-1}$이 초항이 y^n이고 공비가 $\frac{x}{y}$인 등비수열이므로 등비수열의 합의 공식으로부터 유도할 수도 있다.

정리 1.16

n이 자연수이고 $f(x)=x^n$이면 $f'(x)=nx^{n-1}$이다.

증명

$$\begin{aligned}
f'(x) &= \lim_{y \to x} \frac{y^n - x^n}{y-x} = \lim_{y \to x} \frac{(y-x)(y^{n-1} + y^{n-2}x + \cdots + x^{n-1})}{y-x} \\
&= \lim_{y \to x} (y^{n-1} + y^{n-2}x + \cdots + x^{n-1}) = nx^{n-1}
\end{aligned}$$

이다. ◆

이 정리는 정리 1.14의 미분공식 $(f(x)g(x))' = f'(x)g(x) + f(x)g'(x)$를

$$\begin{aligned}
(f_1(x)f_2(x)\cdots f_n(x))' &= f_1'(x)f_2(x)f_3(x)\cdots f_n(x) \\
&\quad + f_1(x)f_2'(x)f_3(x)\cdots f_n(x) + \cdots + f_1(x)f_2(x)\cdots f_{n-1}(x)f_n'(x)
\end{aligned}$$

로 확장하고 $f_1(x) = f_2(x) = \cdots = f_n(x) = x$를 대입하여 얻을 수도 있다.

따름정리 1.4

n이 자연수이고 $p(x)=c_nx^n+c_{n-1}x^{n-1}+\cdots+c_1x+c_0$이면

$$p'(x)=nc_nx^{n-1}+(n-1)c_{n-1}x^{n-1}+\cdots+c_1$$

이다.

예제 1.18 다음 함수들의 도함수를 구하라.

(1) $f(x)=3x^3+2x+1$ (2) $f(x)=\dfrac{x+1}{x^2+x+1}$

풀이 (1) $f'(x)=9x^2+2$

(2) $f'(x)=\dfrac{1\cdot(x^2+x+1)-(x+1)(2x+1)}{(x^2+x+1)^2}=\dfrac{-x^2-2x}{(x^2+x+1)^2}$ ◆

$n=0$일 때 $(x^0)'=1'=0=0x^{0-1}$이므로 $(x^n)'=nx^{n-1}$이 성립한다. 이 공식은 n이 음수인 경우도 성립한다.

정리 1.17

n이 정수이고 $f(x)=x^n$이면 $f'(x)=nx^{n-1}$이다.

증명 n이 자연수인 경우는 정리 1.16에서 증명했으므로 n이 음수인 경우만 증명하면 된다. m이 자연수이고 $n=-m$이라 하자. 이때 $f(x)=x^n=x^{-m}$이면

$$\begin{aligned}f'(x)&=\left(\frac{1}{x^m}\right)'=\frac{0\cdot x^m-1\cdot(mx^{m-1})}{(x^m)^2}=\frac{-mx^{m-1}}{x^{2m}}\\&=(-m)x^{-m-1}=nx^{n-1}\end{aligned}$$

이다. ◆

예제 1.19 주어진 점에서 다음 함수들의 그래프의 접선의 방정식을 구하라.

(1) $f(x) = x^5 + 3x^2 + 4x,\ x = 1$ (2) $f(x) = \dfrac{x}{x-2},\ x = -1$

풀이 (1) $f'(x) = 5x^4 + 6x + 4$이므로 $f'(1) = 15$이다. $f(1) = 8$이므로 접선의 방정식은 $y = 15(x-1) + 8 = 15x - 7$이다.

(2) $f'(x) = \dfrac{1 \cdot (x-2) - x \cdot 1}{(x-2)^2} = \dfrac{-2}{(x-2)^2}$이므로 $f'(-1) = -\dfrac{2}{9}$이다.

$f(-1) = \dfrac{1}{3}$이므로 접선의 방정식은 $y = -\dfrac{2}{9}(x+1) + \dfrac{1}{3} = -\dfrac{2}{9}x + \dfrac{1}{9}$이다. ◆

예제 1.20 함수 $f(x) = x^3 + 3x^2 + x - 3$의 그래프의 접선의 기울기의 최솟값은?

풀이 $f'(x) = 3x^2 + 6x + 1 = 3(x+1)^2 - 2$이므로 이 그래프의 접선의 기울기의 최솟값은 -2이다. ◆

함수 $f(x)$의 도함수 $f'(x)$를 다시 미분한 함수를 $f(x)$의 **이계도함수**라 하고 $f''(x)$로 나타낸다. $f(x)$의 이계도함수의 도함수를 $f(x)$의 **삼계도함수**라 하고 $f'''(x)$로 나타낸다. 일반적으로 $f(x)$를 n번 미분하여 얻은 함수를 $f(x)$의 **n계도함수**라 하고 $f^{(n)}(x)$로 나타낸다.

예제 1.21 다음 함수들의 이계도함수를 구하라.

(1) $f(x) = x^{10} - 15x^8 + x^3 + 11x$ (2) $f(x) = \dfrac{1}{x+2}$

풀이 (1) $f'(x) = 10x^9 - 120x^7 + 3x^2 + 11$이므로 $f''(x) = 90x^8 - 840x^6 + 6x$이다.

(2) $f'(x) = \dfrac{-1}{(x+2)^2}$이므로 $f''(x) = \dfrac{2(x+2)}{(x+2)^4} = \dfrac{2}{(x+2)^3}$이다. ◆

연습문제 1.2

01. 주어진 점에서 다음 함수들의 미분계수를 구하라.

(1) $f(x)=3x^2+2x,\ x=1$　　(2) $f(x)=x\sqrt{x},\ x=3$

(3) $f(x)=\dfrac{1}{x^2},\ x=-1$　　(4) $f(x)=x|x-1|,\ x=0$

02. $f(x)=\begin{cases} x^2+2x, & x \geq 0 \\ 3x, & x < 0 \end{cases}$이면 함수 $f(x)$는 $x=0$에서 미분불가능함을 보여라.

03. 다음 함수들의 도함수를 구하라.

(1) $f(x)=\sqrt{x}$　　(2) $f(x)=(\sqrt{x}+2)(x^5+3x^2-2)$

04. 주어진 점에서 다음 함수들의 그래프의 접선의 방정식을 구하라.

(1) $f(x)=5x^3-4x-1,\ x=-3$　　(2) $f(x)=\dfrac{x}{x^2+3},\ x=1$

05. 함수 $f(x)=x^3-3x^2+4x+2$의 그래프의 접선의 기울기의 최솟값은?

06. 다음 함수들의 이계도함수를 구하라.

(1) $f(x)=x^{10}(x^2+x+1)$　　(2) $f(x)=\dfrac{3x+1}{x^2+x}$

1.3 합성함수, 음함수의 미분

CALCULUS

함수 $f(x)$가 개구간 $I=(a,\ b)$에서 미분가능하다고 하자. 이때 함수 $y=f(x)^2$의 도함수를 구해보면 다음과 같다.

$$\begin{aligned} y' &= \lim_{h\to 0}\frac{f(x+h)^2-f(x)^2}{h} = \lim_{h\to 0}\frac{(f(x+h)-f(x))(f(x+h)+f(x))}{h} \\ &= f'(x)(2f(x)) = 2f(x)f'(x) \end{aligned}$$

이다.

$y=f(x)^3$이나 $y=\sqrt{f(x)}\ (f(x)>0)$의 도함수 등도 같은 방법으로 구할 수 있다. 이런 종류의 계산은 여러 가지지만 모두 비슷한 방법으로 계산된다. 여기서 우리는 이 계산들로부터 원리를 찾아 한꺼번에 계산할 수 있지 않을까 생각할 수 있다. 함수 $y=f(x)^2$을 다시 살펴보면 이 함수는 $g(x)=x^2$일 때 두 함수 g와 f의 합성함수로 이해할 수 있다. 다시 말해 $y=f^{\ 2}(x)=g(f(x))=g\circ f(x)$이다.

$g(x)=x^3$이면 $y=g\circ f(x)=f(x)^3$이고 $g(x)=\sqrt{x}$이면 $y=g\circ f(x)=\sqrt{f(x)}$이다. 이때 우리는 두 미분가능한 함수 $f(x)$, $g(x)$에 대해 합성함수 $y=g(f(x))=g\circ f(x)$의 도함수를 구할 수 있다.

정리 1.18 합성함수의 미분, 연쇄법칙

> $I=(a,\ b)$, $J=(c,\ d)$가 모두 개구간이고 $f:I\to J$, $g:J\to\mathbb{R}$가 모두 미분가능한 함수일 때 $y=g(f(x))=g\circ f(x)$의 도함수는 다음과 같다.
>
> $$y'=(g(f(x)))'=g'(f(x))f'(x)$$

이 정리의 정확한 증명은 어려우므로 $f(x)\neq 0$이고 $f'(x)\neq 0$인 경우만 보이도록 하자.

$$y'=\lim_{y\to x}\frac{g(f(y))-g(f(x))}{y-x}=\lim_{y\to x}\frac{g(f(y))-g(f(x))}{f(y)-f(x)}\ \frac{f(y)-f(x)}{y-x}$$

$$= \lim_{y \to x} \frac{g(f(y)) - g(f(x))}{f(y) - f(x)} \lim_{y \to x} \frac{f(y) - f(x)}{y - x}$$

$$= \lim_{u \to x} \frac{g(u) - g(f(x))}{u - f(x)} \lim_{y \to x} \frac{f(y) - f(x)}{y - x}$$

$$= g'(f(x))f'(x) \quad (u = f(y)\text{로 치환})$$

앞 절에서 언급했듯이 도함수 y'를 $\frac{dy}{dx}$로 쓰는 경우도 많은데 이 기호를 쓰면 연쇄법칙을 좀 더 편리하게 나타낼 수 있다. 즉 $u = f(x)$, $y = g(u) = g(f(x))$이면 $\frac{dy}{dx} = y' = g'(f(x))f'(x) = g'(u)f'(x) = \frac{dy}{du}\frac{du}{dx}$이다. 앞으로 이 책에서 동일한 연쇄법칙 공식 $y' = g'(f(x))f'(x)$와 $\frac{dy}{dx} = \frac{dy}{du}\frac{du}{dx}$ 중에서 그때그때에 편리한 것을 골라 쓰도록 하겠다.

따름정리 1.5

> n이 정수이고 함수 $f(x)$가 개구간 $I = (a, b)$에서 미분가능하다고 하면 $y = (f(x))^n$일 때 $y' = (f(x)^n)' = nf(x)^{n-1}f'(x)$이다.

증명 $g(x) = x^n$이면 $g'(x) = nx^{n-1}$이므로 $y' = (g(f(x)))' = g'(f(x))f'(x) = n(f(x))^{n-1}f'(x)$이다. ◆

예제 1.22 다음 함수들의 도함수를 구하라.

(1) $f(x) = (2x+1)^{10}$ (2) $f(x) = \frac{1}{(x^2+1)^5}$

(3) $f(x) = \left(\frac{x}{x^2-1}\right)^3$ (4) $f(x) = \sqrt{x^3 + x^2}$

풀이 (1) $u = 2x+1$, $y = u^{10}$이라 하면

$$f'(x) = y' = \frac{dy}{dx} = \frac{dy}{du}\frac{du}{dx} = (10u^9) \cdot 2 = 20(2x+1)^9$$

이다.

(2) $u = x^2 + 1$, $y = u^{-5}$이라 하면

$$y' = \frac{dy}{dx} = \frac{dy}{du}\frac{du}{dx} = (-5u^{-6})(2x) = \frac{-10x}{(x^2+1)^6}$$

이다.

(3) $g(x) = \dfrac{x}{x^2-1}$, $h(x) = x^3$이라 하면

$$\begin{aligned} f'(x) &= (h(g(x)))' = h'(g(x))g'(x) \\ &= 3\left(\frac{x}{x^2-1}\right)^2 \frac{1 \cdot (x^2-1) - x(2x)}{(x^2-1)^2} = \frac{-3x^4-3x^2}{(x^2-1)^4} \end{aligned}$$

이다.

(4) $g(x) = x^3 + x^2$, $h(x) = \sqrt{x}$라 하면

$$\begin{aligned} f'(x) &= (h(g(x)))' = h'(g(x))g'(x) \\ &= \frac{1}{2}(x^3+x^2)^{-\frac{1}{2}}(3x^2+2x) = \frac{3x^2+2x}{2\sqrt{x^3+x^2}} \end{aligned}$$

이다. ◆

예제 1.23 극한 $\lim_{x\to 2}\dfrac{(2x^2+7)^5-15^5}{x-2}$을 도함수를 이용하여 쉽게 구할 수 있다. $f(x) = (2x^2+7)^5$이라 하면 $f'(2) = \lim_{x\to 2}\dfrac{f(x)-f(2)}{x-2} = \lim_{x\to 2}\dfrac{(2x^2+7)^5-15^5}{x-2}$인데 연쇄법칙에 의해 $f'(x) = 5(2x^2+7)^4(4x) = 20x(2x^2+7)^4$이므로 $f'(2) = 40 \cdot 15^4$이 구하는 극한값이다. $f'(2)$는 $\left.\dfrac{d}{dx}(2x^2+7)^5\right|_{x=2}$로 쓸 수도 있다. ◆

다음으로 음함수에 대해 알아보자. **음함수**의 사전적인 의미는 숨어 있는 함수라는 의미인데 여기에 설명을 조금 더 추가하자면 방정식 안에 함수가 숨어 있다는 뜻이다. 예를 들어 함수 $y = \sqrt{1-x^2}$는 원의 방정식 $x^2+y^2=1$, $y \ge 0$으로 나타내는 것이 더 편리한 경우도 많다. 또 $y^3+xy+3=0$과 같이 문제를 해결하는 과정에서 나오지만 함수를 식으로 나타내기 힘든 경우도 있다. 이때 y는 x의 함수로 생각할 수 있다. 음함수의 미분법은 y를 x의 함수로 보고 방정식의 양변을 연쇄법칙을 써서 미분하는 것이다. 예를 들어 원의 방정식 $x^2+y^2=1$, $y \ge 0$에서 양변을 미분하면 $2x+2yy'=0$이다. 이때 y'

을 구하면 $y' = -\frac{x}{y} = \frac{-x}{\sqrt{1-x^2}}$ 인데 이는 $y = \sqrt{1-x^2}$ 을 직접 미분한 것과 같다. $y^3 + xy + 3 = 0$도 마찬가지인데 양변을 미분하면 $3y^2y' + y + xy' = 0$이고 여기서 $y' = \frac{-y}{3y^2+x}$를 얻는다. y'를 x의 함수로 직접 나타낼 수는 없지만 곡선 $y^3 + xy + 3 = 0$ 위의 점 $(2, -1)$에서 접선의 방정식 $y = \frac{1}{5}x - \frac{7}{5}$은 구할 수 있다.

예제 1.24 다음 주어진 점에서 곡선의 접선의 방정식을 구하라.

(1) $x^3 + y^3 = 2$, $(1, 1)$ (2) $x^2 + xy + y^3 - y = 2$, $(2, -1)$

풀이 (1) 양변을 미분하면 $3x^2 + 3y^2y' = 0$에서 $y' = \frac{-x^2}{y^2}$이다. $(1, 1)$에서 $y' = -1$이므로 접선의 방정식 $y = -x + 2$를 얻는다.

(2) 양변을 미분하면 $2x + y + xy' + 3y^2y' - y' = 0$이므로 $y' = \frac{2x+y}{1-x-3y^2}$ 이다. $(2, -1)$에서 $y' = -\frac{3}{4}$이므로 접선의 방정식 $y = -\frac{3}{4}x + \frac{1}{2}$를 얻는다. ◆

예제 1.25 방정식 $y^3 = x^5$의 양변을 미분하면 $3y^2y' = 5x^4$이므로 $y' = \frac{5x^4}{3y^2}$이다. 여기서 $y = \sqrt[3]{x^5}$ 이므로 $y' = \frac{5x^4}{3\sqrt[3]{x^{10}}} = \frac{5\sqrt[3]{x^2}}{3} = \frac{5}{3}x^{\frac{2}{3}}$ 이다. 이 식은 n이 정수일 때 성립하는 식 $\frac{d}{dx}x^n = nx^{n-1}$이 $n = \frac{5}{3}$일 때에도 성립한다는 사실을 알려준다. 똑같은 방법으로 모든 유리수 n에 대해 이 공식이 증명되지만 뒤에서 $\frac{d}{dx}x^n = nx^{n-1}$이 모든 실수 n에 대해 성립한다는 사실을 보일 계획이므로 증명은 생략하도록 한다. ◆

함수 $f: I \to J$의 역함수 $g: J \to I$는 $f(a) = b$인 모든 a, b에 대해 $g(b) = a$가 성립하는 함수이고 $g = f^{-1}$로 나타낸다. 이때 $y = f(x)$가 $f'(x) \neq 0$이고 미분가능하면 $g(y) = g(f(x)) = x$ 이므로 양변을 미분해서 $g'(y)y' = g'(y)f'(x) = 1$를 얻는다. 이로부터 $g'(y) = \frac{1}{f'(x)} = \frac{1}{f'(g(y))}$이 성립한다. 지금 우리는 다음 정리를 증명했다.

정리 1.19 역함수의 미분법

> I, J가 모두 구간이고 $f : I \to J$는 미분가능한 함수라 하자. 이때 모든 x에 대해 $f'(x) \neq 0$이고 $g : J \to I$가 f의 역함수이면 g는 미분가능하고
>
> $$g'(x) = \frac{1}{f'(y)} = \frac{1}{f'(g(x))}$$
>
> 이 성립한다.

예제 1.26 함수 $y = f(x) = x^2 + x,\ x \geq -\frac{1}{2}$의 역함수를 $g(x)$라 하자. 이때 $g(x)$를 구하면 $g(x) = \frac{-1+\sqrt{1+4x}}{2}$이므로 이를 직접 미분할 수도 있지만 정리 1.19를 이용하여 $g'(x) = \frac{1}{f'(g(x))} = \frac{1}{2g(x)+1}$를 구할 수도 있다. ◆

연습문제 1.3

01. 함수 $f(x)$가 개구간 $I = (a,\ b)$에서 미분가능할 때 도함수의 정의로부터 함수 $y = f(x)^3$의 도함수를 구하라.

02. 다음 합성함수 $g \circ f$를 구하라.

(1) $f(x) = 5x - 2,\ g(x) = x^3$

(2) $f(x) = \frac{2x-1}{x+1},\ g(x) = \frac{1}{x^5}$

03. 다음 함수들의 도함수를 구하라.

(1) $f(x) = \left(\frac{2x}{x+1}\right)^{10}$

(2) $f(x) = \sqrt{x^5 + 3x^2}$

04. 도함수의 정의를 써서 다음 극한을 구하라.

(1) $\lim_{x \to 1} \dfrac{(x^3 - 2x + 2)^8 - 1}{x - 1}$　　(2) $\lim_{x \to 0} \dfrac{\left(\dfrac{1}{x+2}\right)^5 - \left(\dfrac{1}{2}\right)^5}{(x+2)^3 - 8}$

05. 다음 주어진 점에서 곡선의 접선의 방정식을 구하라.

(1) $3x - xy^2 + 2y^2 = 0$, $(-1,\ 1)$　　(2) $x^2 + (x+y)^3 = 10$, $(3,\ -2)$

06. 함수 $f(x) = x^3 + x + 1$의 역함수를 $g(x)$라 할 때 $g'(x)$의 최댓값은?

07. $f(x) = x^2 - 2$일 때 $g(x) = f \circ f \circ f \circ f(x)$라 하자. 이때 $g'(2)$는?

1.4 삼각함수의 미분

CALCULUS

삼각함수의 극한 $\lim_{\theta \to 0} \frac{\sin\theta}{\theta}$를 구해보자. 아래 그림에서 $0 < \theta < \frac{\pi}{2}$이고 $\overline{OA} = \overline{OB} = 1$이라 하자. 이때 $\triangle OAB$의 밑변의 길이가 1이고 높이가 $\sin\theta$이므로 넓이는 $\frac{\sin\theta}{2}$이다.

부채꼴 OAB의 넓이는 부채꼴의 넓이 공식에 의해 $\frac{\theta}{2}$이다. $\triangle OBC$의 넓이는 밑변이 1이고 높이가 $\tan\theta$이므로 $\frac{\tan\theta}{2}$이다. 두 삼각형과 부채꼴의 넓이를 비교하면 $\frac{\sin\theta}{2} < \frac{\theta}{2} < \frac{\tan\theta}{2}$이므로 $\cos\theta < \frac{\sin\theta}{\theta} < 1$이다. 이때 $\lim_{\theta \to 0^+} \cos\theta = 1$이므로 정리 1.4에 의해 $\lim_{\theta \to 0^+} \frac{\sin\theta}{\theta} = 1$이다. $\lim_{\theta \to 0^-} \frac{\sin\theta}{\theta}$에서 $t = -\theta$이면 $\lim_{\theta \to 0^-} \frac{\sin\theta}{\theta} = \lim_{t \to 0^+} \frac{\sin(-t)}{-t} = \lim_{t \to 0^+} \frac{\sin t}{t} = 1$이 따라서 $\lim_{\theta \to 0} \frac{\sin\theta}{\theta} = 1$이다.

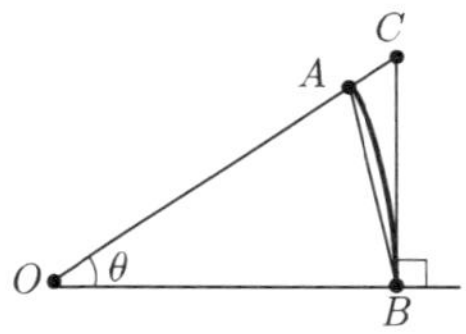

[그림 1.4]

정리 1.20

$\lim_{\theta \to 0} \frac{\sin\theta}{\theta} = 1$이다.

예제 1.27 다음 극한값을 구하라.

(1) $\lim_{\theta \to 0} \frac{\sin 3\theta}{2\theta}$

(2) $\lim_{\theta \to 0} \frac{\tan\theta}{\theta}$

(3) $\lim_{\theta \to \pi} \frac{\sin 2\theta}{\pi - \theta}$

(4) $\lim_{\theta \to 0} \frac{\cos\theta - 1}{\theta^2}$

풀이 (1) $\lim_{\theta \to 0} \frac{\sin 3\theta}{2\theta} = \lim_{t \to 0} \frac{\sin t}{\frac{2}{3}t} = \frac{3}{2}$ ($t = 3\theta$로 치환)

(2) $\lim_{\theta \to 0} \frac{\tan \theta}{\theta} = \lim_{\theta \to 0} \frac{\frac{\sin \theta}{\cos \theta}}{\theta} = \lim_{\theta \to 0} \frac{\sin \theta}{\theta} \frac{1}{\cos \theta} = 1$

(3) $\lim_{\theta \to \pi} \frac{\sin 2\theta}{\pi - \theta} = \lim_{t \to 0} \frac{\sin 2(\pi - t)}{t} = \lim_{t \to 0} \frac{\sin(2\pi - 2t)}{t} = \lim_{t \to 0} \frac{\sin(-2t)}{t}$

$$= \lim_{u \to 0} \frac{\sin u}{\left(-\frac{u}{2}\right)} = -2 \quad (t = \pi - \theta,\ u = -2t\text{로 치환})$$

(4) $\lim_{\theta \to 0} \frac{\cos \theta - 1}{\theta^2} = \lim_{\theta \to 0} \frac{(\cos \theta - 1)(\cos \theta + 1)}{\theta^2 (\cos \theta + 1)} = \lim_{\theta \to 0} \frac{\cos^2 \theta - 1}{\theta^2 (\cos \theta + 1)}$

$$= \lim_{\theta \to 0} \frac{-\sin^2 \theta}{\theta^2 (\cos \theta + 1)} = \lim_{\theta \to 0} \frac{-1}{(\cos \theta + 1)} \left(\frac{\sin \theta}{\theta}\right)^2$$

$$= -\frac{1}{2}$$

◆

다음으로 삼각함수의 덧셈정리를 알아보자. 그림 1.5에서 $\overline{OA} = 1$이고 α, β가 예각일 때 $\overline{AB} = \sin \alpha$, $\overline{OC} = \frac{1}{\cos \beta}$이고 $\overline{CA} = \tan \beta$이다. $\angle OAD = \alpha$, $\angle ACD = \alpha$이므로 $\overline{CD} = \tan \beta \cos \alpha$ 이다. 따라서

$$\overline{CE} = \overline{OC} \sin(\alpha + \beta) = \frac{\sin(\alpha + \beta)}{\cos \beta}$$

$$= \overline{CD} + \overline{DE} = \tan \beta \cos \alpha + \sin \alpha = \frac{\sin \beta}{\cos \beta} \cos \alpha + \sin \alpha$$

로부터 $\sin(\alpha + \beta) = \sin \alpha \cos \beta + \sin \beta \cos \alpha$를 얻을 수 있다. α, β가 예각이 아닌 경우에도 이 식이 성립한다. 또한 $\overline{OB} = \cos \alpha$, $\overline{DA} = \tan \beta \sin \alpha$ 로부터

$$\overline{OE} = \overline{OC} \cos(\alpha + \beta) = \frac{\cos(\alpha + \beta)}{\cos \beta} = \overline{OB} - \overline{AD}$$

$$= \cos\alpha - \tan\beta \sin\alpha = \cos\alpha - \frac{\sin \beta}{\cos \beta} \sin \alpha$$

이고 따라서 $\cos(\alpha + \beta) = \cos \alpha \cos \beta - \sin \alpha \sin \beta$ 이다. 이에 따라

$$\tan(\alpha+\beta)=\frac{\sin(\alpha+\beta)}{\cos(\alpha+\beta)}=\frac{\sin\alpha\cos\beta+\sin\beta\cos\alpha}{\cos\alpha\cos\beta-\sin\alpha\sin\beta}=\frac{\tan\alpha+\tan\beta}{1-\tan\alpha\tan\beta}$$

가 성립한다.

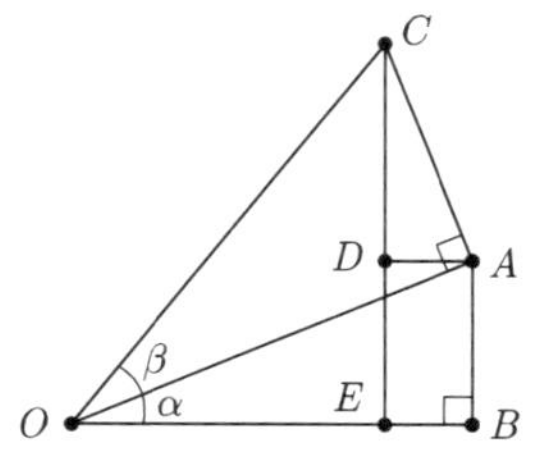

[그림 1.5]

정리 1.21 삼각함수의 덧셈정리

모든 α, β에 대해 다음식이 성립한다.

$$\sin(\alpha+\beta)=\sin\alpha\cos\beta+\sin\beta\cos\alpha$$

$$\cos(\alpha+\beta)=\cos\alpha\cos\beta-\sin\alpha\sin\beta$$

$$\tan(\alpha+\beta)=\frac{\tan\alpha+\tan\beta}{1-\tan\alpha\tan\beta}$$

예제 1.28 (1) $\sin 75^\circ$ 를 계산하라.

(2) $\cos\frac{\pi}{12}$를 계산하라.

풀이 (1) $\sin 75^\circ=\sin(30^\circ+45^\circ)=\sin 30\cos 45+\sin 45\cos 30$

$$=\frac{1}{2}\frac{\sqrt{2}}{2}+\frac{\sqrt{2}}{2}\frac{\sqrt{3}}{2}=\frac{\sqrt{2}+\sqrt{6}}{4}=\frac{\sqrt{2}+\sqrt{6}}{4}$$

(2) $\cos\frac{\pi}{12}=\cos\left(\frac{\pi}{3}+\left(-\frac{\pi}{4}\right)\right)=\cos\frac{\pi}{3}\cos\left(-\frac{\pi}{4}\right)-\sin\frac{\pi}{3}\sin\left(-\frac{\pi}{4}\right)$

$$=\frac{1}{2}\frac{\sqrt{2}}{2}+\frac{\sqrt{3}}{2}\frac{\sqrt{2}}{2}=\frac{\sqrt{2}+\sqrt{6}}{4}$$ ◆

예제 1.29 덧셈정리를 이용하면 $y=\sin x+\sqrt{3}\cos x$의 최댓값을 구할 수 있다. $y=2\left(\frac{1}{2}\sin x+\frac{\sqrt{3}}{2}\cos x\right)=2\left(\sin x\cos\frac{\pi}{3}+\sin\frac{\pi}{3}\cos x\right)=2\sin\left(x+\frac{\pi}{3}\right)$이므로 y의 최댓값은 2이고 그때의 x값은 $2n\pi+\frac{\pi}{6}$이다. 일반적으로

$$y=a\sin x+b\cos x=\sqrt{a^2+b^2}\left(\frac{a}{\sqrt{a^2+b^2}}\sin x+\frac{b}{\sqrt{a^2+b^2}}\cos x\right)$$
$$=\sqrt{a^2+b^2}\sin(x+t)$$

(t는 $\cos t=\frac{a}{\sqrt{a^2+b^2}}$, $\sin t=\frac{b}{\sqrt{a^2+b^2}}$를 만족시키는 수)이므로 $y=a\sin x+b\cos x$의 최댓값은 $\sqrt{a^2+b^2}$이다. ◆

삼각함수의 덧셈정리에서 $\alpha=\beta=\theta$로 놓으면 다음 배각공식을 얻을 수 있다.

정리 1.22 삼각함수의 배각공식

$$\sin 2\theta=2\sin\theta\cos\theta$$
$$\cos 2\theta=\cos^2\theta-\sin^2\theta=2\cos^2\theta-1=1-2\sin^2\theta$$
$$\tan 2\theta=\frac{2\tan\theta}{1-\tan^2\theta}$$

삼각함수의 배각공식 $\cos 2\theta=2\cos^2\theta-1=1-2\sin^2\theta$에서 $2t=\theta$로 놓으면 반각공식 $\cos^2\frac{t}{2}=\frac{1+\cos t}{2}$, $\sin^2\frac{t}{2}=\frac{1-\cos t}{2}$를 얻을 수 있다.

예제 1.30 $\tan^2\frac{t}{2}=\frac{\sin^2\frac{t}{2}}{\cos^2\frac{t}{2}}=\frac{1-\cos t}{1+\cos t}$이다. $z=\tan\frac{t}{2}$로 놓으면

$$\sin t=2\sin\frac{t}{2}\cos\frac{t}{2}=\frac{2\sin\frac{t}{2}\cos\frac{t}{2}}{\sin^2\frac{t}{2}+\cos^2\frac{t}{2}}=\frac{2\tan\frac{t}{2}}{\tan^2\frac{t}{2}+1}=\frac{2z}{1+z^2}$$

이다. 비슷한 방법으로 $\cos t = \dfrac{1-z^2}{1+z^2}$, $\tan t = \dfrac{2z}{1-z^2}$ 임을 보일 수 있다.◆

정리 1.23

$$\sin\alpha\cos\beta = \frac{1}{2}(\sin(\alpha+\beta)+\sin(\alpha-\beta))$$

$$\cos\alpha\sin\beta = \frac{1}{2}(\sin(\alpha+\beta)-\sin(\alpha-\beta))$$

$$\cos\alpha\cos\beta = \frac{1}{2}(\cos(\alpha+\beta)+\cos(\alpha-\beta))$$

$$\sin\alpha\sin\beta = -\frac{1}{2}(\cos(\alpha+\beta)-\cos(\alpha-\beta))$$

증명 $\sin(\alpha+\beta) = \sin\alpha\cos\beta + \sin\beta\cos\alpha$ 이고 $\sin(\alpha-\beta) = \sin\alpha\cos\beta - \sin\beta\cos\alpha$ 이다. 이들을 더하면 $\sin(\alpha+\beta)+\sin(\alpha-\beta) = 2\sin\alpha\cos\beta$ 이다. 따라서 $\sin\alpha\cos\beta = \dfrac{1}{2}(\sin(\alpha+\beta)+\sin(\alpha-\beta))$ 이다. 다른 식들의 증명도 마찬가지이다. ◆

예제 1.31 $\sin\left(x+\dfrac{\pi}{3}\right)\cos\left(x-\dfrac{\pi}{2}\right)$ 의 최대·최솟값을 구하라.

풀이

$$\begin{aligned}
&\sin\left(x+\frac{\pi}{3}\right)\cos\left(x-\frac{\pi}{2}\right)\\
&= \frac{1}{2}\left(\sin\left(\left(x+\frac{\pi}{3}\right)+\left(x-\frac{\pi}{2}\right)\right)+\sin\left(\left(x+\frac{\pi}{3}\right)-\left(x-\frac{\pi}{2}\right)\right)\right)\\
&= \frac{1}{2}\left(\sin\left(2x-\frac{\pi}{6}\right)+\sin\frac{5\pi}{6}\right)
\end{aligned}$$

이므로 최댓값은 $\dfrac{3}{4}$ 이고 최솟값은 $-\dfrac{1}{4}$ 이다. ◆

정리 1.24

$$\sin x + \sin y = 2\sin\left(\frac{x+y}{2}\right)\cos\left(\frac{x-y}{2}\right)$$

$$\sin x - \sin y = 2\cos\left(\frac{x+y}{2}\right)\sin\left(\frac{x-y}{2}\right)$$

$$\cos x + \cos y = 2\cos\left(\frac{x+y}{2}\right)\cos\left(\frac{x-y}{2}\right)$$

$$\cos x - \cos y = -2\sin\left(\frac{x+y}{2}\right)\sin\left(\frac{x-y}{2}\right)$$

증명 $\sin(\alpha+\beta)+\sin(\alpha-\beta) = 2\sin\alpha\cos\beta$에서 $x=\alpha+\beta,\ y=\alpha-\beta$로 놓으면 $\sin\left(\frac{x+y}{2}\right)\cos\left(\frac{x-y}{2}\right) = \frac{1}{2}(\sin x + \sin y)$이다. 다른 식들의 증명도 마찬가지이다. ◆

예제 1.32 $\sin\left(x+\frac{\pi}{4}\right)+\sin\left(x-\frac{\pi}{6}\right)$의 최대·최솟값을 구하라.

풀이 $\sin\left(x+\frac{\pi}{4}\right)+\sin\left(x-\frac{\pi}{6}\right)$

$$= 2\sin\frac{\left(x+\frac{\pi}{4}\right)+\left(x-\frac{\pi}{6}\right)}{2}\cos\frac{\left(x+\frac{\pi}{4}\right)-\left(x-\frac{\pi}{6}\right)}{2}$$

$$= 2\sin\left(x+\frac{\pi}{24}\right)\cos\left(\frac{\pi}{6}\right) = \sqrt{3}\sin\left(x+\frac{\pi}{24}\right)$$

이므로 최댓값은 $\sqrt{3}$ 이고 최솟값은 $-\sqrt{3}$ 이다. ◆

정리 1.25 삼각함수의 도함수

$$\frac{d}{dx}\sin x = \cos x, \qquad \frac{d}{dx}\cos x = -\sin x,$$

$$\frac{d}{dx}\tan x = \sec^2 x, \qquad \frac{d}{dx}\cot x = -\csc^2 x,$$

$$\frac{d}{dx}\sec x = \sec x\tan x, \qquad \frac{d}{dx}\csc x = -\csc x\cot x$$

증명 $\frac{d}{dx}\sin x = \lim_{h\to 0}\frac{\sin(x+h)-\sin x}{h}$

$$= \lim_{h \to 0} \frac{\sin x \cos h + \sin h \cos x - \sin x}{h}$$

$$= \lim_{h \to 0} \frac{\sin x(\cos h - 1) + \sin h \cos x}{h}$$

$$= \lim_{h \to 0} \frac{\sin x(\cos h - 1)(\cos h + 1)}{h(\cos h + 1)} + \lim_{h \to 0} \frac{\sin h}{h} \cos x$$

$$= \lim_{h \to 0} \frac{-\sin^2 h}{h} \cdot \frac{\sin x}{\cos h + 1} + \cos x = \cos x,$$

$$\frac{d}{dx} \cos x = \lim_{h \to 0} \frac{\cos(x+h) - \cos x}{h}$$

$$= \lim_{h \to 0} \frac{\cos x \cos h - \sin x \sin h - \cos x}{h}$$

$$= \lim_{h \to 0} \frac{\cos x(\cos h - 1) - \sin h \sin x}{h}$$

$$= \lim_{h \to 0} \frac{\cos x(\cos h - 1)(\cos h + 1)}{h(\cos h + 1)} - \lim_{h \to 0} \frac{\sin h}{h} \sin x$$

$$= \lim_{h \to 0} \frac{-\sin^2 h}{h} \cdot \frac{\cos x}{\cos h + 1} - \sin x = -\sin x,$$

$$\frac{d}{dx} \tan x = \frac{d}{dx}\left(\frac{\sin x}{\cos x}\right) = \frac{(\sin x)'\cos x - (\cos x)'\sin x}{\cos^2 x}$$

$$= \frac{\cos^2 x + \sin^2 x}{\cos^2 x} = \frac{1}{\cos^2 x} = \sec^2 x,$$

$$\frac{d}{dx} \cot x = \frac{d}{dx}\left(\frac{\cos x}{\sin x}\right) = \frac{(\cos x)'\sin x - (\sin x)'\cos x}{\sin^2 x}$$

$$= \frac{-\sin^2 x - \cos^2 x}{\sin^2 x} = \frac{-1}{\sin^2 x} = -\csc^2 x,$$

$$\frac{d}{dx} \sec x = \frac{d}{dx}\left(\frac{1}{\cos x}\right) = \frac{-(\cos x)'1}{\cos^2 x} = \frac{\sin x}{\cos^2 x} = \frac{\sin x}{\cos x} \cdot \frac{1}{\cos x}$$

$$= \tan x \sec x,$$

$$\frac{d}{dx} \csc x = \frac{d}{dx}\left(\frac{1}{\sin x}\right) = \frac{-(\sin x)'1}{\sin^2 x} = \frac{-\cos x}{\sin^2 x} = -\frac{\cos x}{\sin x} \cdot \frac{1}{\sin x}$$

$$= -\cot x \csc x$$

이다. ◆

$\sin x$나 $\cos x$의 미분에서 정리 1.24를 사용하는 방법도 있다.

예제 1.33 다음에서 도함수 $\dfrac{dy}{dx}$를 구하라.

(1) $y = \cos(3x+1)$　　(2) $y = (\sin x)^{15}$

(3) $y = \dfrac{x}{\sin x^2}$　　(4) $y = \sin(\tan(x^2+1))$

풀이 (1) $u = 3x+1$이라 할 때

$$\frac{dy}{dx} = \frac{dy}{du}\frac{du}{dx} = \left(\frac{d}{du}\cos u\right)\left(\frac{d}{dx}(3x+1)\right)$$
$$= (-\sin u)\cdot 3 = -3\sin(3x+1)$$

이다.

(2) $u = \sin x$라 할 때

$$\frac{dy}{dx} = \frac{dy}{du}\frac{du}{dx} = \left(\frac{d}{du}u^{15}\right)\left(\frac{d}{dx}\sin x\right)$$
$$= 15u^{14}\cdot\cos x$$
$$= 15\sin^{14}x\cos x$$

이다.

(3) $u = x^2$이라 할 때

$$\frac{dy}{dx} = \frac{1(\sin x^2) - x\left(\frac{d}{dx}\sin x^2\right)}{(\sin x^2)^2} = \frac{\sin x^2 - x\left(\frac{d}{du}\sin u\right)\frac{du}{dx}}{(\sin x^2)^2}$$
$$= \frac{\sin x^2 - x(\cos u)(2x)}{(\sin x^2)^2}$$
$$= \frac{\sin x^2 - 2x^2\cos x^2}{(\sin x^2)^2}$$

이다.

(4) $u = x^2+1$, $v = \tan u = \tan(x^2+1)$ 이라 할 때

$$\frac{dy}{dx} = \frac{dy}{dv}\frac{dv}{dx} = \frac{dy}{dv}\frac{dv}{du}\frac{du}{dx} = \left(\frac{d}{dv}\sin v\right)\left(\frac{d}{du}\tan u\right)\left(\frac{d}{dx}x^2+1\right)$$
$$= (\cos v)(\sec^2 u)(2x)$$
$$= 2x(\cos(\tan(x^2+1)))(\sec^2(x^2+1))$$

이다. ◆

예제 1.34 다음 주어진 점에서 접선의 방정식을 구하라.

(1) $y = x\sin(2x)$, $x = \frac{\pi}{2}$

(2) $y = \frac{\sin x}{3x+5}$, $x = 0$

(3) $y = (1+\tan x)^3$, $x = \frac{\pi}{4}$

(4) $x^2 + \sin y = 1$, $(1, 0)$

풀이

(1) $y' = \sin(2x) + x\cos(2x)\cdot 2 = \sin(2x) + 2x\cos(2x)$에서 $x = \frac{\pi}{2}$이면 $y' = -\pi$이다. 접선의 방정식은 $y = -\pi(x - \frac{\pi}{2}) = -\pi x + \frac{\pi^2}{2}$이다.

(2) $y' = \frac{(\cos x)(3x+5) - 3\sin x}{(3x+5)^2} = \frac{(3x+5)\cos x - 3\sin x}{(3x+5)^2}$에서 $x = 0$이면 $y' = \frac{1}{5}$이다. 접선의 방정식은 $y = \frac{1}{5}x$이다.

(3) $y' = 3(1+\tan x)^2\sec^2 x$에서 $x = \frac{\pi}{4}$이면 $y' = 24$이다. 접선의 방정식은 $y = 24\left(x - \frac{\pi}{4}\right) + 8 = 24x - 6\pi + 8$이다.

(4) $2x + (\cos y)y' = 0$이므로 $(1, 0)$에서 $y' = -2$이다. 접선의 방정식은 $y = -2(x-1) = -2x+2$이다. ◆

다음은 삼각함수의 역함수에 대해 알아보자. $y = \sin x$는 일대일 대응이 아니지만 $-\frac{\pi}{2} \le x \le \frac{\pi}{2}$, $-1 \le y \le 1$로 정의역과 공역을 제한하면 일대일 대응이 된다(그림 1.6에서 음영으로 표시된 부분). 이때 $y = \sin x$의 역함수가 $y = \arcsin x$이다. $y = \arcsin x$의 그래프는 그림 1.6 오른편에 있다. $y = \cos x$ 역시 일대일 대응이 아니지만 $0 \le x \le \pi$, $-1 \le y \le 1$로 정의역과 공역을 제한하면 일대일 대응이 된다(그림

1.7에서 연한 색으로 표시된 부분). 이때 $y=\cos x$의 역함수가 $y=\arccos x$이다. $y=\arccos x$의 그래프는 그림 1.7 오른편에 있다. $y=\tan x$는 $-\frac{\pi}{2}<x<\frac{\pi}{2}$로 정의역을 제한하면 일대일 대응이 된다(그림 1.8에서 음영으로 표시된 부분). 이때 $y=\tan x$의 역함수가 $y=\arctan x$이다. $y=\arctan x$의 그래프는 그림 1.8 오른편에 있다. 다음 정리는 역삼각함수의 도함수이다.

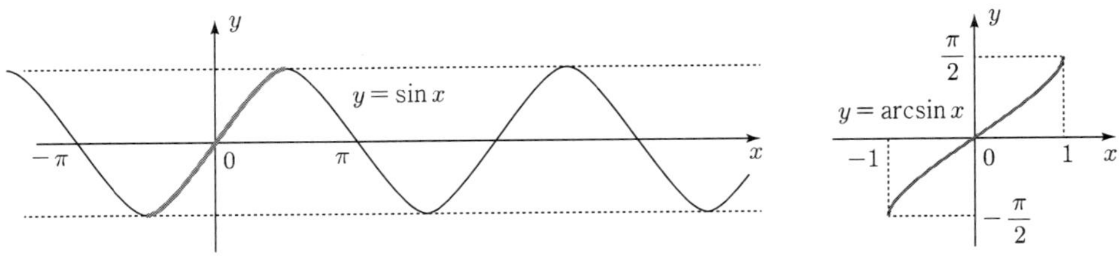

[그림 1.6] sin과 arcsin의 그래프

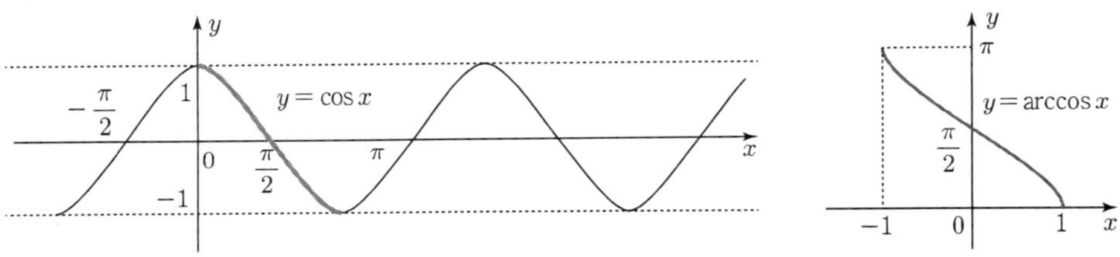

[그림 1.7] cos와 arccos의 그래프

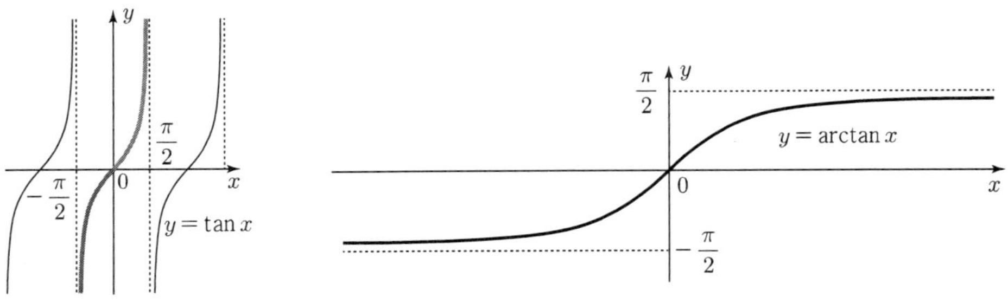

[그림 1.8] tan과 arctan의 그래프

정리 1.26 역삼각함수의 도함수

$$\frac{d}{dx}\arcsin x = \frac{1}{\sqrt{1-x^2}}$$

$$\frac{d}{dx}\arccos x = -\frac{1}{\sqrt{1-x^2}}$$

$$\frac{d}{dx}\arctan x = \frac{1}{x^2+1}$$

증명 $y=\arcsin x$이면 $\sin y = x$이므로 양변을 미분하면 $(\cos y)y' = 1$에서 $y' = \dfrac{1}{\cos y}$이다. 그런데 $-\dfrac{\pi}{2} < y < \dfrac{\pi}{2}$이면 $\cos y > 0$이다. 따라서

$$y' = \frac{1}{\cos y} = \frac{1}{\sqrt{\cos^2 y}} = \frac{1}{\sqrt{1-\sin^2 y}} = \frac{1}{\sqrt{1-x^2}}$$

이다.

$y=\arccos x$이면 $\cos y = x$이므로 양변을 미분하면 $(-\sin y)y' = 1$에서 $y' = \dfrac{-1}{\sin y}$이다. 그런데 $0 < y < \pi$이면 $\sin y > 0$이다. 따라서

$$y' = \frac{-1}{\sin y} = \frac{-1}{\sqrt{\sin^2 y}} = \frac{1}{\sqrt{1-\cos^2 y}} = \frac{-1}{\sqrt{1-x^2}}$$

이다.

$y=\arctan x$이면 $\tan y = x$이므로 양변을 미분하면 $(\sec^2 y)y' = 1$에서

$$y' = \frac{1}{\sec^2 y} = \frac{1}{\tan^2 y + 1} = \frac{1}{x^2+1}$$

이다. ◆

예제 1.35 다음에서 도함수 $\dfrac{dy}{dx}$를 구하라.

(1) $y = \arcsin(2x-3)$

(2) $y = (x+1)\arccos(x^3+x)$

(3) $y = \dfrac{1}{\arctan 3x}$

(4) $y = (\arctan(x^2+1))^5$

풀이 (1) $y' = \dfrac{2}{\sqrt{1-(2x-3)^2}} = \dfrac{2}{\sqrt{12x-4x^2-8}} = \dfrac{1}{\sqrt{3x-x^2-2}}$

(2) $y' = \arccos(x^3+x) + \dfrac{(x+1)(3x^2+1)}{\sqrt{1-(x^3+x)^2}}$

$= \arccos(x^3+x) + \dfrac{(3x^3+3x^2+x+1)}{\sqrt{1-x^6-2x^4-x^2}}$

(3) $y' = \dfrac{\dfrac{3}{(3x)^2+1}}{(\arctan 3x)^2} = \dfrac{3}{(9x^2+1)\arctan^2(3x)}$

(4) $y' = 5(\arctan(x^2+1))^4 \dfrac{1}{(x^2+1)^2+1}(2x) = \dfrac{10x(\arctan(x^2+1))^4}{(x^2+1)^2+1}$ ◆

연습문제 1.4

01. 다음 극한값을 구하라.

(1) $\lim_{\theta \to 0} \dfrac{\sin 5\theta}{\theta^2+\theta}$

(2) $\lim_{\theta \to 0} \dfrac{\tan(\sin\theta)}{\theta}$

(3) $\lim_{\theta \to 0} \dfrac{2\sin\theta+3\theta}{5\sin\theta-2\theta}$

(4) $\lim_{\theta \to 0^+} \dfrac{\cos\sqrt{\theta}-1}{\tan\theta}$

02. (1) $\sin\dfrac{\pi}{8}$를 계산하라.

(2) $\tan 105^\circ$ 를 계산하라.

03. $\sin 3x = 3\sin x - 4\sin^3 x$임을 보여라.

04. $2\sin^2 x + 5\cos^2 x$의 최대·최솟값을 구하라.

05. $\sin\left(x+\frac{\pi}{3}\right)+\cos\left(x-\frac{\pi}{4}\right)$의 최대·최솟값을 구하라.

06. 방정식 $\sin 3x+\sin 4x+\sin 5x=0$을 풀어라.

07. 다음에서 도함수 $\frac{dy}{dx}$를 구하라.

(1) $y=\cos\left(\frac{x+1}{x-1}\right)$

(2) $y=\sin(x^5+2x^3+5)$

(3) $y=\sqrt{\sin(x^2-3x)}$

(4) $y=\frac{\tan 2x}{\cos x^2+3}$

08. 다음 주어진 점에서 접선의 방정식을 구하라.

(1) $y=3\tan x+2\cos x,\ x=0$

(2) $y=x^2\sin x+\cos 2x,\ x=\frac{\pi}{2}$

(3) $y=\tan^2 x+2\sin x,\ x=\frac{\pi}{3}$

(4) $(2x+1)\cos y-\sin x=1,\ (0,\ 0)$

09. 다음에서 도함수 $\frac{dy}{dx}$를 구하라.

(1) $y=\arcsin(x^2+2x)$

(2) $y=\frac{1}{\arccos x}$

(3) $y=x\arctan(2x+1)$

(4) $y=\cos(\arctan x+1)$

10. 다음 극한값을 구하라.

(1) $\lim_{x\to 0}\frac{\arcsin x+2x}{2\arctan x-x}$

(2) $\lim_{x\to\infty} x\left(\arctan x-\frac{\pi}{2}\right)$

11. $f(x)=\lim_{y\to\infty}(\cos x)^y$일 때 $f(x)$가 불연속인 x를 모두 구하라.

1.5 지수, 로그함수의 미분

CALCULUS

지수함수 $y = a^x$는 $a > 1$이면 증가함수이고 $0 < a < 1$이면 감소함수이다. $a \neq 1$인 두 양수 a, b에 대해 $a^x = b$인 실수 x를 $x = \log_a b$로 정의한다. 이를 다시 $a^x = b$에 대입하면 $a^{\log_a b} = b$이다. 아래 그림들은 지수함수 $y = a^x$와 로그함수 $y = \log_a x$의 그래프이다.

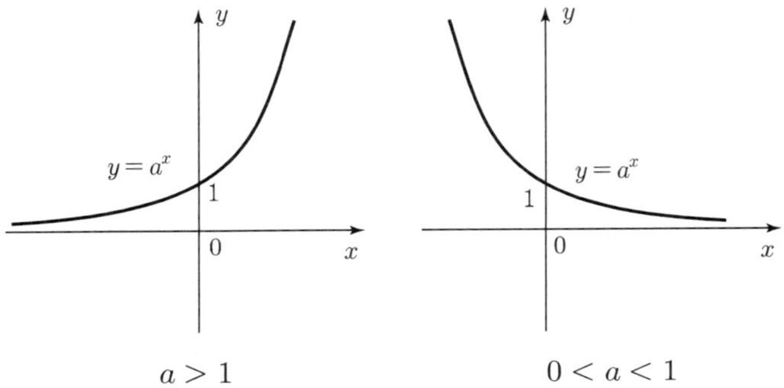

[그림 1.9] $y = a^x$의 그래프

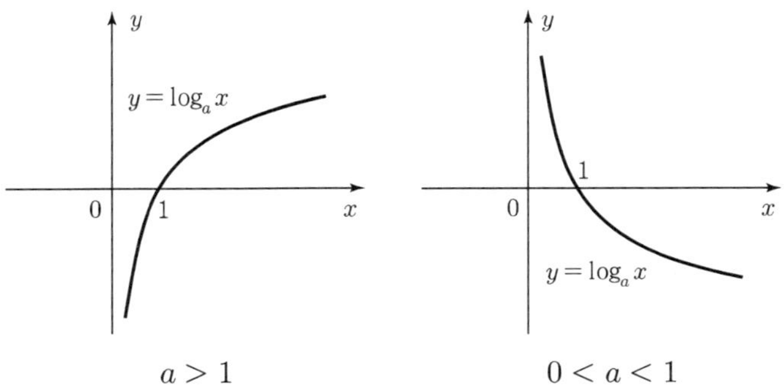

[그림 1.10] $y = \log_a x$의 그래프

정리 1.27 지수법칙

a, b가 1이 아닌 양수일 때 실수 x, y에 대해 다음이 성립한다.

$$a^x a^y = a^{x+y}, \qquad \frac{a^x}{a^y} = a^{x-y}$$

$$(a^x)^y = a^{xy}, \qquad (ab)^x = a^x b^x$$

정리 1.28 로그법칙

a, b가 1이 아닌 양수일 때 양수 x, y에 대해 다음이 성립한다.

$$\log_a xy = \log_a x + \log_a y, \qquad \log_a \frac{x}{y} = \log_a x - \log_a y$$

$$\log_a x^y = y \log_a x, \qquad \log_a x = \frac{\log_b x}{\log_b a}$$

$\log_a b$는 $a^x = b$가 성립하는 x이기 때문에 정의에 의해 $a^{\log_a b} = b$이다.

예제 1.36 $\log_2 3 = a$일 때 다음을 간단히 하여라.

(1) $\log_2 108$ (2) $\log_{2\sqrt{2}} 27$

(3) $\log_{\sqrt{6}}\left(\dfrac{8}{3\sqrt{3}}\right)$ (4) $\log_{48} 72$

풀이

(1) $\log_2 108 = \log_2(2^2 3^3) = 2\log_2 2 + 3\log_2 3 = 2 + 3a$

(2) $$\log_{2\sqrt{2}} 27 = \frac{\log_2 3^3}{\log_2 2\sqrt{2}} = \frac{3\log_2 3}{\log_2 2^{\frac{3}{2}}} = \frac{3a}{\frac{3}{2}} = 2a$$

(3) $$\log_{\sqrt{6}}\left(\frac{8}{3\sqrt{3}}\right) = \frac{\log_2 2^3 3^{-\frac{3}{2}}}{\log_2 2^{\frac{1}{2}} 3^{\frac{1}{2}}} = \frac{3\log_2 2 - \frac{3}{2}\log_2 3}{\frac{1}{2}\log_2 2 + \frac{1}{2}\log_2 3} = \frac{6-3a}{1+a}$$

(4) $$\log_{48} 72 = \frac{\log_2 2^3 3^2}{\log_2 2^4 3} = \frac{3\log_2 2 + 2\log_2 3}{4\log_2 2 + \log_2 3} = \frac{3+2a}{4+a}$$ ◆

지수함수와 로그함수의 도함수를 구하기 전에 숫자 e를 정의하자. 이 수는 극한

$\lim_{n \to \infty}\left(1+\frac{1}{n}\right)^n$의 극한값으로 정의하는데 대략 2.718이다. e의 발견은 로그의 발견과 동시에 이루어졌다. 17세기에는 천문학이나 항해술 등 과학 기술이 크게 발전하여 여러 자리 수의 곱셈이나 거듭제곱 등의 복잡한 계산을 해야 할 경우가 많았는데 로그는 이런 계산을 일일이 하는 대신 미리 계산하여 만들어 놓은 표에서 대략의 계산 결과를 찾아 쓰도록 하자는 생각에서 비롯되었다. 네이피어(John Napier)는 $\left(1-\frac{1}{10^7}\right)^x = 0.9999999^x$에 10^7을 곱한 값을 x를 1부터 10^7까지 모두 계산하여 표를 만들었다. 예를 들어 3315×2812를 계산한다면 이 표에서 $331500 = 10^7\left(1-\frac{1}{10^7}\right)^x$이고 $281200 = 10^7\left(1-\frac{1}{10^7}\right)^y$인 x, y를 찾으면 $10^{14}\left(1-\frac{1}{10^7}\right)^{x+y} = 3315 \times 2812 \times 10^4$인데 이 표에서 $10^7\left(1-\frac{1}{10^7}\right)^{x+y}$ 값을 찾으면 대략적으로 이 계산을 할 수 있다. 또한 $213000 = 10^7\left(1-\frac{1}{10^7}\right)^z$인 z에 대해 $10^{70}\left(1-\frac{1}{10^7}\right)^{10z} = (213)^{10} \times 10^{30}$이므로 이 표에서 $10^7\left(1-\frac{1}{10^7}\right)^{10z}$를 찾으면 213^{10}을 대략 계산할 수 있다. 여기서 $x = 10^7$일 때, 즉 $10^7\left(1-\frac{1}{10^7}\right)^{10^7}$은 $10^7 \lim_{x \to \infty}\left(1-\frac{1}{x}\right)^x$의 극한값과 비슷한 값이다. 그런데 $\lim_{x \to \infty}\left(1-\frac{1}{x}\right)^x = \frac{1}{e}$이다. 따라서 $10^7\left(1-\frac{1}{10^7}\right)^x$은 대략 $10^7\left(1-\frac{1}{10^7}\right)^{10^7 \times \frac{x}{10^7}} \approx 10^7\left(\frac{1}{e}\right)^{\frac{x}{10^7}} = 10^7 \cdot e^{-\frac{x}{10^7}}$이고 $10^7\left(1-\frac{1}{10^7}\right)^x = A$일 때 x는 대략 $-10^7\log_e\frac{A}{10^7}$이다. 그 후 수학이 발전하면서 e의 중요한 성질들이 발견되어 현재 e는 많은 사람들이 수학에서 가장 중요한 수 가운데 하나로 여기고 있다. e를 밑으로 한 로그, 즉 $\log_e x$를 **자연로그**라 하고 $\ln x$로 나타낸다.

정의 1.8 자연지수 e

극한 $\lim_{x \to \infty}\left(1+\frac{1}{x}\right)^x$의 극한값을 e로 정의한다.

이 극한이 수렴한다는 사실은 증명 없이 받아들이자.

예제 1.37 다음 극한값을 구하라.

(1) $\lim_{x \to \infty} \left(1+\frac{3}{x}\right)^x$ (2) $\lim_{x \to \infty} \left(1+\frac{1}{2x}\right)^{3x}$

(3) $\lim_{x \to \infty} \left(1+\frac{1}{x^2}\right)^x$ (4) $\lim_{x \to \infty} \left(1+\frac{3}{2x^2+x}\right)^{x^2}$

풀이 (1) $t=\frac{x}{3}$이면

$$\lim_{x \to \infty} \left(1+\frac{3}{x}\right)^x = \lim_{t \to \infty} \left(1+\frac{1}{t}\right)^{3t} = \lim_{t \to \infty} \left(\left(1+\frac{1}{t}\right)^t\right)^3 = e^3$$

이다.

(2) $t=2x$이면

$$\lim_{x \to \infty} \left(1+\frac{1}{2x}\right)^{3x} = \lim_{t \to \infty} \left(1+\frac{1}{t}\right)^{\frac{3}{2}t} = \lim_{t \to \infty} \left(\left(1+\frac{1}{t}\right)^t\right)^{\frac{3}{2}} = e^{\frac{3}{2}}$$

이다.

(3) $t=x^2$이면

$$\lim_{x \to \infty} \left(1+\frac{1}{x^2}\right)^x = \lim_{t \to \infty} \left(1+\frac{1}{t}\right)^{\sqrt{t}} = \lim_{t \to \infty} \left(\left(1+\frac{1}{t}\right)^t\right)^{\frac{1}{\sqrt{t}}} = e^0 = 1$$

이다.

(4) $t=\frac{2x^2+x}{3}$이면

$$\lim_{x \to \infty} \left(1+\frac{3}{2x^2+x}\right)^{\frac{2x^2+x}{3}} = \lim_{t \to \infty} \left(1+\frac{1}{t}\right)^t = e$$

이고 $\lim_{x \to \infty} \frac{3x^2}{2x^2+x} = \frac{3}{2}$이므로

$$\lim_{x \to \infty} \left(1+\frac{3}{2x^2+x}\right)^{x^2} = \lim_{x \to \infty} \left(1+\frac{3}{2x^2+x}\right)^{\frac{3x^2}{2x^2+x}\frac{2x^2+x}{3}}$$

$$= \lim_{x \to \infty} \left(\left(1 + \frac{3}{2x^2 + x}\right)^{\frac{2x^2+x}{3}} \right)^{\frac{3x^2}{2x^2+x}} = e^{\frac{3}{2}}$$

이다. ◆

정리 1.29

$\lim_{x \to \infty} \left(1 - \frac{1}{x}\right)^x = \frac{1}{e}$ 이다. 따라서 $\lim_{x \to 0} (1+x)^{\frac{1}{x}} = e$ 이다.

증명 $x > 2$일 때

$$\left(1 - \frac{1}{x^2}\right)\left(1 + \frac{2}{x^2}\right) = 1 + \frac{1}{x^2} - \frac{2}{x^4} > 1$$

이므로 $\frac{1}{1 + \frac{2}{x^2}} < 1 - \frac{1}{x^2} < 1$ 이다. 따라서

$$\frac{1}{\left(1 + \frac{2}{x^2}\right)^x} < \left(1 - \frac{1}{x^2}\right)^x < 1$$

이다.

$t = \frac{x^2}{2}$ 이면

$$\lim_{x \to \infty} \left(1 + \frac{2}{x^2}\right)^x = \lim_{t \to \infty} \left(1 + \frac{1}{t}\right)^{\sqrt{2t}} = \lim_{t \to \infty} \left(\left(1 + \frac{1}{t}\right)^t \right)^{\frac{\sqrt{2}}{\sqrt{t}}} = e^0 = 1$$

이므로 $\lim_{x \to \infty} \frac{1}{\left(1 + \frac{2}{x^2}\right)^x} = 1$ 이다. 따라서

$$\lim_{x \to \infty} \left(1 - \frac{1}{x^2}\right)^x = 1$$

이다. 이때

$$\lim_{x \to \infty}\left(1-\frac{1}{x}\right)^x = \lim_{x \to \infty}\frac{\left(1-\frac{1}{x^2}\right)^x}{\left(1+\frac{1}{x}\right)^x} = \frac{1}{e}$$

이다.

$t=\dfrac{1}{x}$ 이면

$$\lim_{x \to 0^+}(1+x)^{\frac{1}{x}} = \lim_{t \to \infty}\left(1+\frac{1}{t}\right)^t = e$$

이고 $t=-\dfrac{1}{x}$ 이면

$$\lim_{x \to 0^-}(1+x)^{\frac{1}{x}} = \lim_{t \to \infty}\left(1-\frac{1}{t}\right)^{-t} = \lim_{t \to \infty}\left(\left(1-\frac{1}{t}\right)^t\right)^{-1} = \left(\frac{1}{e}\right)^{-1} = e$$

이므로 $\lim_{x \to 0}(1+x)^{\frac{1}{x}} = e$ 이다. ◆

예제 1.38 (1) $\lim_{x \to \infty}\left(1-\dfrac{5}{x}\right)^x$ (2) $\lim_{x \to -\infty}\left(1+\dfrac{1}{x}\right)^x$

(3) $\lim_{x \to \infty}\left(1+\dfrac{1-x}{x^2+1}\right)^{2x}$ (4) $\lim_{x \to \infty}\left(1-\dfrac{3}{\sqrt{x}}\right)^{\sqrt{2x+1}}$

풀이 (1) $t=\dfrac{x}{5}$ 이면

$$\lim_{x \to \infty}\left(1-\frac{5}{x}\right)^x = \lim_{t \to \infty}\left(1-\frac{1}{t}\right)^{5t} = \lim_{t \to \infty}\left(\left(1-\frac{1}{t}\right)^t\right)^5 = \frac{1}{e^5}$$

이다.

(2) $t=-x$ 이면

$$\lim_{x \to -\infty}\left(1+\frac{1}{x}\right)^{x} = \lim_{t \to \infty}\left(1-\frac{1}{t}\right)^{-t}$$

$$= \lim_{t \to \infty}\left(\left(1-\frac{1}{t}\right)^{t}\right)^{-1} = \left(\frac{1}{e}\right)^{-1} = e$$

이다.

(3) $t = \dfrac{x^2+1}{x-1}$ 이면

$$\lim_{x \to \infty}\left(1+\frac{1-x}{x^2+1}\right)^{\frac{x^2+1}{x-1}} = \lim_{t \to \infty}\left(1-\frac{1}{t}\right)^{t} = \frac{1}{e}$$

이고 $\displaystyle\lim_{x \to \infty}\frac{2x^2-2x}{x^2+1} = 2$ 이므로

$$\lim_{x \to \infty}\left(1+\frac{1-x}{x^2+1}\right)^{2x} = \lim_{x \to \infty}\left(1+\frac{1-x}{x^2+1}\right)^{\frac{x^2+1}{x-1}\frac{2x^2-2x}{x^2+1}}$$

$$= \left(\frac{1}{e}\right)^{2} = \frac{1}{e^2}$$

이다.

(4) $t = \dfrac{\sqrt{x}}{3}$ 이면

$$\lim_{x \to \infty}\left(1-\frac{3}{\sqrt{x}}\right)^{\sqrt{2x+1}} = \lim_{t \to \infty}\left(1-\frac{1}{t}\right)^{\sqrt{18t^2+1}}$$

$$= \lim_{t \to \infty}\left(\left(1-\frac{1}{t}\right)^{t}\right)^{\frac{\sqrt{18t^2+1}}{t}}$$

$$= e^{-\sqrt{18}} = e^{-3\sqrt{2}}$$

이다. ◆

다음으로 지수함수와 로그함수의 도함수에 대해 알아보자.

정리 1.30 **지수, 로그함수의 도함수**

> $a>0$일 때 $\dfrac{d}{dx}a^x = a^x \ln a$이고 특히 $\dfrac{d}{dx}e^x = e^x$이다.
>
> $a>0$이고 $a \neq 1$일 때 $\dfrac{d}{dx}\log_a x = \dfrac{1}{x \ln a}$이고 특히 $\dfrac{d}{dx}\ln x = \dfrac{1}{x}$이다.

증명

$$\begin{aligned}\frac{d}{dx}\ln x &= \lim_{h \to 0}\frac{\ln(x+h)-\ln x}{h} = \lim_{h \to 0}\frac{\ln(x+h)-\ln x}{h} \\ &= \lim_{h \to 0}\frac{\ln\left(\frac{x+h}{x}\right)}{h} = \lim_{h \to 0}\frac{\ln\left(1+\frac{h}{x}\right)}{h} \\ &= \lim_{h \to 0}\frac{1}{h}\ln\left(1+\frac{h}{x}\right)\end{aligned}$$

이다. 이때 $t=\dfrac{h}{x}$라 하면

$$\begin{aligned}\frac{d}{dx}\ln x &= \lim_{h \to 0}\frac{1}{h}\ln\left(1+\frac{h}{x}\right) = \lim_{t \to 0}\frac{1}{xt}\ln(1+t) \\ &= \lim_{t \to 0}\frac{1}{x}\ln(1+t)^{\frac{1}{t}} = \frac{1}{x}\ln e = \frac{1}{x}\end{aligned}$$

이다. $a>0$이고 $a \neq 1$일 때

$$\frac{d}{dx}\log_a x = \frac{d}{dx}\frac{\ln x}{\ln a} = \frac{1}{x}\cdot\frac{1}{\ln a} = \frac{1}{x \ln a}$$

이다.

$$\frac{d}{dx}e^x = \lim_{h \to 0}\frac{e^{x+h}-e^x}{h} = \lim_{h \to 0}\frac{e^x e^h - e^x}{h} = \lim_{h \to 0}\frac{e^x(e^h-1)}{h}$$

이다. $t=e^h-1$이면 $h \to 0$이면 $t \to 0$이다. 따라서

$$\frac{d}{dx}e^x = \lim_{h \to 0}\frac{e^x(e^h-1)}{h} = \lim_{t \to 0}\frac{e^x t}{\ln(1+t)} = \lim_{t \to 0}\frac{e^x}{\frac{\ln(1+t)}{t}} = e^x$$

이다. $a>0$일 때

$$\frac{d}{dx}a^x=\frac{d}{dx}(e^{\ln a})^x=\frac{d}{dx}e^{x\ln a}=e^{x\ln a}\ln a=a^x\ln a$$

이다. ◆

예제 1.39 다음 극한값을 구하라.

(1) $\lim_{x\to 1}\frac{\ln x}{x-1}$ (2) $\lim_{x\to 0}\frac{\ln(1+2x)}{3x}$

(3) $\lim_{h\to 0}\frac{e^{3h}-1}{5h}$ (4) $\lim_{x\to\infty}x(\sqrt[x]{3}-1)$

풀이 (1) $t=x-1$이면

$$\lim_{x\to 1}\frac{\ln x}{x-1}=\lim_{t\to 0}\frac{\ln(1+t)}{t}=1$$

(2) $t=2x$이면

$$\lim_{x\to 0}\frac{\ln(1+2x)}{3x}=\lim_{t\to 0}\frac{2\ln(1+t)}{3t}$$

$$=\lim_{t\to 0}\frac{2\ln(1+t)^{\frac{1}{t}}}{3}=\frac{2\ln e}{3}=\frac{2}{3}$$

(3) $t=3h$이면

$$\lim_{h\to 0}\frac{e^{3h}-1}{5h}=\lim_{t\to 0}\frac{e^t-1}{\frac{5}{3}t}=\frac{3}{5}$$

(4) $t=\frac{1}{x}$이면

$$\lim_{x\to\infty}x(\sqrt[x]{3}-1)=\lim_{x\to\infty}x(3^{\frac{1}{x}}-1)$$

$$=\lim_{t\to 0}\frac{3^t-1}{t}=\frac{d}{dx}\bigg|_{x=0}3^x=\ln 3$$ ◆

예제 1.40 다음 함수의 도함수를 구하라.

(1) $y=2^{-x^3+x}$　　(2) $y=e^{\sin 5x}$

(3) $y=x^2\sin(3^x+x^2)$　　(4) $y=(e^x+\arctan x^2)^5$

풀이

(1) $y=2^{-x^3+x}\ln 2(-3x^2+1)=(-3x^2+1)2^{-x^3+x}\ln 2$

(2) $y'=e^{\sin 5x}\cos 5x\cdot 5=5e^{\sin 5x}\cos 5x$

(3) $y'=2x\sin(3^x+x^2)+x^2(3^x\ln 3+2x)\cos(3^x+x^2)$

(4) $y'=5(e^x+\arctan x^2)^4\left(e^x+\dfrac{2x}{1+x^4}\right)$ ◆

정리 1.31

모든 $a\in\mathbb{R}$에 대해 $f(x)=x^a$, $(x>0)$이면 $f'(x)=ax^{a-1}$이다.

증명 $y=x^a$일 때

$$y'=(x^a)'=((e^{\ln x})^a)'=(e^{a\ln x})'=e^{a\ln x}\cdot\frac{a}{x}=x^a\cdot\frac{a}{x}=ax^{a-1}$$

이다. ◆

예제 1.41 다음 함수의 도함수를 구하라.

(1) $y=(2x+1)^{\sqrt{2}}$　　(2) $y=\sqrt[5]{3x^2+x+1}$

풀이

(1) $y'=\sqrt{2}(2x+1)^{\sqrt{2}-1}\cdot 2=2\sqrt{2}(2x+1)^{\sqrt{2}-1}$

(2) $y'=\dfrac{1}{5}(3x^2+x+1)^{\frac{1}{5}-1}(6x+1)=\dfrac{6x+1}{5\sqrt[5]{(3x^2+x+1)^4}}$ ◆

연습문제 1.5

01. 다음 극한값을 구하라.

(1) $\lim_{x \to 2} \frac{\ln \frac{x+1}{3}}{x-2}$

(2) $\lim_{x \to 0} \frac{\ln(x^2+1)}{5x}$

(3) $\lim_{x \to 2} \frac{e^{3x}-e^6}{x^2-4}$

(4) $\lim_{x \to 0} \frac{e^{\sin x}-1}{x}$

(5) $\lim_{x \to 2} \frac{\left(\ln \frac{x}{2}\right)^{10}}{x-2}$

(6) $\lim_{x \to 0} \frac{e^{e^x}-e}{x}$

(7) $\lim_{x \to 0} \frac{\cos x - 2^x}{x}$

(8) $\lim_{x \to 0} \frac{\ln(1+x)}{3^x-1}$

02. 다음 함수의 도함수를 구하라.

(1) $y=(2^{3x}+3^x)^{15}$

(2) $y=\sin(e^{3x})$

(3) $y=e^{e^{x^2-7x}}$

(4) $y=\frac{e^x}{e^{2x}+3}$

03. 주어진 점에서 다음 곡선의 접선의 방정식을 구하라.

(1) $y=e^{3x+5}$, $x=2$

(2) $y=\log_e(3x^2-2)$, $x=1$

(3) $x^2+x\ln y-4=0$, $(2,\ 1)$

(4) $x-ye^{x+y}=1-e$, $(1,\ 0)$

04. **쌍곡선 함수**를 $\sinh x=\frac{e^x-e^{-x}}{2}$, $\cosh x=\frac{e^x+e^{-x}}{2}$, $\tanh x=\frac{e^x-e^{-x}}{e^x+e^{-x}}$, $\coth x=\frac{e^x+e^{-x}}{e^x-e^{-x}}$, $\mathrm{sech}\, x=\frac{2}{e^x+e^{-x}}$, $\mathrm{csch}\, x=\frac{2}{e^x-e^{-x}}$로 정의할 때 다음 식이 성립함을 보여라.

(1) $\cosh^2 x-\sinh^2 x=1$

(2) $\sinh 2x=2\sinh x\cosh x$

(3) $(\sinh x)'=\cosh x$

(4) $(\tanh x)'=\mathrm{sech}^2 x$

05. $y = \sinh x = \dfrac{e^x - e^{-x}}{2}$의 역함수를 구하라.

06. $x > 0$에 대해 $y = x^x$일 때 y'을 구하라.

07. (1) n이 자연수일 때 $\dfrac{n^2}{2} \le 2^n$임을 보여라.

(2) $x \ge 1$이면 $\dfrac{(x-1)^2}{2} \le 2^x$임을 보여라.

(3) $\lim_{x \to \infty} \dfrac{x}{2^x} = 0$임을 보여라.

(4) 모든 $a > 1$에 대해 $\lim_{x \to \infty} \dfrac{x}{a^x} = 0$임을 보여라.

(5) 모든 $a > 1$와 k에 대해 $\lim_{x \to \infty} \dfrac{x^k}{a^x} = 0$임을 보여라.

(6) $\lim_{x \to \infty} \dfrac{\ln x}{x} = 0$임을 보여라.

1장 | 종합문제

01. 다음 극한값을 구하라.

(1) $\lim_{x \to 2} \dfrac{x-2}{x-\sqrt{2x}}$

(2) $\lim_{x \to 0} \dfrac{\sin x}{3^x - 2^x}$

(3) $\lim_{x \to -\infty} \dfrac{|x+1|}{\sqrt{x^2+1}}$

(4) $\lim_{x \to \infty} (\sqrt{2^x+1} - \sqrt{2^x-1})$

(5) $\lim_{x \to \infty} \dfrac{5^{\sqrt{x}}}{2^x}$

(6) $\lim_{x \to \infty} \left(\dfrac{3^{5x-2} + 4^{x^2}}{2^{x^2} + 5^{5x}} \right)^{\frac{1}{x^2}}$

(7) $\lim_{\theta \to \frac{\pi}{2}} \dfrac{\cos \theta}{\theta - \dfrac{\pi}{2}}$

(8) $\lim_{x \to 0} \dfrac{3 \sin x - x}{\arcsin(2x)}$

02. $\lim_{x \to 3} \dfrac{x^3 - bx + 3b - 27}{2x^2 - x + a} = 2$일 때 a, b는?

03. $\lim_{x \to 0} \dfrac{2|x| + ax}{a|x| + x}$가 수렴할 a값을 구하라.

04. $\lim_{x \to c} \dfrac{x^3 - ax + b}{x^2 - 2x}$가 모든 실수 c에 대해 수렴하는 a, b를 구하라.

05. $f(x) = \lim_{n \to \infty} \left(\dfrac{1-x^2}{1+x^2} \right)^n$일 때 $f(x)$는 $x = 0$에서 연속인가?

06. 방정식 $\sin x = e^x$은 무한히 많은 실근을 가짐을 보여라.

07. 다음 함수들의 도함수를 구하라.

(1) $f(x)=(x^3-x^2)^7$ (2) $f(x)=\sqrt[5]{xe^{3x}}$

08. 다음 함수들이 $x=0$에서 미분가능한지 판정하라.

(1) $f(x)=x|x|$ (2) $f(x)=|\sin x|$

09. 주어진 점에서 다음 함수들의 그래프의 접선의 방정식을 구하라.

(1) $f(x)=e^{3x-2}-2e^x$, $x=1$ (2) $f(x)=(\ln x+2x)^3$, $x=1$

10. a, $b>0$이고 $a=\left(1-\dfrac{1}{10^7}\right)^{3000000}$, $b=\left(1-\dfrac{1}{10^7}\right)^{5891100}$일 때 $\log_a b$를 소수점 아래 둘째 자리까지 구하라.

11. 함수 $f(x)=xe^{2x}+x$의 그래프의 접선 가운데 $y=x$와 평행인 접선을 구하라.

12. 다음 함수들의 이계도함수를 구하라

(1) $f(x)=(2x+3)^{10}$ (2) $f(x)=e^{x^2+3x}$

13. 다음 주어진 점에서 곡선의 접선의 방정식을 구하라.

(1) $x^3+y^3=9$, $(2,\ 1)$ (2) $\sin(x+y)+xy=0$, $(0,\ \pi)$

14. $f(x)=e^{3x}+2x$의 역함수를 $g(x)$라 할 때 $g'(1)$은?

15. $f_1(x)=\sin x$이고 자연수 n에 대해 $f_{n+1}(x)=f_1\circ f_n(x)=\sin(f_n(x))$일 때 $f_{10}'(\pi)$를 구하라.

16. (1) $2\arcsin\dfrac{3}{5}=\arcsin\dfrac{24}{25}$임을 보여라.

(2) $\arctan\dfrac{1}{2}+\arctan\dfrac{1}{3}=\dfrac{\pi}{4}$임을 보여라.

17. $\sin x + 2\sin\left(x+\frac{\pi}{2}\right) + 3\sin(x+\pi) + 4\sin\left(x+\frac{3\pi}{2}\right) + 5\sin(x+2\pi)$의 최댓값은?

18. 모든 $a > 1$에 대해 $\lim_{x\to\infty}\frac{x}{a^x} = 0$임을 이용하여 다음을 보여라.

(1) $\lim_{x\to\infty}\frac{x}{3^{\sqrt{x}}} = 0$

(2) $\lim_{x\to 0^+} x(\ln x)^5 = 0$

19. (1) $\lim_{x\to\infty} f(x) = \infty$이고 $\lim_{x\to\infty}\frac{g(x)}{f(x)} = L\ (L \neq 0)$이면 $\lim_{x\to\infty}\frac{\ln g(x)}{\ln f(x)} = 1$임을 보여라.

(2) $\lim_{x\to\infty}\frac{\ln(5x^4 + x^3 + 3)}{\ln(x^3 + 2x + 9) - \ln(x^5 + 3x)}$을 구하라.

20. $f(x) = \begin{cases} e^{-\frac{1}{|x|}}, & x \neq 0 \\ 0, & x = 0 \end{cases}$이라 하자.

(1) $f(x)$는 $x = 0$에서 연속임을 보여라.

(2) $f'(0)$을 구하라.

제 2 장

도함수의 응용

2.1 최댓값 · 최솟값

CALCULUS

정의 2.1 근방(neighborhood)

주어진 점 c와 실수 $\epsilon > 0$에 대해 개구간 $(c-\epsilon,\ c+\epsilon)$을 점 c의 **ϵ-근방**(ϵ-neighborhood), 또는 점 c의 **근방**(neighborhood)이라고 한다.

도함수의 기하학적 의미: $x=a$의 근방에서 미분가능인 함수 $y=f(x)$ 위의 점 $P(a,\ f(a))$, $Q(a+\Delta x,\ f(a+\Delta x))$를 고려하자. $x=a$에서 미분가능이면 그 점에서 연속이므로 $\Delta x \to 0$일 때 점 Q는 점 P에 한없이 가까워진다. PQ의 기울기는 다음과 같다.

$$\frac{\Delta y}{\Delta x} = \frac{f(a+\Delta x)-f(a)}{\Delta x} = \tan\theta$$

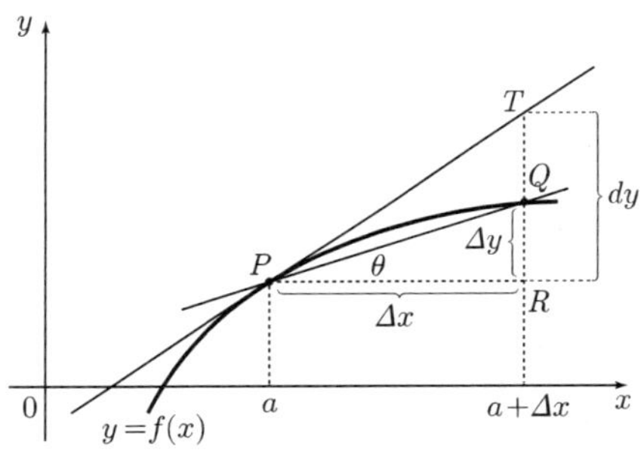

[그림 2.1] 접선의 기울기

그런데 $\Delta x \to 0$일 때 $f'(a)$가 되고, 이때 직선 PQ는 접선 PT가 된다. 따라서 점 $P(a,\ f(a))$에 있어서 접선의 기울기는 $f'(a)$이다. 결론적으로 점 P에서 접선, 법선의 방정식은 각각 다음과 같다.

$y-f(a)=f'(a)(x-a)$: **접선의 방정식**(tangent line at $x=a$)

$y-f(a)=-\dfrac{1}{f'(a)}(x-a)$: **법선의 방정식**(normal line at $x=a$)

$f'(x)$는 x에 대응하는 점에서 곡선 $y=f(x)$의 접선의 기울기이므로 이 접선이 x축과 이루는 각을 θ라고 하면, 위의 그림에서 a를 x로 바꾸었을 때

$$\tan\theta = f'(x) = \frac{RT}{PR} = \frac{RT}{\Delta x}$$

여기서 $dy=f'(x)\Delta x$라 두면 dy는 RT의 길이이다. 이 dy를 x에 있어서의 y의 **미분**(differential)이라 부른다. 그런데 특히 $y=x$이면 이 식은

$$dx = (x)'\Delta x = \Delta x$$

이것은 독립변수 x의 미분은 증분과 같음을 나타낸다. 따라서 y의 미분의 정의식은

$$dy = f'(x)dx$$

로 쓸 수 있다. 또한 dy, dx를 각각 y, x의 미분이라고 하면 극한값 $\lim\limits_{\Delta x\to 0}\dfrac{\Delta y}{\Delta x}$를 나타내는 기호에 불과한 $\dfrac{dy}{dx}$는 dy를 dx로 나눈 몫으로 해석할 수 있다.

예제 2.1 곡선 $f(x)=x^3-2x^2+4$ 위의 한 점 $(2, 4)$에서 접선과 법선의 방정식을 구하라.

풀이 $f'(x)=3x^2-4x$이므로 접선의 기울기는 $f'(2)=4$이고, 따라서 접선의 방정식은

$$y-4=4(x-2),\ \text{즉}\ y=4x-4$$

법선의 방정식은

$$y-4=-\frac{1}{4}(x-2),\ \text{즉}\ x+4y=18$$ ◆

예제 2.2 타원 $4x^2+9y^2=40$ 위의 한 점 $(1, 2)$에서 접선의 방정식을 구하라.

풀이 타원의 방정식 $4x^2+9y^2=40$의 양변을 x에 관해 미분하면

$$8x+18y\frac{dx}{dx}=0$$

을 얻고 이 식에 (1, 2)을 대입하여 $\left.\frac{dy}{dx}\right|_{x=1} = -\frac{2}{9}$를 얻는다. 따라서 접선의 방정식은

$$y-2=-\frac{2}{9}(x-1)$$ ◆

정의 2.2 **증가 · 감소 · 상수 함수**

함수 $f(x)$가 구간 I에 정의되어 있다고 하자.

(1) $x_1 < x_2\ (x_1, x_2 \in I) \Rightarrow f(x_1) < f(x_2)$ 이면 $f(x)$는 I에서 **증가함수**(increasing function)라 한다.

(2) $x_1 < x_2\ (x_1, x_2 \in I) \Rightarrow f(x_1) > f(x_2)$ 이면 $f(x)$는 I에서 **감소함수**(decreasing function)라 한다.

(3) $f(x_1) = f(x_2)\ (x_1, x_2 \in I)$이면 $f(x)$는 I에서 **상수함수**(constant function)라 한다.

예제 2.3 함수 $f(x) = 2x$는 임의의 실수 x_1, x_2에 대하여 $x_1 < x_2$이면 $2x_1 < 2x_2$이므로 언제나 $f(x_1) < f(x_2)$가 성립하여 실수 집합 위에서 증가함수이다. ◆

정의 2.3 **함수의 최댓값 · 최솟값(extreme value)**

함수 f의 정의역이 I이고 f의 값이 a에서 최대일 때, 즉 모든 $x \in I$에 대해 $f(a) \geq f(x)$이면, f는 a에서 **최대**(maximum)가 된다고 하며, $f(a)$를 **최댓값**(maximum value)이라고 한다. 또, f의 값이 a에서 최소일 때, 즉 모든 $x \in I$에 대해 $f(a) \leq f(x)$이면, f는 a에서 **최소**(minimum)가 된다고 하며, $f(a)$를 **최솟값**(minimum value)이라고 한다.

함수 $f(x)$의 정의역이 [그림 2.2]와 같이 I이면 f는 c에서 최솟값 $f(c)$를 갖고 d에서 최댓값 $f(d)$를 갖는다.

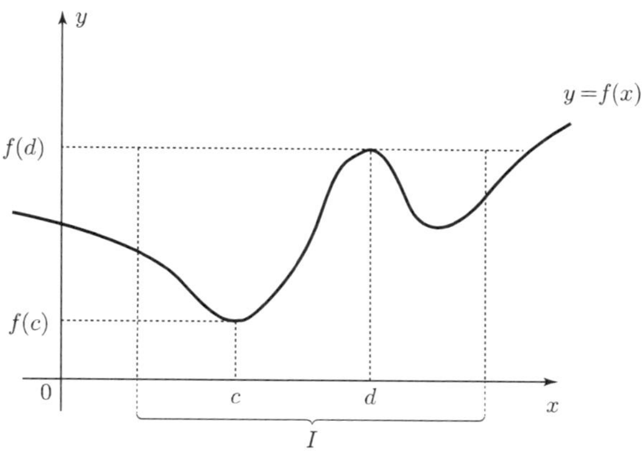

[그림 2.2] 함수의 최솟값과 최댓값

예제 2.4 함수 $f(x)=2x$의 정의역이 $I=[-2,\ 1)$일 때 f의 최솟값과 최댓값을 구하라.

풀이 함수 $f(x)$의 치역이 $[-4,\ 2)$이므로 f의 최솟값은 -4이고 최댓값은 존재하지 않는다. ◆

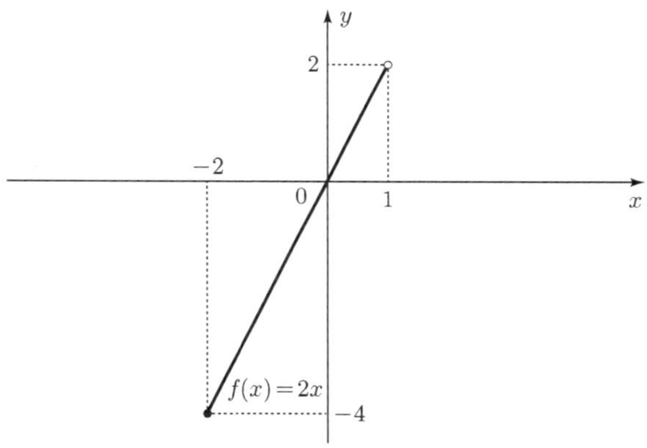

[그림 2.3] $f(x)=2x,\ -2\le x<1$

예제 2.5 함수 $f(x)=x^2$의 정의역이 $I=(-\infty,\ \infty)$일 때 f의 최솟값과 최댓값을 구하라.

풀이 함수 $f(x)$의 치역이 $[0,\ \infty)$이므로 f의 최솟값은 0이고 최댓값은 존재하지

않는다. ◆

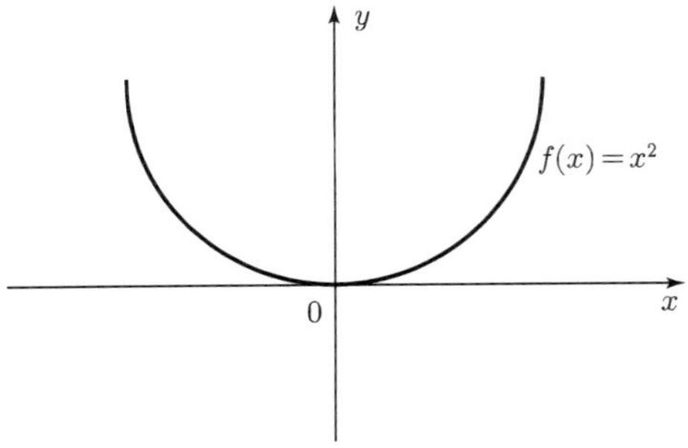

[그림 2.4] $f(x)=x^2,\ -\infty < x < \infty$

예제 2.6 함수 $f(x)=x^3$의 정의역이 $I=(-\infty,\ \infty)$일 때 f의 최솟값과 최댓값을 구하라.

풀이 함수 $f(x)$의 치역이 $(-\infty,\ \infty)$이므로 f의 최솟값과 최댓값은 존재하지 않는다. ◆

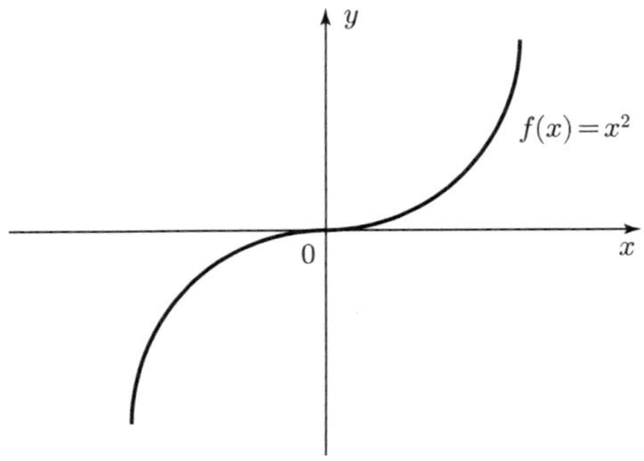

[그림 2.5] $f(x)=x^3,\ -\infty < x < \infty$

다음 정리는 주어진 구간 내에서 최대 및 최솟값을 갖는 조건을 제시한다. 증명은 까다로우므로 생략한다.

정리 2.1 **최대·최소 정리**

함수 f가 폐구간 $[a, b]$에서 연속이면 f는 구간 $[a, b]$에서 최대와 최소를 가진다.

예를 들면 $f(x)=x-x^3$, $x\in[0, 2]$는 폐구간 $[0, 2]$에서 연속이다. 따라서 최대·최소 정리에 의해 최솟값과 최댓값을 $[0, 2]$에서 갖는다. 다음 정리는 구체적으로 최솟값과 최댓값을 찾는 데 도움을 준다.

정리 2.2

함수 f가 폐구간 $[a, b]$에서 정의되어 있다. 개구간 (a, b) 내의 한 점 c에서 $f'(c)$가 존재하고 c에서 f가 최대 또는 최소이면 $f'(c)=0$이다.

증명 f가 c에서 최댓값을 갖는다고 하자(최소일 때도 같은 방법으로 증명된다). 충분히 작은 h(단, $h>0$ 또는 $h<0$ 이면서 $h\neq 0$)에 대해

$$f(c+h)-f(c)\leq 0$$

따라서 $h>0$이면

$$\frac{f(c+h)-f(c)}{h}\leq 0,$$

$h<0$이면

$$\frac{f(c+h)-f(c)}{h}\geq 0.$$

그러므로

$$f'(c)=\lim_{h\to 0^+}\frac{f(c+h)-f(c)}{h}\leq 0$$

이고

$$f'(c)=\lim_{h\to 0^-}\frac{f(c+h)-f(c)}{h}\geq 0$$

그런데 $f'(c)$가 존재한다고 했으므로 이 두 값은 같아야 하고 $f'(c)=0$이 된다. ◆

주의 **주어진 함수의 최소·최댓값 찾는 방법**

함수 f가 폐구간 $[a, b]$에서 정의되어 있다고 하자. $[a, b]$에서 f의 최솟값 및 최댓값은 위의 정리에 의하여 $f(a)$, $f(b)$, $f'(c)=0$인 함수값 $f(c)$ 또는 f가 미분가능하지 않는 개구간 (a, b) 내의 점 c에서의 함수값 $f(c)$ 중 제일 작은 값이 f의 최솟값이 되고 제일 큰 값이 최댓값이 된다.

예제 2.7 폐구간 $[0, 1]$에서 함수 $f(x)=x-x^3$의 최댓값과 최솟값을 구하라.

풀이 함수 $f(x)$가 $[0, 1]$에서 연속이므로, 최대·최소 정리에 의하여 최솟값과 최대값을 갖는다.

$f'(x)=1-3x^2$이므로 $x=\pm\dfrac{\sqrt{3}}{3}$에서 $f'(x)=0$이 된다. 따라서

$$f(0)=0,\ f(1)=0,\quad f\left(\frac{\sqrt{3}}{3}\right)=\frac{\sqrt{3}}{3}-\left(\frac{\sqrt{3}}{3}\right)^3=\frac{2}{9}\sqrt{3}$$

이므로 $[0, 1]$에서 f의 최솟값은 0이고 최댓값은 $\dfrac{2}{9}\sqrt{3}$이다. ◆

예제 2.8 폐구간 $[-1, 1]$에서 함수 $f(x)=x^{\frac{2}{3}}$의 최댓값과 최솟값을 구하라.

풀이 함수 $f(x)$가 $[-1, 1]$에서 연속이므로, 최대·최소 정리에 의하여 최솟값과 최댓값을 갖는다.

$f'(x)=\dfrac{2}{3}x^{-\frac{1}{3}}=\dfrac{2}{3\sqrt[3]{x}}$이므로 $f'(x)=0$인 x가 존재하지 않고 $f'(0)$도 존재하지 않는다. 따라서 $f(-1)=1=f(1)$, $f(0)=0$이므로 $[-1, 1]$에서 f의 최솟값은 0이고 최댓값은 1이다. ◆

정의 2.4 **함수의 극값(local extreme value)**

함수 f의 정의역이 D이고 $c \in D$이다.

(1) c의 근방 $I(I \subseteq D)$에서 "모든 $x \in I$에 대해 $f(x) \leq f(c)$"이면, f는 c에서 **극대**(maximal)라고 하고, $f(c)$를 **극댓값**(maximal value)이라 한다.

(2) c의 근방 $I(I \subseteq D)$에서 "모든 $x \in I$에 대해 $f(x) \geq f(c)$"이면, f는 c에서 **극소**(minimal)라고 하고, $f(c)$를 **극솟값**(minimal)이라 한다.

극댓값과 극솟값을 **극값**(extreme value)이라 한다.

주의 함수 f의 극댓값, 극솟값은 최댓값, 최솟값과는 다르며, 극댓값이 극솟값보다 크다고는 할 수 없다. 다만 f가 극댓값을 취하는 점의 어떤 근방에서 정의되어 있고, 이 근방의 점에 있어서 f의 값보다 크다는 것이다. 극솟값에 대해서도 마찬가지이다.

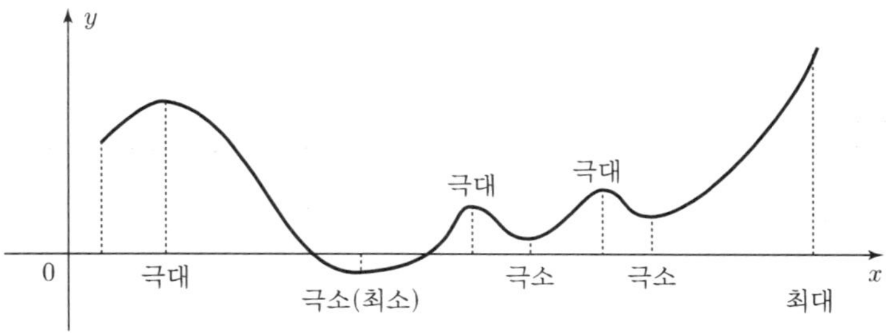

[그림 2.6] 함수의 극대와 극소

정리 2.3 **페르마 정리(Fermat theorem)**

함수 f가 점 a에서 미분가능이고, a에서 극값을 가지면 $f'(a) = 0$이다.

증명 f가 a에서 극대라고 하자(극소일 때도 같은 방법으로 증명된다).

충분히 작은 h(단, $h > 0$ 또는 $h < 0$이면서 $h \neq 0$)에 대해

$$f(a+h) - f(a) \leq 0$$

따라서 $h > 0$이면

$$\frac{f(a+h)-f(a)}{h} \leq 0,$$

$h < 0$이면

$$\frac{f(a+h)-f(a)}{h} \geq 0.$$

그러므로

$$f'(a) = \lim_{h \to 0^+} \frac{f(a+h)-f(a)}{h} \leq 0$$

이고

$$f'(a) = \lim_{h \to 0^+} \frac{f(a+h)-f(a)}{h} \geq 0$$

그런데 $f'(a)$가 존재한다고 했으므로 이 두 값은 같아야 하고 $f'(a)=0$이 된다. ◆

정의 2.5 임계수, 임계점

함수 f의 정의역에 속하는 점 a에 대하여 $f'(a)=0$이거나 $f'(a)$가 존재하지 않을 때 a를 **임계수**(critical number)라 하고, $(a,\ f(a))$를 **임계점**(critical point)이라 한다.

예제 2.9 함수 $f(x)=x^3-3x-5$의 임계수를 구하라.

풀이

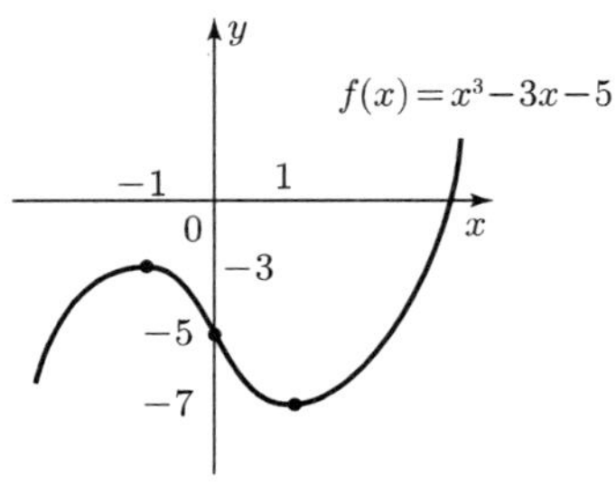

[그림 2.7] $f(x)=x^3-3x-5$

$$f'(x) = 3x^2 - 3 = 3(x+1)(x-1)$$

따라서 $f'(x) = 0$의 근이 되는 $x = -1$, $x = 1$이 임계수이다. ◆

예제 2.10 함수 $f(x) = |x|$의 임계수와 임계점을 구하라.

풀이

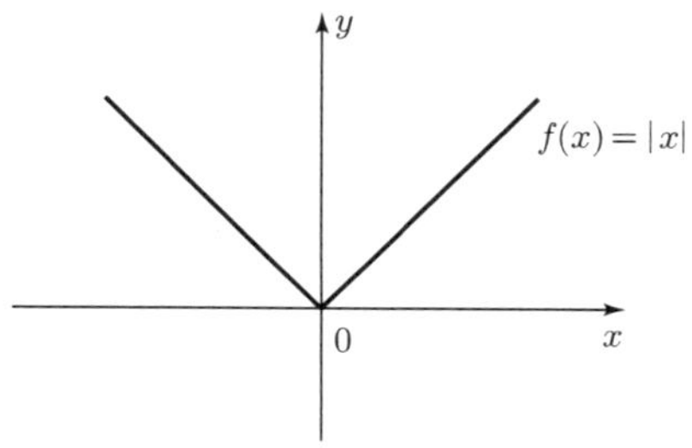

[그림 2.8] $f(x) = |x|$

함수 $f(x) = |x|$의 도함수는 $x \neq 0$일 때 $f'(x) = \dfrac{x}{|x|}$이고 $x = 0$일 때 $f'(0)$이 존재하지 않으므로 0이 함수 f의 임계수가 되고 $(0,\ 0)$이 임계점이 된다. ◆

예제 2.11 어떤 두 수의 합이 120이 된다고 할 때 그 두 수 중 어느 한 수와 나머지 수의 제곱을 곱한 것이 최대가 되는 두 수를 구하라.

풀이 두 수를 x, $120 - x$라 놓고, $y = (120 - x)x^2$이라 두고 y의 최댓값을 구하자. $\dfrac{dy}{dx} = 3x(80 - x)$이고 $x = 0$, $x = 80$은 임계수가 되는데 $x = 80$일 때 y는 극댓값을 갖게 되므로 두 수는 40, 80이 된다. ◆

예제 2.12 부피가 1000cm^3인 원기둥 모양의 알루미늄 캔이 있다. 이 캔의 뚜껑이 열려 있다고 생각하고 겉넓이가 최소가 되는 캔의 반지름을 구하라.

풀이 알루미늄 캔의 밑면의 반지름을 r, 높이를 h라 두면 캔의 부피 V와 겉넓이 A는 다음과 같이 나타낼 수 있다.

$$V = \pi r^2 h = 1000 \tag{1}$$

$$A = 2\pi r h + \pi r^2 \tag{2}$$

식 (1)에서 $h = \dfrac{1000}{\pi r^2}$이므로 식 (2)를 r만의 함수로 표현하면

$$A = 2\pi r\left(\frac{1000}{\pi r^2}\right) + \pi r^2 = \frac{2000}{r} + \pi r^2$$

$$\frac{dA}{dr} = -\frac{2000}{r^2} + 2\pi r = \frac{2(\pi r^3 - 1000)}{r^2}$$

따라서 임계수는 $r = \dfrac{10}{\sqrt[3]{\pi}}$이고 이때 표면적이 최소가 됨을 알 수 있다. ◆

연습문제 2.1

01. 다음 곡선의 주어진 점에서 접선과 법선의 방정식을 구하라.

(1) $y = x^3,\ \left(-\dfrac{1}{2},\ -\dfrac{1}{8}\right)$

(2) $y = \dfrac{9}{x^2},\ (3,\ 1)$

(3) $y = x^{1/3},\ (0,\ 0)$

(4) $y = 1 + x + x^2 + x^3,\ (1,\ 4)$

(5) $y = \sin x,\ (0,\ 0)$

(6) $y = \begin{cases} \sqrt{x} & (x \geq 0) \\ \sqrt{-x} & (x < 0) \end{cases},\ (0,\ 0)$

02. $f(x) = x^{2/3}$은 $(0,\ 0)$에서 접선이 존재하지 않음을 보여라.

03. 다음 함수의 임계수와 임계점을 구하라.

(1) $y = \dfrac{x^4}{2} - x^2$

(2) $y = \dfrac{x^2 - 1}{x^3}$

(3) $y=\frac{4}{5-x}$

(4) $y=\frac{x}{x-2}$

(5) $y=x^4-6x^2+8x+13$

(6) $y=\frac{2+x-x^2}{(x-1)^2}$

(7) $y=\frac{x^3-4}{x^2}$

(8) $y=\frac{x^2+1}{x-2}$

(9) $y=x^3-8x^2+16x-3$

(10) $y=2+\frac{1}{x^2}$

04. 반지름이 r인 구에 내접하는 원기둥의 최대 부피를 구하라.

05. 가로가 24cm, 세로가 9cm인 종이의 네 모서리를 같은 크기의 정사각형으로 잘라 내어 뚜껑이 없는 직육면체를 만들 때 부피의 최댓값을 구하라.

06. 반지름이 20cm인 구에 외접하는 원뿔의 부피를 최대가 되게 하는 원뿔 밑면의 반지름을 구하라.

2.2 평균값 정리

CALCULUS

정리 2.4 롤(Rolle) 정리

함수 f가 폐구간 $[a, b]$에서 연속이고 개구간 (a, b)에서 미분가능하며 $f(a)=0=f(b)$이면, $f'(c)=0$인 점 c가 (a, b) 안에 적어도 하나 존재한다.

증명 (경우 1) $f=0$인 상수함수일 때

모든 $c \in (a, b)$에 대해 $f'(c)=0$이 된다.

(경우 2) $f \neq 0$인 함수일 때

함수 f가 폐구간 $[a, b]$에서 연속이므로 최대·최소정리에 의해 구간 $[a, b]$에서 f는 최댓값 M과 최솟값 m을 갖는다. 이때 $f(c_1)=m$, $f(c_2)=M$이라 하자. $f \neq 0$이므로 c_1, c_2 중 적어도 한 점은 $[a, b]$의 끝점인 a, b가 될 수 없다. 만약 c_1이 a, b가 아니라면 $c_1 \in (a, b)$이고 $f(c_1)=m$이 극솟값이므로 페르마 정리에 의해 $f'(c_1)=0$이다. c_2가 a, b가 아닌 경우도 같은 방법으로 증명된다. ◆

롤 정리에서 조건 $f(a)=0=f(b)$를 $f(a)=f(b)$로 바꿀 수 있다.

정리 2.5 일반화된 롤 정리

함수 f가 폐구간 $[a, b]$에서 연속이고 개구간 (a, b)에서 미분가능하며 $f(a)=f(b)$이면, $f'(c)=0$인 점 c가 (a, b) 안에 적어도 하나 존재한다.

증명 $g(x)=f(x)-f(a)$라 놓으면 $g(x)$는 $[a, b]$에서 연속이고 (a, b)에서 미분가능하며 $g(a)=g(b)=0$이 된다. 따라서 롤 정리에 의해 $g'(c)=0$인 c가

$(a,\ b)$ 안에 적어도 하나 존재한다. 실제로 $g'(x) = f'(x)$이므로 $f'(c) = 0$이 된다. ◆

기하학적으로 일반화된 롤 정리는 함수 f가 개구간 $(a,\ b)$에서 미분가능이고 $f(a) = f(b)$이면 개구간 $(a,\ b)$ 안에 적어도 한 점에서 접선의 기울기가 0이 됨을 의미한다.

예제 2.13 $f(x) = x^3 - 12x\ (0 \le x \le 2\sqrt{3})$에서 롤 정리를 적용해 보면 f는 폐구간 $[0,\ 2\sqrt{3}]$에서 연속이고 개구간 $(0,\ 2\sqrt{3})$에서 미분가능하다. 또한 $f(0) = 0 = f(2\sqrt{3})$이 되어 롤 정리의 가정을 만족한다. 실제로 $f'(x) = 3x^2 - 12$이고 이때 $x = \pm 2$에서 $f'(x) = 0$이 되고 $x = 2$는 개구간 $(0,\ 2\sqrt{3})$ 사이에 있으므로 롤 정리가 만족된다. ◆

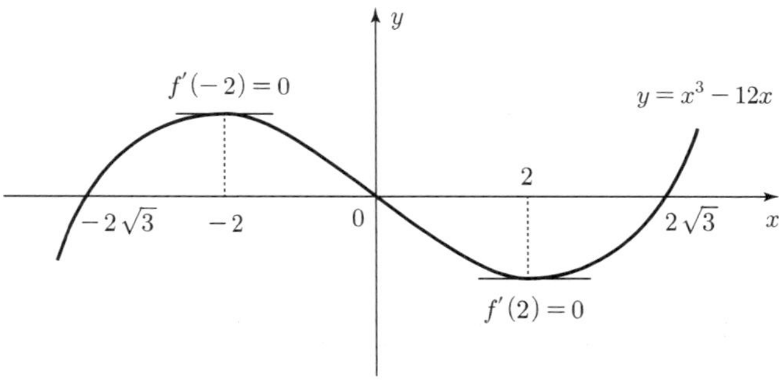

[그림 2.9] $f(x) = x^3 - 12x,\ 0 \le x \le 2\sqrt{3}$

예제 2.14 $f(x) = \sqrt{1 - x^2}\ (-1 \le x \le 1)$은 $f(-1) = 0 = f(1)$이고 폐구간 $[-1,\ 1]$에서 연속이고 개구간 $(-1,\ 1)$에서 미분가능하여 롤 정리의 가정을 만족한다. $f'(x) = -\dfrac{x}{1 - x^2}$이므로 $f'(0) = 0$이고 이때 $-1 < 0 < 1$이다. ◆

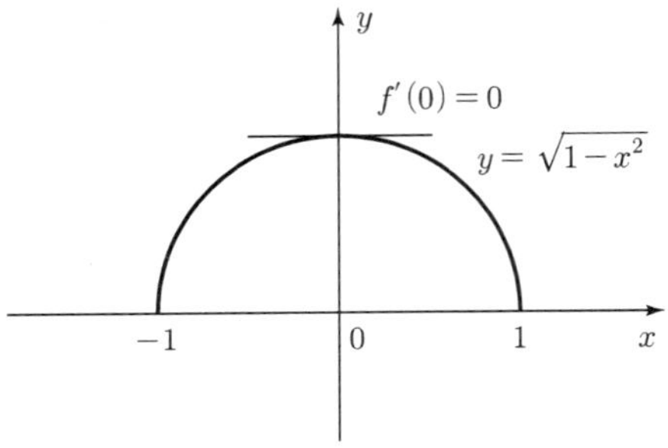

[그림 2.10] $f(x)=\sqrt{1-x^2}$

예제 2.15 롤 정리를 이용하여 $x^3+4x-1=0$이 많아야 한 개의 실수해를 가짐을 보여라.

풀이 $f(x)=x^3+4x-1$이라 하자. 만약 $f(x)=0$이 두 개의 서로 다른 실수 해 a와 b를 가진다고 하자. 일반성을 잃지 않고 $a<b$라 가정할 수 있다. 그러면 함수 f는 $[a, b]$에서 연속, (a, b)에서 미분가능이고 $f(a)=0=f(b)$이다. 따라서 롤 정리에 의해 $f'(c)=0$인 점 c가 개구간 (a, b) 내에 존재한다. 하지만 실제로 $f'(x)=3x^2+4$이므로 $f'(x)=0$을 만족하는 실수는 존재하지 않는다. 이 모순으로부터 $f(x)=0$이 많아야 한 개의 실수해를 가진다는 결론에 도달한다. ◆

정리 2.6 **평균값 정리(Mean value theorem)**

함수 f가 폐구간 $[a, b]$에서 연속이고, 개구간 (a, b)에서 미분가능이면

$$f'(c)=\frac{f(b)-f(a)}{b-a}$$

인 c가 (a, b) 안에 적어도 하나 존재한다.

증명
$$g(x)=f(x)-f(a)-\frac{f(b)-f(a)}{b-a}(x-a)$$

라 놓으면 $g(x)$는 $[a, b]$에서 연속이고 (a, b)에서 미분가능하며 $g(a)=g(b)=0$이 된다. 따라서 롤 정리에 의해 $g'(c)=0$인 c가 (a, b) 안에 적

어도 하나 존재한다. 실제로

$$g'(c) = f'(c) - \frac{f(b) - f(a)}{b - a} = 0$$

이므로

$$f'(c) = \frac{f(b) - f(a)}{b - a}$$

가 된다. ◆

기하학적으로 평균값 정리는 그림 2.11에서처럼 미분가능한 함수 $f(x)$가 나타내는 곡선상의 두 점 $P(a, f(a))$, $Q(b, f(b))$를 지나는 직선의 기울기와 같은 기울기를 갖는 접선이 (a, b) 사이에 존재함을 의미하는데 이를 롤 정리를 일반화한 것이라 볼 수 있다.

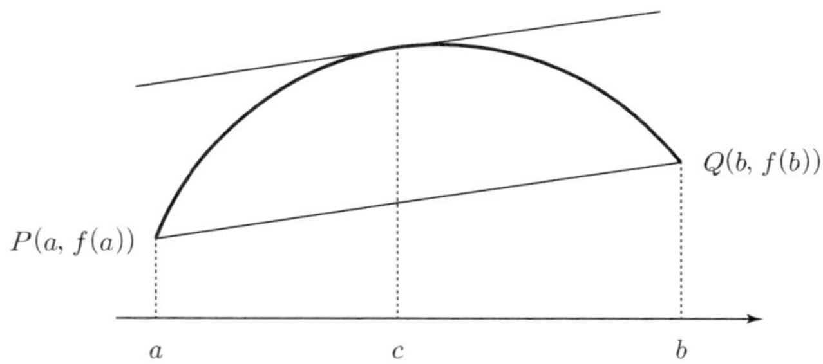

[그림 2.11] 평균값 정리

참고 평균값 정리의 결과를 다음과 같이 나타낼 수 있음을 주목하자.

$$f(b) = f(a) + (b - a) \cdot f'(c) \quad (a < c < b)$$

또는

$$f(b) = f(a) + (b - a) \cdot f'(a + \theta(b - a)) \quad (0 < \theta < 1)$$

또는

$$f(a + h) = f(a) + h \cdot f'(a + \theta h) \quad (h = b - a) \quad (0 < \theta < 1)$$

예제 2.16 함수 $f(x)=3x^2+4x-3(1 \le x \le 3)$에서 평균값 정리를 적용해보자. f는 $[1, 3]$에서 연속이고 $(1, 3)$에서 미분가능하다. 한편, $f(1)=4$, $f(3)=36$이므로 두 점 $(1, 4)$, $(3, 36)$을 지나는 직선의 기울기는 $\frac{36-4}{3-1}=16$이다. 따라서 $f'(x)=6x+4=16$으로부터 $x=2$를 얻고 이 점은 구간 $(1, 3)$ 안에 있는 점이다. ◆

예제 2.17 함수 $f(x)=x^3+1$ $(0 \le x \le 3)$에서 평균값 정리를 적용해보자. f는 $[0, 3]$에서 연속이고 $(0, 3)$에서 미분가능하다. 한편, $f(0)=1$, $f(3)=28$이므로 두 점 $(0, 1)$, $(3, 28)$을 지나는 직선의 기울기는 $\frac{28-1}{3-0}=9$이다. 따라서 $f'(x)=3x^2=9$로부터 $x=\pm\sqrt{3}$을 얻는데 이 중 $x=\sqrt{3}$이 구간 $(0, 3)$ 안에 있는 점이다. ◆

예제 2.18 구간 I에서 $f'(x)=0$일 때, f는 I에서 상수임을 밝혀라.

풀이 모든 x_1, $x_2 \in I$에 대해 $f(x_1)=f(x_2)$임을 보이면 충분하다. $x_1 < x_2$라고 하자. 평균값의 정리에 의하여

$$f(x_2)=f(x_1)+(x_2-x_1)f'(c) \quad (x_1 < c < x_2)$$

이고, 가정에 의해 $f'(c)=0$이므로 $f(x_2)=f(x_1)$이다. ◆

예제 2.19 $f(0)=3$, $f'(x)=5$이면, $f(x)=5x+3$임을 증명하여라.

풀이 $g(x)=5x$라고 두면 $f'(x)=5=g'(x)$이므로, $f-g$는 상수함수이다. 따라서 $f(x)-g(x)=f(0)-g(0)=3$ 이므로

$$f(x)=g(x)+3=5x+3$$ ◆

정리 2.7 **코시 평균값 정리**

두 함수 f와 g가 폐구간 $[a, b]$에서 연속이고 개구간 (a, b)에서 미분가능이며, 모든 $x \in (a, b)$에 대해 $g'(x) \neq 0$이면

$$\frac{f(b)-f(a)}{g(b)-g(a)} = \frac{f'(c)}{g'(c)}$$

인 c가 (a, b) 안에 적어도 하나 존재한다.

참고 정리 조건에서 $g(b) \neq g(a)$임을 알 수 있다. 만약 $g(b) = g(a)$이면 일반화된 롤 정리에 의해 $g'(c) = 0$인 c가 (a, b) 안에 존재해야 한다.

증명

$$h(x) = f(b) - f(x) - \frac{f(b)-f(a)}{g(b)-g(a)}(g(b)-g(x))$$

라 놓으면 $h(x)$는 $[a, b]$에서 연속이고 (a, b)에서 미분가능하며 $h(a) = h(b) = 0$이 된다. 따라서 롤 정리에 의해 $h'(c) = 0$인 c가 (a, b) 위에 적어도 하나 존재한다. 실제로

$$h'(x) = -f'(x) + \frac{f(b)-f(a)}{g(b)-g(a)}g'(x)$$

이므로

$$\frac{f'(c)}{g'(c)} = \frac{f(b)-f(a)}{g(b)-g(a)}$$

가 된다. ◆

주의 코시 평균값 정리에서 $g(x) = x$라 놓으면 평균값 정리가 된다. 그러므로 코시 평균값 정리를 **일반화된 평균값 정리**(Generalized mean value theorem)라고도 부른다.

예제 2.20 함수 $f(x) = x^3$와 $g(x) = x^2$에 대해 코시 평균값 정리에 있어서의 c를 개구간 (a, b)에서 구하라.

풀이 $f'(x) = 3x^2,\ g'(x) = 2x$ 이므로

$$\frac{f(b)-f(a)}{g(b)-f(a)} = \frac{b^3-a^3}{b^2-a^2} = \frac{f'(c)}{g'(c)} = \frac{3c^2}{2c}$$

따라서 $c = \dfrac{2}{3}\dfrac{b^2+ab+a^2}{b+a}$ ◆

연습문제 2.2

01. 주어진 함수와 구간에 대해 일반화된 롤 정리를 만족하는 c를 구하고, 만일 존재하지 않는다면 그 이유를 써라.

(1) $f(x) = x^2 - 2x + 1,\ [0,\ 2]$ (2) $f(x) = (x-1)^{-4},\ [0,\ 2]$

(3) $f(x) = 1 + \sqrt[3]{x^2},\ [-1,\ 1]$

02. 함수 $f(x) = \dfrac{x^2-4x}{x+2}$ 에 대해 폐구간 $[0,\ 4]$에서 롤 정리를 만족하는 c를 $(0,\ 4)$ 위에서 구하라.

03. 다음 함수 f에 대해 주어진 구간 $(a,\ b)$에서 평균값 정리를 만족하는 c를 구간 $(a,\ b)$ 위에서 모두 구하라.

(1) $f(x) = \dfrac{1}{3}x^3 + 2x,\quad a=0,\quad b=3$

(2) $f(x) = x - 3x^2,\quad a=-1,\quad b=3$

(3) $f(x) = -3 + \sqrt{x},\quad a=0,\quad b=1$

(4) $f(x) = 3\left(x + \dfrac{1}{x}\right),\quad a=\dfrac{1}{3},\quad b=3$

04. 폐구간 $[a, b]$ 에서 $|f'(x)| \le M(M > 0)$이라 하자. 평균값 정리를 이용하여 다음을 증명하라.

$$|f(b) - f(a)| \le M(b-a)$$

05. 위 문제를 이용하여 $\sqrt{101}$ 의 범위를 생각해보라.
(힌트: $f(x) = \sqrt{x}$ 라 놓고 $a = 100$, $b = 101$로 둔다.)

2.3 함수의 증가·감소

CALCULUS

구간 I에서 정의된 함수 f에 대해서 증가·감소 대한 정의를 다시 보자.

$$x < y \ (x,\ y \in I) \ \Rightarrow \ f(x) < f(y) \, [f(x) > f(y)]$$

일 때, f는 I에서 **증가[감소]**한다고 한다.

정리 2.8 증감판정법

> 함수 f가 폐구간 $[a,\ b]$에서 연속이고 개구간 $(a,\ b)$에서 미분가능하다고 하자.
> (1) 모든 $x \in (a,\ b)$에 대해 $f'(x) > 0$이면 f는 $[a,\ b]$에서 증가함수이다.
> (2) 모든 $x \in (a,\ b)$에 대해 $f'(x) < 0$이면 f는 $[a,\ b]$에서 감소함수이다.
> (3) 모든 $x \in (a,\ b)$에 대해 $f'(x) = 0$이면 f는 $[a,\ b]$에서 상수함수이다.

증명 임의의 두 점 $x_1,\ x_2 \in [a,\ b]$에 대해 $x_1 < x_2$이면, 평균값 정리에 의해 다음 식을 만족하는 $c \in (a,\ b)$가 적어도 하나 존재한다.

$$f'(c) = \frac{f(x_2) - f(x_1)}{x_2 - x_1}$$

(1) 모든 $x \in (a,\ b)$에 대해 $f'(x) > 0$이면 $f'(c) > 0$이 되고 $x_2 - x_1 > 0$이므로 $f(x_2) - f(x_1) > 0$이어야만 한다. 따라서 $f(x_1) < f(x_2)$가 되어 f는 증가함수이다.

(2) 모든 $x \in (a,\ b)$에 대해 $f'(x) < 0$이면 $f'(c) < 0$이 되고 $x_2 - x_1 > 0$이므로 $f(x_2) - f(x_1) < 0$이어야만 한다. 따라서 $f(x_1) > f(x_2)$가 되어 f는 감소함수이다.

(3) 모든 $x \in (a,\ b)$에 대해 $f'(x) = 0$이면 $f'(c) = 0$이 되고 $x_2 - x_1 > 0$이므로 $f(x_2) - f(x_1) = 0$이어야만 한다. 따라서 $f(x_1) = f(x_2)$로서 f는 상수함수이다. ◆

주의 정리에서 폐구간 $[a, b]$의 끝점을 제외한 모든 점 x에 대해 $f'(x) \geq 0$이고, $[a, b]$ 내의 유한개의 점에서만 $f'(x)=0$일 때에도 f가 $[a, b]$에서 증가한다. 왜냐하면 위의 증명에서 $x_1 < x_2$ $(x_1, x_2 \in [a, b])$이면 $f(x_1) \leq f(x_2)$이다. 만약 f가 $[a, b]$에서 증가하지 않는다면 $[a, b]$ 안에 두 점 c, d $(c<d)$가 존재해서 $f(c)=f(d)$이므로 f는 $[c, d]$에서 상수가 되어 $f'(x)=0$ $(c<x<d)$를 얻는다. 이것은 $[c, d]$의 유한개의 점에서만 $f'(x)=0$임에 모순된다.

예제 2.21 $f(x)=x^3+x-1$의 증가, 감소구간을 구해 보면 $f'(x)=3x^2+1>0$이 되어 실수 전체 집합에서 증가함을 알 수 있다. ◆

예제 2.22 $x>0$일 때 $e^x > 1+x$을 보여라.

풀이 $f(x)=e^x-(1+x)$라 하자. 그러면 $f(0)=e^0-1=0$. $f'(x)=e^x-1$이므로 $x>0$일 때 $e^x-1>0$이다. 따라서 $f'(x)>0$, 즉 f는 $x>0$에서 증가함수 이므로, $x>0$에서 $f(x)>0$이다. ◆

예제 2.23 $f(x)=\dfrac{1}{3}x^3-3x^2+8x$의 증가, 감소하는 구간을 찾아라.

풀이 $f'(x)=x^2-6x+8=(x-2)(x-4)$이므로 f는 $(-\infty, 2] \cup [4, \infty)$에서 증가하고, $[2, 4]$에서 감소한다. ◆

예제 2.24 $f(x)=x^3$의 증가, 감소하는 구간을 찾아라.

풀이 $f'(x)=3x^2 \geq 0$이고, 한 점 $x=0$에서만 $f'(x)=0$이므로 f는 $(-\infty, \infty)$에서 증가한다. ◆

예제 2.25 다음 부등식을 증명하여라.

$$x-\frac{x^2}{2} < \ln(1+x) \quad (x>0)$$

풀이 $f(x) = \ln(1+x) - \left(x - \dfrac{x^2}{2}\right)$이라고 두면,

$$f'(x) = \frac{1}{1+x} - (1-x) = \frac{x^2}{1+x} > 0 \quad (x > 0)$$

이므로 f는 $x > 0$일 때 증가한다. 그런데 $f(0) = 0$이므로 $x > 0$일 때 $f(x) > 0$이다. 따라서

$$x - \frac{x^2}{2} < \ln(1+x) \quad (x > 0)$$ ◆

정리 2.9 일계도함수 판정법

함수 f가 점 a의 근방에서 미분가능이고 $f'(a) = 0$이다.

(1) f'의 부호가 a의 전후에서 양에서 음으로 변하면 f는 a에서 극댓값을 갖는다.

(2) f'의 부호가 a의 전후에서 음에서 양으로 변하는 f는 a에서 극솟값을 갖는다.

정리 2.8에 의해서 정리의 증명은 명백하다.

예제 2.26 $f(x) = 2x^3 - 9x^2 + 12x - 2\ (0 \le x < 3)$일 때, f의 극값, 최댓값 및 최솟값을 구하라

풀이 $f'(x) = 6x^2 - 18x + 12 = 6(x-1)(x-2)$이며 $f'(x) = 0$에서 $x = 1,\ 2$를 얻는다. 따라서

x	0	⋯	1	⋯	2	⋯	3
$f(x)$	−2	↗	3	↘	2	↗	없다
$f'(x)$		+	0	−	0	+	

와 같은 표를 얻는다.

그러므로 f는 $x = 1$에서 극대가 되고 극댓값 $f(1) = 3$을 갖는다.

f는 $x = 2$에서 극소가 되고 극솟값 $f(2) = 2$을 갖는다.

f는 $x=0$에서 최소가 되고 최솟값 $f(0)=-2$을 갖는다.

$x=3$에서 f가 정의되어 있지 않으므로 f의 최댓값은 없다. ◆

예제 2.27 $f(x)=\sqrt[3]{(x-1)^2}$ 일 때 f의 극값을 구하라.

풀이

$$f'(x)=\frac{2}{3}(x-1)^{-\frac{1}{3}}=\frac{2}{3\sqrt[3]{x-1}}$$

따라서 $f'(x)\neq 0$이므로 미분가능한 점에서는 f의 극값은 없다. 그런데 $x=1$에서 f는 미분가능하지 않으나, 충분히 작은 $h>0$에 대해서

$$f'(1-h)=\frac{2}{3\sqrt[3]{-h}}<0$$

$$f(1+h)=\frac{2}{3\sqrt[3]{h}}>0$$

이므로 $x=1$의 전후에서 $f'(x)$의 부호가 음에서 양으로 변한다. 따라서 $x=1$에서 f는 극소이고 극솟값 $f(1)=0$을 얻는다. ◆

예제 2.28 $f(x)=x|x(x-3)|+1$일 때, f의 극값을 구하라.

풀이 $x<0$일 때 $f(x)=x\{x(x-3)\}+1=x^3-3x^2+1$이고,

$0\le x\le 3$ 일 때 $f(x)=x\{-x(x-3)\}+1=-x^3+3x^2+1$이고,

$x>3$일 때 $f(x)=x\{x(x-3)\}+1=x^3-3x^2+1$이다.

따라서

$x<0,\ x>3$일 때 $f'(x)=3x^2-6x=3x(x-2)>0$이므로 함수는 증가한다.

$0<x<3$일 때, $f'(x)=-3x^2+6x=-3x(x-2)$이고 $f'(x)=0$에서 $x=2$가 임계수이다.

한편, $x=3$은 f가 미분가능이 아닌 연속점이다.

x	$\cdots$	0	$\cdots$	2	$\cdots$	3	$\cdots$
$f(x)$	↗	1	↗	5	↘	1	↗
$f'(x)$	+	0	+	0	−		+

따라서 $x=2$일 때 f는 극댓값 $f(2)=5$를 갖고 $x=3$일 때 f는 극솟값 $f(3)=1$을 갖는다. ◆

예제 2.29 한 변이 30cm인 정방형의 종이의 네모에서 크기가 같은 정방형을 도려내어 부피가 최대인 상자를 만들고자 한다. 도려내야 할 정방형의 한 변의 길이를 구하고, 이때 상자의 부피를 구하라.

풀이 도려내야 할 정방형의 한 변의 길이를 $x\,(0<x<15)$라 하고 상자의 부피를 $f(x)$라고 하면

$$f(x)=x(30-2x)^2=4x^3-120x^2+900x$$

이고

$$f'(x)=12x^2-240x+900=12(x-5)(x-15)$$

이다. $f'(x)=0$에서 $x=5$이므로

x	$\cdots$	5	$\cdots$
$f(x)$	↗	2000	↘
$f'(x)$	+	0	−

한 변이 5cm인 정방형을 도려내면 상자의 부피는 최대가 되며, 그때 상자의 부피는 2000cm^3이다. ◆

예제 2.30 $f(x)=ax^4+bx^3+cx^2+dx+e$에서 $y=f(x)$의 그래프는 y축에 관해서 대칭이고 점$(\sqrt{2},\ 0)$를 지난다. 또 $x=2$일 때, f는 극소가 되고 극솟값은 -4이다. $a,\ b,\ c,\ d,\ e$의 값을 구하라.

풀이 $y=f(x)$의 그래프가 y축에 관해서 대칭이므로 $f(-x)=f(x)$이다. 즉,

$$a(-x)^4+b(-x)^3+c(-x)^2+d(-x)+e=ax^4+bx^3+cx^2+dx+e$$

이므로 $bx^3+dx=0$이고 $b=d=0$이다. 따라서

$$f(x)=ax^4+cx^2+e,\ f'(x)=4ax^3+2cx.$$

$x=2$일 때, f의 극솟값이 -4이므로

$$f'(2)=32a+4c=0,\ f(2)=16a+4c+e=-4. \tag{1}$$

$y=f(x)$의 그래프가 점$(\sqrt{2},\ 0)$를 지나므로

$$f(\sqrt{2})=4a+2c+e=0. \tag{2}$$

(1), (2)에서 $a=1,\ c=-8,\ e=12$를 얻는다. 따라서

$$f(x)=x^4-8x^3+12$$

이고 $f'(x)=4x(x-2)(x+2)$이다.

x	$\cdots$	-2	$\cdots$	0	$\cdots$	2	$\cdots$
$f(x)$	↘	-4	↗	12	↘	-4	↗
$f'(x)$	$-$	0	$+$	0	$-$	0	$+$

◆

예제 2.31 방정식 $x^3-3ax+1=0$이 3개의 서로 다른 실근을 갖도록 실수 a의 값의 범위를 정하여라.

풀이 $f(x)=x^3-3ax+1$이라 두고, $y=f(x)$의 그래프가 x축과 만나는 점의 수를 생각한다.

$$f'(x)=3x^2-3a=3(x^2-a)$$

(1) $a\le 0$일 때, $f'(x)\ge 0$이므로 f는 증가함수이다. 따라서 $y=f(x)$의 그래프는 x축과 단 한 점에서 만난다.

(2) $a>0$일 때, $f'(x)=3(x-\sqrt{a})(x+\sqrt{a})$이므로 $f'(x)=0$에서

$x = -\sqrt{a},\ \sqrt{a}$

x	$\cdots$	$-\sqrt{a}$	$\cdots$	$\sqrt{a}$	$\cdots$
$f(x)$	↗	$2a\sqrt{a}+1$	↘	$-2a\sqrt{a}+1$	↗
$f'(x)$	$+$	0	$-$	0	$+$

$y=f(x)$의 그래프가 x축과 세 점에서 만나기 위한 조건은 $2a\sqrt{a}+1>0$이고 $-2a\sqrt{a}+1<0$이다. $a>0$이므로 처음 부등식은 항상 성립한다. 둘째 부등식에서

$$2(\sqrt{a})^3>1,\ \text{즉}\ \sqrt{a}>\frac{1}{\sqrt[3]{2}},\ \text{즉}\ a>\frac{1}{\sqrt[3]{4}}$$

따라서 방정식 $f(x)=0$가 3개의 실근을 가지기 위한 조건은 $a>\dfrac{1}{\sqrt[3]{4}}$이다 ◆

연습문제 2.3

01. 함수 $f(x)=x^3+3x^2+3x+4$의 증가, 감소하는 구간을 찾아라.

02. 다음 함수에 대하여 증가, 감소하는 구간을 찾아라.

(1) $f(x)=x^2+x+1$ (2) $f(x)=x^4-2x^3+1$

(3) $f(x)=x^3-x^2+x-1$ (4) $f(x)=x^5+x^3-2x+1$

(5) $f(x)=2x^3+3x^2-12x-3$ (6) $f(x)=\dfrac{1}{1+x^2}$

2.4 속도와 가속도

CALCULUS

직선 위를 움직이는 점 P에 대해 시간 t에서의 점 P의 위치를 x로 나타내면 x는 시간 t의 함수이다. 이것을 $x = s(t)$라고 하자. 시간 t에서 $t+\Delta t$까지 시간 구간에서 위치의 변화는 $\Delta x = s(t+\Delta t) - s(t)$이고 $\dfrac{\Delta x}{\Delta t}$는 이 시간 구간에서의 **평균속도**(mean velocity)이다. 시각 t에서 **속도**(velocity) $v(t)$는 $\Delta t \to 0$일 때의 $\dfrac{\Delta x}{\Delta t}$의 극한치로 정의한다. 따라서

$$v(t) = \lim_{\Delta t \to 0} \frac{\Delta x}{\Delta t} = \frac{dx}{dt}$$

이다. 이것을

$$v(t) = \frac{dx}{dt} = \frac{ds(t)}{dt}$$

의 기호로 표시할 수 있다. 또 속도 v의 시간 t에 대한 순간변화율, 즉

$$a(t) = \lim_{\Delta t \to 0} \frac{\Delta v}{\Delta t} = \frac{dv(t)}{dt}$$

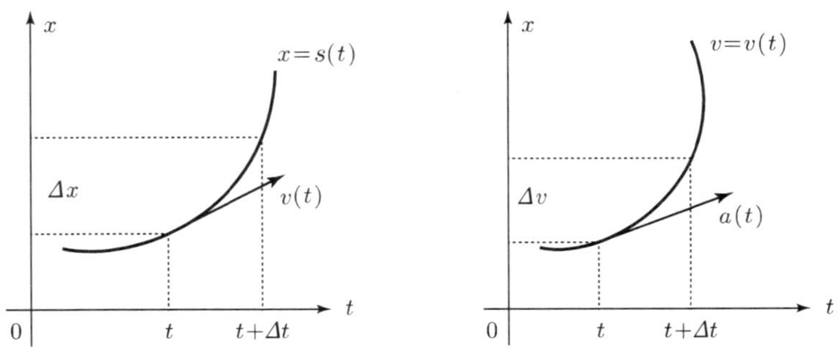

[그림 2.12] 속도와 가속도

를 시각 t에서의 **가속도**(acceleration)라 부른다. 직선운동에서는

$$v = \frac{dx}{dt}$$

이므로

$$a = \frac{dv}{dt} = \frac{d^2x}{dt^2}$$

이다.

지금 원점 O를 중심으로 회전운동을 하는 질점 P가 처음에 x축 상에 있다가 시간 t 만큼 지난 후에 OP 위치에 있다고 하고 그 회전각을 θ라 하면 θ는 시간 t의 함수이다. 그러므로

$$w = \lim_{\Delta t \to 0} \frac{\Delta\theta}{\Delta t} = \frac{d\theta}{dt}$$

을 질점 P의 **각속도**(angular velocity)라 부르고

$$\alpha = \frac{dw}{dt} = \frac{d^2\theta}{dt^2}$$

를 **각가속도**(angular acceleration)라 부른다.

예제 2.32 직선 위를 움직이는 점 P의 위치가 $x(t) = 8t - 2t^2$일 때 시간 구간 $[1, 2]$에서의 평균속도와 $t = 2$에서의 속도를 구하라.

풀이 시간 구간 $[1, 2]$에서의 평균속도는 $\dfrac{x(2) - x(1)}{2 - 1} = 8 - 6 = 2$이다.

속도 $v(t) = \dfrac{d}{dt}x(t) = 8 - 4t$이다. $t = 2$일 때 속도는 $v(2) = 8 - 4 \cdot 2 = 0$이다. ◆

다음에 질점 P가 평면상에서 곡선운동을 하고 있을 경우 점 P의 좌표를 (x, y)라 하면 x, y는 시간 t의 함수이다.

시각 t에서의 x축 및 y축 방향에 대한 성분속도 $v_x(t)$ 및 $v_y(t)$는

$$v_x(t) = \frac{dx}{dt}, \quad v_y(t) = \frac{dy}{dt}$$

로 정의한다.

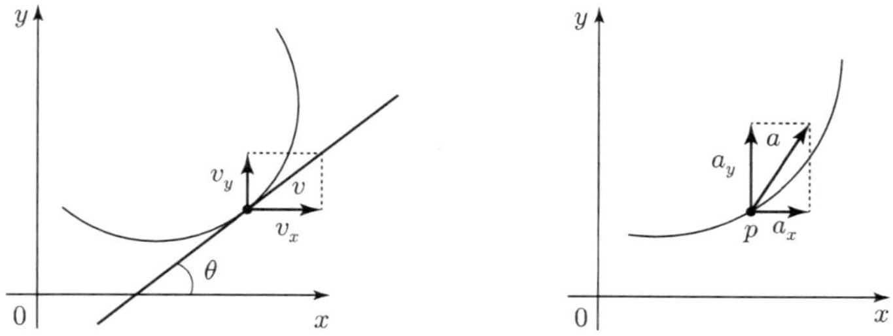

[그림 2.13] 속도와 가속도의 성분

시각 t에서의 속도(velocity)는 $\boldsymbol{v}(t) = (v_x(t),\ v_y(t))$로, 그 크기를 **속력**(speed)이라 하며

$$v(t) = |\boldsymbol{v}(t)| = \sqrt{v_x(t)^2 + v_y(t)^2} = \sqrt{\left(\frac{dx}{dt}\right)^2 + \left(\frac{dy}{dt}\right)^2}$$

로 정의한다.

시각 t에서의 가속도 $\boldsymbol{a}(t)$도 속도의 경우와 같이 x축 및 y축 방향의 성분가속도를 각각 $a_x(t)$, $a_y(t)$라 하면

$$a_x(t) = \frac{dv_x(t)}{dt} = \frac{dx^2}{dt^2}, \quad a_y(t) = \frac{dv_y(t)}{dt} = \frac{dy^2}{dt^2}$$

이고 $\boldsymbol{a}(t)$의 크기 $a(t)$는

$$a(t) = |\boldsymbol{a}(t)|^2 = \sqrt{a_x(t)^2 + a_y(t)^2} = \sqrt{\left(\frac{d^2x}{dt^2}\right)^2 + \left(\frac{d^2y}{dt^2}\right)^2}$$

가 되며 가속도 $\boldsymbol{a}$가 x축의 양의 방향과 만드는 각을 ϕ라 하면

$$\tan\phi = \frac{a_y}{a_x}$$

로 표시한다.

예제 2.33 평면상에서의 운동식이 $x(t)=t^2-2$, $y(t)=3t^2-\frac{1}{4}t^4$으로 표시될 때 $t=2$에서의 속도, 가속도, 또 이들에 대한 방향을 각각 구하라.

풀이 시각 t에서의 속도는 $\boldsymbol{v}(t)=(v_x(t),\ v_y(t))$이다.

$$v_x(t)=\frac{dx}{dt}=2t \Rightarrow v_x(2)=2\cdot 2=4,$$

$$v_y(t)=\frac{dy}{dt}=6t-t^3 \Rightarrow v_y(2)=6\cdot 2-2^3=4.$$

그러므로 $t=2$에서의 속도는 $\boldsymbol{v}(2)=(v_x(2),\ v_y(2))=(4,\ 4)$이다.

이로부터 속도 $\boldsymbol{v}$의 방향은

$$\tan\theta=\frac{v_y(2)}{v_x(2)}=\frac{4}{4}=1,$$

그러므로 $\theta=\frac{\pi}{4}$, 즉 45° 방향이다. 한편, 시각 t에서의 가속도는 $\boldsymbol{a}(t)=(a_x(t),\ a_y(t))$이므로

$$a_x(t)=\frac{dv_x(t)}{dt}=2,\ a_y(t)=\frac{dv_y(t)}{dt}=6-3t^2$$

$$\Rightarrow a_x(2)=2,\ a_y(2)=6-3\cdot 2^2=-6.$$

그러므로 $t=2$일 때의 가속도는 $\boldsymbol{a}(2)=(a_x(2),\ a_y(2))=(2,\ -6)$이다. 가속도 $\boldsymbol{a}$의 방향은

$$\tan\phi=\frac{a_y(2)}{a_x(2)}=\frac{-6}{2}=-3.$$

그러므로

$$\phi=\arctan(-3).$$

◆

예제 2.34 질점 P가 $v_x = 5$, $a_x = 0$으로 포물선 $y = x^2$을 따라서 운동하고 있다. 질점이 점 (2, 4)를 지날 때 OP의 각속도와 각가속도를 구하라.

풀이 원점 O와 질점 P가 이루는 선분이 x축과 이루는 각을

$$\theta = \theta(t)$$

라 하면

$$\tan\theta = \frac{x^2}{x} = x \quad (x \neq 0)$$

이다. 양변을 t로 미분하면

$$\sec^2\theta \frac{d\theta}{dt} = \frac{dx}{dt} = v_x = 5 \Rightarrow \frac{d\theta}{dt} = 5\cos^2\theta = \frac{5}{x^2+1}.$$

따라서 각속도는

$$w = \left.\frac{d\theta}{dt}\right|_{x=2} = \frac{5}{2^2+1} = 1 \quad (\text{rad/sec}),$$

$x = 2$일 때 각가속도는

$$\alpha = \frac{d^2\theta}{dt^2} = \frac{d}{dt}\left(\frac{5}{x^2+1}\right) = -\frac{10x}{(x^2+1)^2}\frac{dx}{dt} = -\frac{50x}{(x^2+1)^2}.$$

따라서

$$\alpha|_{x=2} = -\frac{100}{(2^2+1)^2} = -4 \quad (\text{rad/sec}^2).$$

◆

연습문제 2.4

01. 길이가 120cm이고 반지름이 40cm인 직원뿔 모양의 그릇에 매초 30cc의 물을 넣고 있다. 물의 깊이가 30cm일 때 수면의 상승속도를 구하라.

02. 다음과 같은 운동식이 주어질 때 $t=1$에서의 속도와 가속도를 구하라.

(1) $s=t^3-t^2-1$

(2) $s=a\sin\left(\frac{\pi}{3}t\right)$

(3) $s=\frac{1}{2}gt$ (여기서 g는 중력가속도)

(4) $s=a\sin\left(\frac{\pi}{4}t\right)+b\cos\left(\frac{\pi}{4}t\right)$

(5) $s=t+\frac{1}{t}$

(6) $s=e^t$

03. 운동식이 $x=at,\ y=at-bt^2$일 때 $t=2$에서의 속도를 구하라.

04. 운동식이 $x=a-\frac{1}{2}t^2,\ y=bt-\frac{1}{3}t^3$일 때 $t=1$에서의 속도를 구하라.

05. 운동식이 $x=\cos^2 t,\ y=\sin t$일 때 $t=\frac{\pi}{4}$에서의 속도를 구하라.

2.5 이계도함수와 곡선의 그래프

CALCULUS

정의 2.6 함수의 볼록성

함수 f의 그래프와 그 위의 한 점 P에 대해서 접선이 위쪽에 있을 때, 이 그래프는 점 P에서 **아래로 볼록**(凸, convex downward)이고, 반대로 접선의 아래쪽에 있을 때, 이 그래프는 점 P에서 **위로 볼록**(凸, convex upward)이라고 하며, 그래프의 한 쪽은 접선의 위쪽에 있고, 다른 한쪽은 접선의 아래쪽에 있을 때, 점 P를 이 그래프의 **변곡점**(point of inflection)이라고 한다.

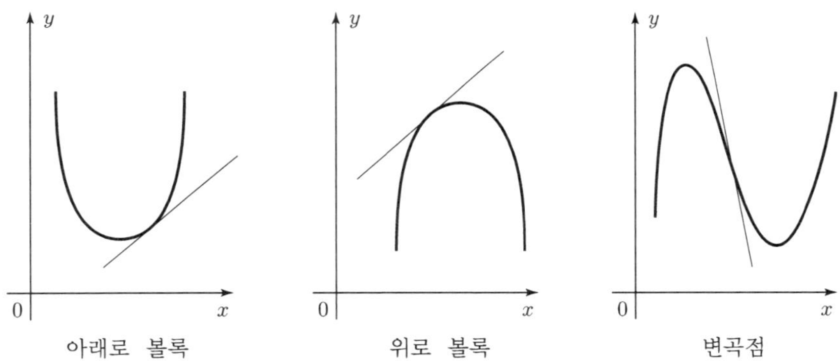

[그림 2.14] 함수의 볼록성

주의 정의에 의하면 곡선의 한 쪽은 접선의 위쪽에 있고 다른 한 쪽은 접선의 아래쪽에 있게 되는 접선의 접점으로 변곡점을 정의하였다. 그러나 곡선상의 한 점에서의 접선이 x축에 수직일 경우에는 위와 같이 접선의 위쪽, 아래쪽을 생각할 수 없으므로, 이때에는 서로 다른 볼록성(凸)의 경계점으로서 변곡점을 정의한다.

주의 책에 따라 "아래로 볼록"을 "위로 오목"으로, "위로 볼록"을 "아래로 오목"으로 정의하기도 한다.

정리 2.10 볼록성 판정법

함수 f가 점 a의 근방에서 2계 미분가능하다고 하자.

(1) $f''(a) > 0$이면 f의 그래프는 $x = a$에서 아래로 볼록

(2) $f''(a) < 0$이면 f의 그래프는 $x = a$에서 위로 볼록

(3) $f''(a) = 0$이고, $x = a$의 전후에서 $f''(x)$의 부호가 변하면, 점 $(a,\ f(a))$는 변곡점이다.

정리 2.11 이계도함수 판정법

함수 f가 점 a의 근방에서 연속인 이계도함수 f''를 가진다고 하자.

(1) $f'(a) = 0$이고 $f''(a) > 0$이면, f는 $x = a$에서 극솟값 $f(a)$를 가진다.

(2) $f'(a) = 0$이고 $f''(a) < 0$이면, f는 $x = a$에서 극댓값 $f(a)$를 가진다.

예제 2.35 $f(x) = \dfrac{1}{3}x^3 - 3x^2 + 8x$일 때, f가 위로 볼록, 아래로 볼록인 구간을 찾고, 변곡점을 구하라.

풀이

$$f'(x) = x^2 - 6x + 8,\ f''(x) = 2x - 6 = 2(x - 3)$$

이므로, $f''(x) = 0$에서 $x = 3$을 얻는다. 그런데,

$$f''(x) > 0\,(x > 3),\ f'(x) < 0\,(x < 3)$$

이므로, f는$(-\infty,\ 3)$에서 위로 볼록, $(3,\ \infty)$에서 아래로 볼록이고, $(3,\ 6)$이 f의 변곡점이다. ◆

예제 2.36 함수 $f(x) = x^4 - 6x^2 + 8$의 아래로 볼록, 위로 볼록인 구간을 찾고 극대, 극솟값을 구하라.

풀이

$$f'(x) = 4x^3 - 12x = 4x(x^2 - 3),$$
$$f''(x) = 12x^2 - 12 = 12(x + 1)(x - 1)$$

$f''(x)=0$인 점은 $x=1,\ -1$이다. 구간 $(-\infty,\ -1)$에서 $f''(x)>0$이므로 아래로 볼록하고, 구간 $(-1,\ 1)$에서 $f''(x)<0$이므로 위로 볼록하다. 또 $f'(x)=0$인 점은 $x=0,\ \pm\sqrt{3}$이고 $f''(0)<0$이므로 f는 $x=0$에서 극댓값 $f(0)=8$를 갖고 $f''(\sqrt{3})=f''(-\sqrt{3})=24>0$이므로 f는 $x=\pm\sqrt{3}$에서 극솟값 $f(\sqrt{3})=-1$를 갖는다. ◆

예제 2.37 함수 $f(x)=x^4-6x^2+8x+10$의 변곡점을 구하라.

풀이

$$f'(x)=4x^3-12x+8,$$
$$f''(x)=12x^2-12=12(x+1)(x-1)$$

$f''(x)=0$인 점은 $x=1,\ -1$이고 이 점에서 f''의 부호가 변하므로 $(-1,\ -3)$, $(1,\ 13)$에서 f는 변곡점을 갖는다. ◆

예제 2.38 함수 $f(x)=x^4+1$의 변곡점을 구하라.

풀이

$$f'(x)=4x^3,\quad f''(x)=12x^2$$

$f''(x)=0$인 점은 $x=0$이다. 그러나 구간 $(-\infty,\ 0)$에서 $f''(x)>0$이고 구간 $(0,\ \infty)$에서 $f''(x)>0$이므로 f는 변곡점을 가지지 않는다. ◆

이제 곡선의 그래프를 그리기 위해 곡선에 관한 몇 가지 일반적인 성질과 지금까지 배운 도움이 되는 이론들을 나열해 보자.

1. **범위**: 곡선의 범위를 찾는다는 것은 그 곡선이 정의되는 x, y의 변역을 구한다는 것을 의미한다.

2. **대칭성**: 곡선이 $F(x,\ y)=0$으로 주어져 있을 때 다음 식을 만족하면 주어진 점 또는 직선에 관하여 대칭이다.

   $F(-x,\ y)=F(x,\ y)$: y축에 대칭
   $F(x,\ -y)=F(x,\ y)$: x축에 대칭

$F(-x,\ -y)=F(x,\ y)$: y, x축에 대칭, 즉 원점에 대칭

$F(y,\ x)=F(x,\ y)$: 직선 $y=x$에 대칭

3. **절편**: 곡선이 $F(x,\ y)=0$으로 주어져 있을 때

$F(x_1,\ 0)=0$이면 x_1은 x절편

$F(0,\ y_1)=0$이면 y_1은 y절편

4. **점근선**: 곡선 $y=f(x)$가 $\lim\limits_{x\to a}f(x)=\infty$ (또는 $-\infty$)이면 직선 $x=a$는 곡선의 수직점근선이고, $\lim\limits_{x\to\infty}f(x)=k$ (또는 $\lim\limits_{x\to-\infty}f(x)=k$)이면 직선 $y=k$는 그 곡선의 수평점근선이다. 또 만일 $\lim\limits_{x\to\infty}[f(x)-(ax+b)]=0$이면 직선 $y=ax+b$가 점근선이 된다.

5. **증가, 감소구간**: 곡선 $y=f(x)$가 주어지고 미분가능이면 $f'(x)$를 계산하여 $f'(x)>0$인 구간은 f가 증가하는 구간이고, $f'(x)<0$인 구간은 f가 감소하는 구간이다.

6. **극대·극솟값, 임계수**: 곡선 $y=f(x)$가 주어졌다 하자. $f'(c)=0$ 또는 $f'(c)$가 존재하지 않는 임계수 c를 찾는다. 만일 f'가 임계수 c에서 양에서 음으로 부호가 변하면 $f(c)$는 극댓값이다. 만일 f'가 c에서 음에서 양으로 부호가 변하면 $f(c)$는 극솟값이다. 특별히 $f''(c)$가 존재하고 $f''(c)>0$이면 $f(c)$는 극솟값이고, $f''(c)<0$이면 $f(c)$는 극댓값이다.

7. **볼록성과 변곡점**: 곡선 $y=f(x)$가 주어졌다 하자. $f''(x)>0$인 구간에서 그래프가 아래로 볼록하고, $f''(x)<0$인 구간에서는 그래프가 위로 볼록하다. 변곡점들은 볼록함의 방향이 변하는 점들이다.

예제 2.39 곡선 $f(x)=\dfrac{2}{1+x^2}$의 그래프를 그려라.

풀이 $f(0)=2$이므로 y절편은 2이고 모든 x에 대해 $f(x)>0$이므로 x절편은 없다. $f(-x)=f(x)$가 성립하므로 f는 y축에 대칭이다. 또한 $f'(x)=$

$\dfrac{-4x}{(1+x^2)^2}$이고 $f''(x) = \dfrac{4(3x^2-1)}{(1+x^2)^3}$이므로 f의 증감, 볼록성과 변곡점을 표와 그래프로 나타내면 다음과 같다.

x	$\cdots$	$-\frac{\sqrt{3}}{3}$	$\cdots$	0	$\cdots$	$\frac{\sqrt{3}}{3}$	$\cdots$
$f(x)$	↗	$\frac{3}{2}$	↗	2	↘	$\frac{3}{2}$	↘
$f'(x)$	$+$	$+$	$+$	0	$-$	$-$	$-$
$f''(x)$	$+$	0	$-$	$-$	$-$	0	$+$

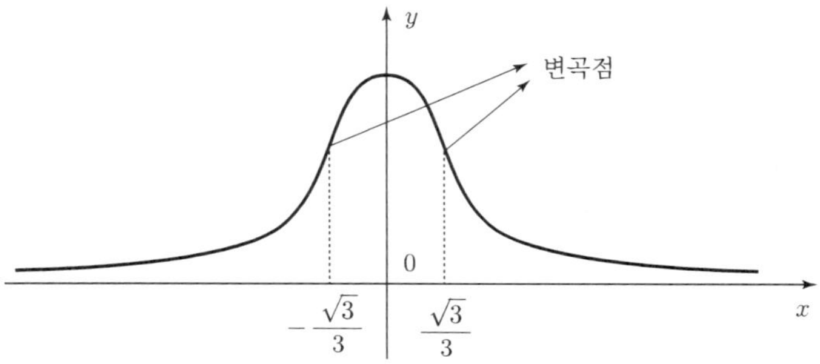

[그림 2.15] $f(x) = \dfrac{2}{1+x^2}$ ◆

예제 2.40 곡선 $f(x) = \dfrac{x^2+x-1}{x-1}$의 그래프를 그려라.

[풀이]

$$f(x) = \frac{x^2+x-1}{x-1} = x+2+\frac{1}{x-1}$$

이므로 $y = x+2$는 이 곡선의 점근선이 된다. 또한 $\lim_{x\to 1} f(x) = \infty$이므로 직선 $x = 1$은 수직점근선이다. 한편,

$$f'(x) = 1 - \frac{1}{(x-1)^2} = \frac{x(x-2)}{(x-1)^2}$$

$$f''(x) = \frac{2}{(x-1)^3}$$

이므로 f의 증감, 볼록성과 변곡점을 표와 그래프로 나타내면 다음과 같다.

x	$\cdots$	0	$\cdots$	1	$\cdots$	2	$\cdots$
$f(x)$	↗	1	↘		↘	5	↗
$f'(x)$	+		−		−		+
$f''(x)$	−	−	−		+	+	−

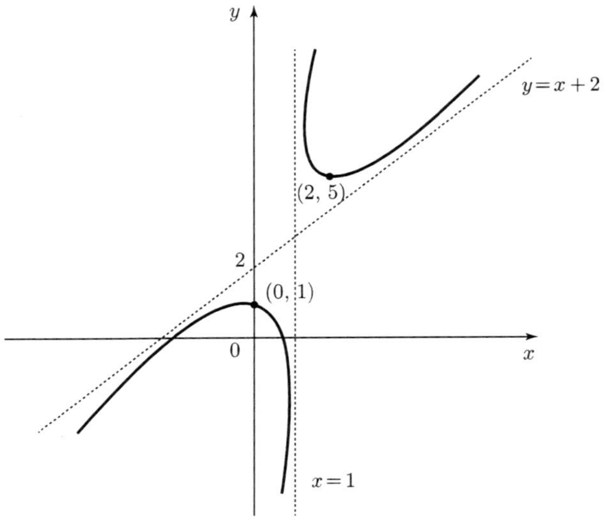

[그림 2.16] $f(x)=\dfrac{x^2+x-1}{x-1}$ ◆

연습문제 2.5

01. 다음 함수의 극대, 극소, 볼록성, 변곡점과 점근선을 구하고 그래프의 개형을 그려라.

(1) $f(x)=x^4-4x^3$

(2) $f(x)=x\sqrt{x+3}$

(3) $f(x)=x^3-3x-5$

(4) $f(x)=\dfrac{x}{x-2}$

(5) $f(x)=x^4-6x^2+8x+13$

(6) $f(x)=\dfrac{2+x-x^2}{(x-1)^2}$

(7) $f(x)=\dfrac{x^3-4}{x^2}$

(8) $f(x)=\dfrac{x^2+1}{x-2}$

(9) $f(x)=x^3-8x^2+16x-3$

(10) $f(x)=2+\dfrac{1}{x^2}$

2.6 로피탈 정리

CALCULUS

두 함수 f와 g가 $x=a$일 때 모두 0이면 분수 $\dfrac{f(a)}{g(a)}$는 $\dfrac{0}{0}$인 **부정형**(indefinite form)을 가진다고 한다. 이 경우 함수 $F(x)=\dfrac{f(x)}{g(x)}$는 0으로 나눔이 허용되지 않으므로 $x=a$에서 정의되지 않는다. 그러나 x가 a에 무한히 가까워질 때 $F(x)$는 어떤 극한값에 한없이 가까워질 수 있다. 이 극한값이 존재할 때 이것을 구하는 과정을 '부정형을 계산한다'고 한다.

예를 들면 $x=1$에서 함수 $f(x)=\dfrac{x^2-1}{x-1}$은 $\dfrac{0}{0}$형이 되어 정의되지 않는다. 그러나 극한값을 구하면

$$\lim_{x\to 1}\frac{x^2-1}{x-1}=\lim_{x\to 1}(x+1)=2$$

유사하게, 만일 $x\to a$일 때 $f(x)\to\infty$이고 $g(x)\to\infty$이면 형식이 $\dfrac{\infty}{\infty}$인 부정형이라 한다. 이와 같은 경우의 극한값을 구하는 데 아래 정리가 유용하다.

정리 2.12 로피탈 정리(L'Hôspital theorem)

두 함수 f와 g가 점 a의 근방에서 미분가능이고 $g'(x)\neq 0$라 하자.
$\lim_{x\to a}f(x)=0=\lim_{x\to a}g(x)$ 또는 $\lim_{x\to a}f(x)=\pm\infty=\lim_{x\to a}g(x)$이면

$$\lim_{x\to a}\frac{f(x)}{g(x)}=\lim_{x\to a}\frac{f'(x)}{g'(x)}.$$

주의 조건 "$x\to a$"는 $x\to a^+$, $x\to a^-$, $x\to\infty$ 또는 $x\to-\infty$ 중 어느 하나의 기호로 바꾸어도 정리가 성립한다.

로피탈 정리를 사용하는 데 아래 정보가 유용할 수 있다.

참고 1. $\dfrac{f(x)}{g(x)}$가 $\dfrac{0}{0}$ 또는 $\dfrac{\infty}{\infty}$인 부정형은 분자, 분모를 각각 미분하여 극한값을 구한다.

2. 다른 부정형은 반드시 $\dfrac{0}{0}$ 또는 $\dfrac{\infty}{\infty}$인 부정형으로 아래와 같이 변형하여 분자, 분모를 각각 미분하여 극한값을 구한다.

(a) $f(x) \cdot g(x)$ $(0 \cdot \infty \text{형}) = \dfrac{f(x)}{\dfrac{1}{g(x)}}$ $\left(\dfrac{0}{0}\text{형}\right)$ 또는 $\dfrac{g(x)}{\dfrac{1}{f(x)}}$ $\left(\dfrac{\infty}{\infty}\text{형}\right)$

(b) $f(x) - g(x)(\infty - \infty \text{형}) = \dfrac{\dfrac{1}{g(x)} - \dfrac{1}{f(x)}}{\dfrac{1}{f(x)g(x)}}$ $\left(\dfrac{0}{0}\text{형}\right)$

예제 2.41 $\lim\limits_{x \to 0} \dfrac{\tan x}{x}$을 구하라.

풀이 $\left(\dfrac{0}{0}\text{형}\right)$ $x \to 0$이면 $\tan x \to 0$이고 $x \to 0$이므로 로피탈 정리를 이용한다.

$$\lim_{x \to 0} \frac{\tan x}{x} = \lim_{x \to 0} \frac{(\tan x)'}{(x)'} = \lim_{x \to 0} \frac{\sec^2 x}{1} = 1$$ ◆

예제 2.42 $\lim\limits_{x \to 0} \dfrac{x^3 - 5x^2}{x^3 + 2x^2}$을 구하라.

풀이 $\left(\dfrac{0}{0}\text{형}\right)$ $x \to 0$이면 $x^3 - 5x^2 \to 0$이고 $x^3 + 2x^2 \to 0$이므로 로피탈 정리를 이용한다.

$$\lim_{x \to 0} \frac{x^3 - 5x^2}{x^3 + 2x^2} = \lim_{x \to 0} \frac{(x^3 - 5x^2)'}{(x^3 + 2x^2)'} = \lim_{x \to 0} \frac{3x^2 - 10x}{3x^2 + 4x}$$

$x \to 0$이면 $3x^2 - 10x \to 0$이고 $3x^2 + 4x \to 0$이므로 로피탈 정리를 이용한다.

$$\lim_{x \to 0} \frac{3x^2 - 10x}{3x^2 + 4x} = \lim_{x \to 0} \frac{(3x^2 - 10x)'}{(3x^2 + 4x)'} = \lim_{x \to 0} \frac{6x - 10}{6x + 4} = -\frac{5}{2}$$ ◆

예제 2.43 $\lim_{x \to \infty} \frac{e^x}{x^2}$를 구하라.

풀이

$$\left(\frac{\infty}{\infty}\text{형}\right) \quad \lim_{x \to \infty} e^x = \infty = \lim_{x \to \infty} x^2$$

이므로 로피탈 정리에 의해

$$\lim_{x \to \infty} \frac{e^x}{x^2} = \lim_{x \to \infty} \frac{(e^x)'}{(x^2)'} = \lim_{x \to \infty} \frac{e^x}{2x}$$

이다. $x \to \infty$이면 $e^x \to \infty$이고 $2x \to \infty$이므로, 로피탈 정리를 두 번 이용하면

$$\lim_{x \to \infty} \frac{e^x}{x^2} = \lim_{x \to \infty} \frac{e^x}{2x} = \lim_{x \to \infty} \frac{e^x}{2} = \infty$$

를 얻는다. ◆

예제 2.44 $\lim_{x \to \infty} \frac{\ln x}{\sqrt[3]{x}}$를 구하라.

풀이 $\left(\frac{\infty}{\infty}\text{형}\right)$ $x \to \infty$이면 $\ln x \to \infty$이고 $\sqrt[3]{x} \to \infty$이므로, 로피탈 정리에 의해

$$\lim_{x \to \infty} \frac{\ln x}{\sqrt[3]{x}} = \lim_{x \to \infty} \frac{1/x}{\frac{1}{3}x^{-2/3}} = \lim_{x \to \infty} \frac{3}{\sqrt[3]{x}} = 0$$ ◆

예제 2.45 $\lim_{x \to 0^+} \frac{\sin(2\sqrt{x})}{\sin(5\sqrt{x})}$을 구하라.

풀이 $\lim_{x \to 0^+} \sin(2\sqrt{x}) = 0 = \lim_{x \to 0^+} \sin(5\sqrt{x})$이므로 로피탈 정리에 의해서

$$\lim_{x \to 0^+} \frac{\sin(2\sqrt{x})}{\sin(5\sqrt{x})} = \lim_{x \to 0^+} \frac{2\cos(2\sqrt{x})}{5\cos(5\sqrt{x})} = \frac{2}{5}$$ ◆

예제 2.46 $\lim_{x\to 0^+} x^x$를 구하라.

풀이 $x^x = y$라고 두면 $\ln y = x\ln x$이다. ln함수는 연속이므로

$$\ln\left(\lim_{x \to 0^+} y\right) = \lim_{x \to 0^+} \ln y = \lim_{x \to 0^+} x\ln x = \lim_{x \to 0^+} \frac{\ln x}{\frac{1}{x}}$$

이다. 그런데 $\lim_{x \to 0^+} \ln x = -\infty$, $\lim_{x \to 0^+} \frac{1}{x} = \infty$이므로 로피탈 정리에 의해

$$\lim_{x \to 0^+} \frac{\ln x}{\frac{1}{x}} = \lim_{x \to 0^+} \frac{\frac{1}{x}}{\frac{1}{-x^2}} = \lim_{x \to 0^+} (-x) = 0$$

이다. 따라서 $\lim_{x\to 0^+} y = 1$을 얻는다. 곧, $\lim_{x \to 0^+} x^x = 1$ ◆

예제 2.47 $f(x) = \begin{cases} e^{-\frac{1}{x^2}} & (x \neq 0) \\ 0 & (x = 0) \end{cases}$에서 $f'(0) = 0$임을 증명하여라.

풀이 $f'(0) = \lim_{x \to 0} \frac{f(x) - f(0)}{x} = \lim_{x \to 0} \frac{e^{-\frac{1}{x^2}}}{x} = \lim_{x \to 0} \frac{\frac{1}{x}}{e^{\frac{1}{x^2}}}$

$$= \lim_{x\to 0} \frac{-\frac{1}{x^2}}{-\frac{2}{x^3} e^{\frac{1}{x^2}}} = \lim_{x\to 0} \frac{x}{2e^{\frac{1}{x^2}}} = 0$$ ◆

예제 2.48 $\lim_{x \to \infty} \sqrt[x]{x}$ 를 구하라.

풀이 $y = \sqrt[x]{x}\,(x>0)$라고 두면 $\ln y = \frac{1}{x}\ln x$이다. 로피탈 정리에 의하여

$$\ln(\lim_{x\to\infty} y) = \lim_{x\to\infty}(\ln y) = \lim_{x\to\infty}\frac{\ln x}{x} = \lim_{x\to\infty}\frac{1}{x} = 0$$

이므로 $\lim_{x\to\infty}\sqrt[x]{x} = 1$이다. ◆

예제 2.49 $\lim_{x\to\infty} x^{\frac{1}{x^2}}$를 구하라.

풀이 $f(x) = x^{\frac{1}{x^2}}$이라 놓는다.

$$\ln f(x) = \frac{1}{x^2}\ln x.$$

$$\lim_{x\to\infty}\ln f(x) = \lim_{x\to\infty}\frac{\ln x}{x^2} = \lim_{x\to\infty}\frac{\frac{1}{x}}{2x} = 0$$

따라서 $\lim_{x\to\infty} x^{\frac{1}{x^2}} = e^0 = 1$ ◆

예제 2.50 $\lim_{x\to\infty}\left(\frac{\ln x}{x}\right)^{\frac{1}{x}}$를 구하라.

풀이 $$\lim_{x\to\infty}\ln\left(\frac{\ln x}{x}\right)^{\frac{1}{x}} = \lim_{x\to\infty}\frac{\ln\left(\frac{\ln x}{x}\right)}{x} = \lim_{x\to\infty}\frac{\frac{1-\ln x}{x^2}}{\frac{\ln x}{x}}$$

$$= \lim_{x\to\infty}\frac{1-\ln x}{x\ln x} = \lim_{x\to\infty}\frac{-\frac{1}{x}}{\ln x + 1} = 0$$

따라서 $\lim_{x\to\infty}\left(\frac{\ln x}{x}\right)^{\frac{1}{x}} = 1$ ◆

$x \to a$ (또는 $x\to\pm\infty$)일 때 $f(x)\to 0$, $g(x)\to\infty$이면 함수 $f(x)\cdot g(x)$는 정의되

지 않으며 부정형 $0 \cdot \infty$를 갖는다고 한다. 이것도 부정형 $\frac{0}{0}$ 또는 $\frac{\infty}{\infty}$형으로 변형하여 로피탈 정리를 써서 극한값을 구할 수 있다. 그 밖의 부정형으로는 $\infty - \infty$, 0^0, ∞^0, 0^∞ 등이 있는데 이에 대한 극한값 계산도 가능하다. 다음 보기들을 참고하자.

예제 2.51 $\lim\limits_{x \to 0^+} x^{\frac{1}{x}}$를 구하라.

풀이 $f(x) = x^{\frac{1}{x}}$라 놓는다.

$$\ln f(x) = \frac{1}{x}\ln x$$

$$\lim_{x \to 0^+} \ln f(x) = \lim_{x \to 0^+} \frac{\ln x}{x} = -\infty$$

$$\therefore \lim_{x \to 0^+} x^{\frac{1}{x}} = e^{-\infty} = 0$$

◆

예제 2.52 $\lim\limits_{x\to\infty} x^2 e^{-x}$를 구하라.

풀이 $\lim\limits_{x\to\infty} x^2 e^{-x}$은 $0 \cdot \infty$형의 부정형이므로 $\frac{\infty}{\infty}$형으로 고쳐 로피탈 정리를 적용한다.

$$\lim_{x\to\infty} x^2 e^{-x} = \lim_{x\to\infty} \frac{x^2}{e^x} = \lim_{x\to\infty} \frac{2x}{e^x} = \lim_{x\to\infty} \frac{2}{e^x} = 0$$

◆

예제 2.53 $\lim\limits_{x \to 0^+} x^{\ln x}$의 값을 구하라.

풀이 함수 $x^{\ln x}$는 $x = 0^+$에서 부정형 $0^{-\infty}$을 갖는다. 그러므로 $y = x^{\ln x}$라 놓고 양변에 자연로그를 취하면 $\ln y = (\ln x)^2$이다.

$$\lim_{x \to 0^+} \ln y = \lim_{x \to 0^+} (\ln x)^2 = \infty$$

이므로

$$\lim_{x \to 0^+} x^{\ln x} = e^{\infty} = \infty$$ ◆

예제 2.54 $\lim_{x \to 0^+} x \ln x$를 구하라.

풀이

$$\lim_{x \to 0^+} x \ln x = \lim_{x \to 0^+} \frac{\ln x}{1/x}$$

$x \to 0^+$이면 $\ln x \to -\infty$이고 $1/x \to \infty$이므로 로피탈 정리를 적용한다.

$$\lim_{x \to 0^+} x \ln x = \lim_{x \to 0^+} \frac{\ln x}{1/x} = \lim_{x \to 0^+} \frac{(\ln x)'}{(1/x)'}$$

$$= \lim_{x \to 0^+} \frac{1/x}{-1/x^2} = \lim_{x \to 0^+} (-x) = 0$$ ◆

예제 2.55 $\lim_{x \to \pm\infty} \left(x - x^2 \ln\left(1 + \frac{1}{x}\right)\right)$를 구하라.

풀이

$$\lim_{x \to \pm\infty} \left(x - x^2 \ln\left(1 + \frac{1}{x}\right)\right) = \lim_{x \to \pm\infty} \frac{\frac{1}{x} - \ln\left(1 + \frac{1}{x}\right)}{\frac{1}{x^2}}$$

$$= \lim_{x \to \pm\infty} \frac{-\frac{1}{x^2} - \frac{-\frac{1}{x^2}}{1 + \frac{1}{x}}}{-\frac{2}{x^3}}$$

$$= \lim_{x \to \pm\infty} \frac{1}{2\left(1 + \frac{1}{x}\right)} = \frac{1}{2}$$ ◆

연습문제 2.6

01. 다음의 극한값을 로피탈 정리를 이용하여 구하라.

(1) $\lim\limits_{x \to \frac{x}{2}} \dfrac{\sin x - 1}{\cos x}$

(2) $\lim\limits_{x \to 0} \dfrac{\sin x - x^2 - x}{e^x - x - 1}$

(3) $\lim\limits_{x \to 0^+} \left(\dfrac{1}{x} - \dfrac{1}{\sin x} \right)$

(4) $\lim\limits_{x \to 1} \dfrac{\ln x}{x - 1}$

(5) $\lim\limits_{x \to 0} \dfrac{\tan x - x}{x^3}$

(6) $\lim\limits_{x \to \frac{\pi}{2}} \dfrac{1 - \sin x}{\left(x - \dfrac{\pi}{2} \right)^2}$

(7) $\lim\limits_{x \to 0} \dfrac{e^x - e^{-x}}{\ln(1 + x)}$

(8) $\lim\limits_{x \to \infty} \dfrac{\ln(1 + 3^x)}{x}$

(9) $\lim\limits_{x \to 0^+} x^2 \ln x$

(10) $\lim\limits_{x \to 0} \left(\dfrac{1}{x} - \dfrac{1}{\ln|x - 1|} \right)$

2장 종합문제

01. 직선 $4y = x + 4$가 곡선 $y = \sqrt{x}$에 접한다고 한다. 접점의 좌표를 구하라.

02. 롤 정리를 이용하여 $x^3 + x - 1 = 0$은 많아야 한 개의 실수해를 가짐을 보여라.

03. 함수 $f(x) = 3x^2 + 4x - 3$가 주어지고 폐구간 $[1, 3]$이 주어졌을 때 평균값 정리를 만족하는 c를 개구간 $(1, 3)$에서 찾아라.

04. 구간 $[0, 2\pi]$에서 함수 $f(x) = 2\sin x$에 대해 롤 정리를 적용하라.

05. 함수 $f(x) = 1 - |x|$는 구간 $[-1, 1]$에서 롤 정리가 적용되지 않음을 보여라.

06. 구간 $[-1, 2]$에 정의된 함수 $f(x) = x^3 + 2x^2 - x$에 대해 평균값 정리를 만족하는 모든 c를 구간 $(-1, 2)$에서 찾아라.

07. 방정식 $4x^5 + x^3 + 7x - 2 = 0$이 단 하나의 실수해를 가짐을 보여라.

08. 함수 $f(x) = \dfrac{1}{x-2}$에서 극값을 구하고 증가 또는 감소하는 구간을 구하라.

09. 이제 도함수의 성질을 이용하여 함수 $f(x) = x(12 - 2x)^2$의 극값을 구하라.

10. 함수 $f(x) = x^5 + 20x - 5$가 증가함수임을 보여라.

11. 함수 $f(x) = -x^7 - x^3 - 1$이 감소함수임을 보여라.

12. 함수 $f(x) = x^3 - 3ax + b$가 극댓값 6, 극솟값 2를 가진다. 이때 a와 b를 구하라.

13. 평균값 정리를 써서 $1.5 < \sqrt{3} < 1.75$를 증명하라. (힌트: 함수 $f(x) = \sqrt{x}$를 구간 $[3,\ 4]$에서 생각한다)

14. $\lim\limits_{x \to \infty} \dfrac{\ln x}{x}$를 구하라.

15. $\lim\limits_{x \to 0} (\csc x - \cot x)$를 구하라.

16. $\lim\limits_{x \to 1} \dfrac{\ln x}{\tan \pi x}$를 구하라.

17. $\lim\limits_{x \to 0} \dfrac{x - \tan x}{\sin x - x}$를 구하라.

18. $\lim\limits_{x \to 0^+} \dfrac{\ln \cos x}{\ln \cos 3x}$를 구하라.

19. $\lim\limits_{x \to 0} (1+x)^{\frac{1}{x}} = e$를 증명하여라. (힌트: 로피탈 정리 이용)

20. $\lim\limits_{x \to 0} \left(\csc x - \dfrac{1}{x} \right)$를 구하라.

제 3 장

적분

3.1 부정적분

CALCULUS

함수 $F(x)$의 도함수가 $f(x)$일 때, 즉 $\frac{d}{dx}F(x)=f(x)$를 만족하면 함수 $F(x)$를 $f(x)$의 **원시함수**(primitive function)라고 한다. 만약 $F(x)$가 $f(x)$의 원시함수이면 $\frac{d}{dx}F(x)=f(x)$이고, 상수 c에 대해 $\frac{d}{dx}(F(x)+c)=f(x)$이므로 모든 상수 c에 대해 $F(x)+c$도 $f(x)$의 원시함수이다. 또한 $F(x)$와 $G(x)$가 원시함수이면 $\frac{d}{dx}\{G(x)-F(x)\}=f(x)-f(x)=0$으로부터 $G(x)-F(x)=c$이고 $G(x)=F(x)+c$이다. 따라서 $f(x)$의 모든 원시함수는 $F(x)+c$이다. 함수 $f(x)$의 모든 원시함수를

$$\int f(x)dx = F(x)+c$$

로 나타낸다. 이때 함수 $f(x)$를 **적분인자**(integrand), $\int f(x)dx$를 구하는 것을 $f(x)$를 **적분한다**(integrate)라고 말하고, $F(x)+c$를 $f(x)$의 **부정적분**(indefinite integral), c를 **적분상수**(integral constant)라 한다.

정리 3.1

$f(x)$와 $g(x)$가 원시함수를 갖는다면

(1) $\int cf(x)dx = c\int f(x)dx$ (c는 상수)

(2) $\int f(x)\pm g(x)dx = \int f(x)dx \pm \int g(x)dx$

다음과 같이 기본함수의 미분을 이용하여 쉽게 부정적분을 구할 수 있다.

(1) $\int x^p dx = \frac{x^{p+1}}{p+1}+c \qquad (p\neq -1)$

(2) $\int \frac{1}{x}dx = \ln|x|+c$

(3) $\displaystyle\int \cos mx\, dx = \frac{1}{m} \sin mx + c \qquad (m \neq 0)$

(4) $\displaystyle\int \sin mx\, dx = -\frac{1}{m} \cos mx + c \qquad (m \neq 0)$

(5) $\displaystyle\int \sec^2 mx\, dx = \frac{1}{m} \tan mx + c \qquad (m \neq 0)$

(6) $\displaystyle\int \csc^2 mx\, dx = -\frac{1}{m} \cot mx + c \qquad (m \neq 0)$

(7) $\displaystyle\int \sec mx \tan mx\, dx = \frac{1}{m} \sec mx + c \qquad (m \neq 0)$

(8) $\displaystyle\int \csc mx \cot mx\, dx = -\frac{1}{m} \csc mx + c \qquad (m \neq 0)$

(9) $\displaystyle\int e^{mx} dx = \frac{e^{mx}}{m} + c \qquad (m \neq 0)$

(10) $\displaystyle\int a^{mx} dx = \frac{a^{mx}}{m \ln a} + c \qquad (m \neq 0,\ a > 0,\ a \neq 1)$

(11) $\displaystyle\int \sinh x\, dx = \cosh x + c$

(12) $\displaystyle\int \cosh x\, dx = \sinh x + c$

(13) $\displaystyle\int \frac{dx}{a^2 + x^2} dx = \frac{1}{a} \arctan \frac{x}{a} + c \qquad (a > 0)$

(14) $\displaystyle\int \frac{dx}{\sqrt{a^2 - x^2}} dx = \arcsin \frac{x}{a} + c \qquad (a > 0)$

예제 3.1 (1) $\displaystyle\int \frac{1}{x+a} dx = \ln |x + a| + c$

(2) $\displaystyle\int (2x^4 + x^3 + 1 + 2 \cos x) dx$

$$= 2\int x^4 dx + \int x^3 dx + \int 1\, dx + 2\int \cos x\, dx$$

$$= 2 \cdot \frac{x^5}{5} + \frac{x^4}{4} + x + 2 \sin x + c$$

(3) $\displaystyle\int \frac{2x^2 - 4x + 1}{x - 1} dx = \int \left(2x - 1 - \frac{1}{x - 1}\right) dx$

$$= x^2 - 2x - \ln |x - 1| + c$$

(4) $\displaystyle\int \frac{e^{4x}-e^{x}+1}{e^{2x}}dx = \int e^{2x}-e^{-x}+e^{-2x}dx$

$$= \frac{e^{2x}}{2}+e^{-x}-\frac{e^{-2x}}{2}+c$$

(5) $\displaystyle\int \frac{1}{x^2+4}dx = \frac{1}{2}\arctan\frac{x}{2}+c$

(6) $\displaystyle\int \frac{1}{\sqrt{9-x^2}}dx = \arcsin\frac{x}{3}+c$

적분 계산의 기본원칙은 적분함수를 적절히 조작하여 기본함수의 미분형태로 변환하고 이에 따른 적분공식을 적용하는 것이다. 자주 나오는 형태를 살펴보자.

1) 치환적분법

$\dfrac{d}{dz}F(z)=f(z),\ z=\varnothing(x)$이면 연쇄법칙에 의해

$$\frac{d}{dx}(F(\varnothing(x)))=\frac{dF(z)}{dz}\cdot\frac{dz}{dx}=f(x)\varnothing'(x)=f(\varnothing(x))\varnothing'(x)$$

이다. 그러므로 $\int f(\varnothing(x))\varnothing'(x)dx=F(\varnothing(x))+c$이다. 역으로 $z=\varnothing(x)$라 치환하면 $dz=\varnothing'(x)dx$이므로

$$\int f(\varnothing(x))\varnothing'(x)dx=\int f(z)dz=F(z)+c=F(\varnothing(x))+c$$

로 적분된다. 이렇게 적당한 함수를 다른 변수로 치환하여 적분을 단순화하여 계산하는 방법을 **치환적분법**(integral method of substitution)이라고 한다.

예제 3.2 (1) $\int (x^2+1)^3(2x)dx$를 구하라.

풀이 $z=x^2+1$이라고 하면 $dz=2x\,dx$, 위 식은

$$\int z^3dz=\frac{1}{4}z^4+c=\frac{1}{4}(x^2+1)^4+c$$

(2) $\int x \sin x^2 dx$를 구하라.

풀이 $z = x^2$으로 치환하면 $dz = 2x\,dx$, 위 식은

$$\int \sin z\left(\frac{1}{2}dz\right) = -\frac{1}{2}\cos z + c = -\frac{1}{2}\cos x^2 + c$$ ◆

2) $\displaystyle\int \frac{f'(x)}{f(x)}dx = \ln|f(x)| + c$

예제 3.3 다음을 적분하라.

(1) $\int \tan x\, dx$ (2) $\int \cot x\, dx$

(3) $\displaystyle\int \frac{e^x}{e^x+1}dx$ (4) $\displaystyle\int \frac{x+5}{x^2+4}dx$

풀이 (1) $\displaystyle\int \tan x\, dx = \int \frac{\sin x}{\cos x}dx = +\int \frac{-(\cos x)'}{\cos x}dx$

$= -\ln|\cos x| + c$

(2) $\displaystyle\int \cot x\, dx = \int \frac{\cos x}{\sin x}dx = \ln|\sin x| + c$

(3) $\displaystyle\int \frac{e^x}{e^x+1}dx = \ln|e^x+1| + c$

(4) $\displaystyle\int \frac{x+5}{x^2+4}dx = \int \frac{x}{x^2+4}dx + \int \frac{5}{x^2+4}dx$

$\displaystyle = \frac{1}{2}\ln|x^2+4| + \frac{5}{2}\arctan\frac{x}{2} + c$ ◆

연습문제 3.1

01. 다음 적분을 구하라.

(1) $\displaystyle\int\left(x+\frac{1}{x}\right)dx$

(2) $\displaystyle\int x^3\sqrt{2-x^2}\,dx$

(3) $\displaystyle\int x(2+3x^2)^2dx$

(4) $\displaystyle\int\frac{x}{\sqrt{4x^2+1}}dx$

(5) $\displaystyle\int\frac{1}{4+x^2}dx$

(6) $\displaystyle\int\frac{dx}{\sqrt{4-x^2}}$

(7) $\displaystyle\int 2^x dx$

(8) $\displaystyle\int\frac{1}{x\ln|x|dx}$

(9) $\displaystyle\int\frac{2x+5}{x^2+4}dx$

(10) $\displaystyle\int xe^{1-x^2}dx$

3.2 삼각함수의 적분

CALCULUS

삼각함수의 곱은 합의 공식으로 고쳐 적분한다.

$$\sin A \sin B = \frac{1}{2}[\cos(A-B) - \cos(A+B)]$$

$$\sin A \cos B = \frac{1}{2}[\sin(A-B) + \sin(A+B)]$$

$$\cos A \cos B = \frac{1}{2}[\cos(A-B) + \cos(A+B)]$$

예제 3.4 다음 적분을 계산하라.

(1) $\int \sin 7x \sin 3x \, dx$ (2) $\int \sin 3x \cos 2x \, dx$

(3) $\int \cos 5x \cos 2x \, dx$

풀이 (1) $\int \sin 7x \sin 3x \, dx = \int \frac{1}{2}(\cos 4x - \cos 10x) dx$

$$= \frac{1}{8}\sin 4x - \frac{1}{20}\sin 10x + c$$

(2) $\int \sin 3x \cos 2x \, dx = \int \frac{1}{2}(\sin x + \sin 5x) dx$

$$= -\frac{1}{2}\cos x - \frac{1}{10}\cos 5x + c$$

(3) $\int \cos 5x \cos 2x \, dx = \int \frac{1}{2}(\cos 3x + \cos 7x) dx$

$$= \frac{1}{6}\sin 3x + \frac{1}{14}\sin 7x + c$$

1) $\int \sin^m x \cos^n x \, dx$ 형태의 적분

(1) m 혹은 n이 양의 홀수일 때 홀수가 아닌 쪽을 치환하고 삼각함수의 대표적인 항

등식 $\sin^2 x+\cos^2 x=1$을 이용한다.

예제 3.5 (1) $\int \sin^4 x\cos^3 x\,dx=\int t^4\cos^2 x(\cos x\,dx)$

$\sin x=t$ $\cos x\,dx=dt$

$$=\int t^4(1-t^2)dt$$

$$=\frac{1}{5}\sin^5 x-\frac{1}{7}\sin^7 x+c$$

(2) $\int \sin^3 x\cos^{\frac{7}{2}} x\,dx=\int t^{\frac{7}{2}}(1-t^2)(-dt)$

$\cos x=t$ $-\sin x\,dx=dt$

$$=-\frac{2}{9}t^{\frac{9}{2}}+\frac{2}{13}t^{\frac{13}{2}}+c$$

$$=-\frac{2}{9}(\cos x)^{\frac{9}{2}}+\frac{2}{13}(\cos x)^{\frac{13}{2}}+c$$

(3) $\int \sin^3 x\,dx=\int \sin^2 x(\sin x\,dx)=\int -(1-t^2)dt$

$\cos x=t$ $-\sin x\,dx=dt$

$$=\frac{1}{3}\cos^2 x-\cos x+c$$

◆

(2) m과 n이 다같이 짝수이면 $\sin^2 x=\dfrac{1-\cos 2x}{2}$, $\cos^2 x=\dfrac{1+\cos 2x}{2}$로 변환시켜 계산한다.

예제 3.6 $I=\int \sin^2 3x\cos^2 3x\,dx=\int\left(\frac{1-\cos 6x}{2}\right)\left(\frac{1+\cos 6x}{2}\right)dx$

$$=\frac{1}{4}\int(1-\cos^2 6x)dx=\frac{1}{4}\int 1-\frac{1+\cos 12x}{2}dx$$

$$=\frac{1}{8}x-\frac{1}{96}\sin 12x+c$$

◆

2) $\int \tan^m x \sec^n x \, dx$ (m, n이 양의 정수일 때)형태의 적분

(1) m이 홀수이면 $u = \sec x$로 치환하고 $1 + \tan^2 x = \sec^2 x$를 이용해서 적분한다.

예제 3.7 $\int \tan^3 x \sec^3 x \, dx = \int \tan^2 x \sec^2 x (\sec x \tan x) \, dx$

$u = \sec x$ $du = \sec x \tan x \, dx$ $1 + \tan^2 x = \sec^2 x$에서 $\tan^2 x = u^2 - 1$

$$= \int (u^2 - 1) u^2 du$$

$$= \frac{1}{5} \sec^2 x - \frac{1}{3} \sec^3 x + c$$

◆

(2) n이 짝수이면 $u = \tan x$로 치환한다.

예제 3.8 $\int \tan^4 x \sec^6 x \, dx = \int u^4 \sec^4 x \sec^2 x \, dx$

$u = \tan x$ $du = \sec^2 x \, dx$ $\sec^2 x = 1 + u^2$

$$= \int u^4 (1 + u^2)^2 du$$

$$= \int u^4 (u^4 + 2u^2 + 1) du$$

$$= \frac{1}{9} \tan^9 x + \frac{2}{7} \tan^7 x + \frac{1}{5} \tan^5 x + c$$

◆

연습문제 3.2

01. 다음 적분을 구하라.

(1) $\int \sin x \cos 3x \, dx$

(2) $\int \sin 7x \sin 3x \, dx$

(3) $\int \cos 5x \cos x \, dx$

(4) $\int \frac{\sin 4x}{\cos^2 4x} dx$

(5) $\int \sin^7 x \cos^3 x \, dx$

(6) $\int \sin^3 x \cos^4 x \, dx$

(7) $\int \tan^4 x \, dx$

(8) $\int \sin^2 x \cos^4 x \, dx$

(9) $\int \frac{1}{2x^2 - 8x + 33} dx$

(10) $\int \tan^5 x \sec^4 x \, dx$

(11) $\int \sin mx \sin nx \, dx$

(12) $\int \cos mx \cos nx \, dx$

3.3 유리함수의 적분

CALCULUS

$f(x)$, $g(x)$가 x의 다항식일 때 $\dfrac{f(x)}{g(x)}$를 **유리함수**(rational function)라고 한다.

$f(x)$가 $g(x)$의 차수보다 클 때, $f(x)=\theta(x)g(x)+r(x)$로 쓸 수 있다. (이때, $r(x)$의 차수는 $g(x)$의 차수보다 작다.) 따라서 $f(x)$를 $g(x)$로 나눈 형태

$$\frac{f(x)}{g(x)}=\theta(x)+\frac{r(x)}{g(x)} \tag{*}$$

를 이용하여 적분을 계산한다. $\dfrac{r(x)}{g(x)}$의 형태에 따라 다음 경우들을 생각할 수 있다.

(경우1) (*)의 $\dfrac{r(x)}{g(x)}$에서 $g(x)=(x-a)(x-b)$이면

$$\frac{r(x)}{g(x)}=\frac{A}{x-a}+\frac{B}{x-b}$$

로 변환시켜 적분한다.

예제 3.9 (1) $I=\displaystyle\int\frac{x^3-x+1}{x^2+1}dx=\int\left(x+\frac{-2x+1}{x^2+1}\right)dx$

$$=\int\left(x+\frac{-2x}{x^2+1}+\frac{1}{x^2+1}\right)dx$$

$$=\frac{1}{2}x^2-\ln(x^2+1)+\arctan x+c$$

(2) $I=\displaystyle\int\frac{2x+5}{(x-1)(x+1)}dx$를 구하라.

풀이 $\dfrac{2x+5}{(x-1)(x+1)}=\dfrac{A}{x-1}+\dfrac{B}{x+1}$에서 $2x+5=A(x+1)+B(x-1)$이므로 $A=\dfrac{7}{2}$ $B=-\dfrac{3}{2}$이다.

$$I = \int \left(\frac{\frac{7}{2}}{x-1} + \frac{-\frac{3}{2}}{x+1} \right) dx = \frac{7}{2} \ln|x-1| - \frac{3}{2} \ln|x+1| + c \qquad ◆$$

(3) $\int \frac{x^4+1}{x(x^2-1)} dx$를 구하라.

풀이 $\frac{x^4+1}{x(x^2-1)} = x + \frac{x^2+1}{x(x^2-1)}$ 이고 $\frac{x^2+1}{x(x^2-1)} = \frac{a}{x} + \frac{b}{x-1} + \frac{c}{x+1}$ 에서

$$x^2+1 = a(x-1)(x+1) + bx(x+1) + cx(x-1)$$

여기서 $a=-1$, $b=1$, $c=1$을 얻을 수 있다.
따라서

$$\frac{x^2+1}{x(x^2-1)} = -\frac{1}{x} + \frac{1}{x-1} + \frac{1}{x+1}$$

$$I = \int \frac{x^4+1}{x(x^2-1)} dx = \int \left(x - \frac{1}{x} + \frac{1}{x-1} + \frac{1}{x+1} \right) dx$$

$$= \frac{1}{2}x^2 - \ln|x| + \ln|x-1| + \ln|x+1| + c \qquad ◆$$

(경우2) (*)의 $\frac{r(x)}{g(x)}$ 에서 $g(x) = (x-a)^m$ (m은 양의 정수)이면 나머지를

$$r(x) = c_{m-1}(x-a)^{m-1} + c_{m-2}(x-a)^{m-2} \cdots + c_1(x-a) + c_0$$

로 둘 수 있다. 그러므로,

$$\frac{r(x)}{g(x)} = \frac{c_{m-1}}{x-a} + \frac{c_{m-2}}{(x-a)^2} + \cdots + \frac{c_1}{(x-a)^{m-1}} + \frac{c_0}{(x-a)^m}$$

로 변환시켜 적분한다.

예제 3.10 (1) $\int \frac{2x-3}{(x-1)^2}dx = \int \frac{2(x-1)-1}{(x-1)^2}dx$

$$= \int \left(\frac{2}{x-1} - \frac{1}{(x-1)^2} \right) dx$$

$$= 2\ln|x-1| + \frac{1}{x-1} + c$$

(2) $\int \frac{2x+4}{x^3-2x^2}dx$를 적분하라.

$$\frac{2x+4}{x^2(x-2)} = \frac{ax+b}{x^2} + \frac{c}{x-2}$$

풀이 항등식에서 a, b, c를 구하면 $a=-2$, $b=-2$, $c=2$이다. 그러므로

$$\int \frac{2x+4}{x^2(x-2)}dx = \int \left(\frac{-2}{x} + \frac{-2}{x^2} + \frac{2}{x-2} \right) dx$$

$$= -2\ln|x| + \frac{2}{x} + 2\ln|x-2| + c$$ ◆

(3) $I = \int \frac{3x^2-3x-2}{(x+1)(x-1)^2}dx$를 구하라.

풀이 $\int \frac{3x^2-3x-2}{(x+1)(x-1)^2}dx = \frac{a}{x+1} + \frac{b}{x-1} + \frac{c}{(x-1)^2}$로 두면

$$3x^2-3x-2 = a(x-1)^2 + b(x+1)(x-1) + c(x+1).$$

$x=-1$일 때 $a=1$, x^2의 차수에서 $b=2$, $x=1$일 때 $c=-1$이므로

$$I = \int \left(\frac{1}{x+1} + \frac{2}{x-1} + \frac{-1}{(x-1)^2} \right) dx$$

$$= \ln|x+1| + 2\ln|x-1| + \frac{1}{(x-1)} + c.$$ ◆

(4) $I = \int \frac{3x^2+x+1}{x(x^2+1)}dx$를 구하라.

풀이 $\dfrac{3x^2+x+1}{x(x^2+1)}=\dfrac{a}{x}+\dfrac{bx+c}{x^2+1}$에서 $3x^2+x+1=a(x^2+1)+x(bx+c)$의 계수를 비교하여 $a=1$, $b=2$, $c=1$를 얻을 수 있다.

$$I=\int \frac{1}{x}+\frac{2x+1}{x^2+1}dx=\int \frac{1}{x}+\frac{2x}{x^2+1}+\frac{1}{x^2+1}dx$$

$$=\ln|x|+\ln|x^2+1|+\arctan x+c$$ ◆

(5) $I=\displaystyle\int \frac{1}{\sin x}dx$

풀이 방법 1.

$\cos x=t$로 치환 $-\sin x\,dx=dt$

$$I=\int \frac{1}{\sin x}dx=\int \frac{1}{\sin x}\left(\frac{1}{-\sin x}\right)dt=\int \frac{1}{t^2-1}dt$$

$$\left(\frac{1}{t^2-1}=\frac{A}{t+1}+\frac{B}{t-1}\text{에서 } A=-\frac{1}{2}\ B=\frac{1}{2}\right)$$

$$I=\int \frac{-\frac{1}{2}}{t+1}+\frac{\frac{1}{2}}{t+1}dt=-\frac{1}{2}\ln|t+1|+\frac{1}{2}\ln|t-1|+c$$

$$=\frac{1}{2}\ln\left|\frac{t-1}{t+1}\right|+c=\frac{1}{2}\ln\left|\frac{\cos x-1}{\cos x+1}\right|+c$$

방법 2.

$\tan\dfrac{x}{2}=t$로 치환하면

$$\frac{x}{2}=\arctan t,\ \frac{1}{2}dx=\frac{1}{1+t^2}dt \qquad \text{(A)}$$

$$\sin x=2\sin\frac{x}{2}\cos\frac{x}{2}=\frac{2\sin\frac{x}{2}\cos\frac{x}{2}}{\cos^2\frac{x}{2}+\sin^2\frac{x}{2}}=\frac{2t}{1+t^2}$$

$$\left(\cos^2\frac{x}{2}+\sin^2\frac{x}{2}=1\right) \qquad \text{(B)}$$

(A)와 (B)에서

$$I=\int\frac{1}{\sin x}dx=\int\frac{1}{\frac{2t}{1+t^2}}\cdot\frac{2}{1+t^2}dt=\int\frac{1}{t}dt$$

$$=\ln|t|+c=\ln\left|\tan\frac{x}{2}\right|+c.$$ ◆

(6) $I=\int\frac{1}{\cos x}dx=-\frac{1}{2}\ln\left|\frac{\sin x-1}{\sin x+1}\right|+c.$

(5)와 같은 방법으로 $\sin x=t$로 치환하면 증명된다.

(7) $I=\int\frac{1}{1+\sin x}dx$

풀이 $\tan\frac{x}{2}=t$로 치환하면 (5)의 (방법 2)와 같은 방식으로

$$I=\int\frac{1}{1+\left(\frac{2t}{1+t^2}\right)}\left(\frac{2}{1+t^2}\right)dt=\int\frac{2}{1+2t+t^2}dt$$

$$=\int\frac{2}{(1+t)^2}dt=-\frac{2}{1+t}+c$$

$$=-\frac{2}{1+\tan\frac{x}{2}}+c.$$ ◆

연습문제 3.3

01. 다음 적분을 구하라.

(1) $\displaystyle\int \frac{2x^2+5x+5}{x(x-1)(x+1)}dx$

(2) $\displaystyle\int \frac{5x+3}{x^2-1}dx$

(3) $\displaystyle\int \frac{3x^2+4x+6}{x(x^2+1)}dx$

(4) $\displaystyle\int \frac{1}{x\sqrt{6x-x^2}}dx$

(5) $\displaystyle\int \frac{2x^2+3}{x(x-1)^2}dx$

(6) $\displaystyle\int \frac{x^3}{x^2-x-6}dx$

(7) $\displaystyle\int \frac{1}{1+e^x}dx$

(8) $\displaystyle\int \frac{\cos x}{4-\sin^2 x}dx$

(9) $\displaystyle\int \frac{x^3}{(x^2+1)^2}dx$

(10) $\displaystyle\int \frac{2x^2-3x+8}{(x^2+1)(x^4+4)}dx$

3.4 삼각치환법

CALCULUS

적분인자가 아래와 같은 형태일 때 삼각함수의 전형적인 항등식을 활용하여 근호를 제거하는 방식을 채택한다.

$a > 0$일 때

$\sqrt{a^2-x^2}$; $x = a\sin\theta$로 치환 $\sqrt{a^2-x^2} = a\cos\theta$ $\left(-\frac{\pi}{2} \le \theta \le \frac{\pi}{2}\right)$

$\sqrt{x^2+a^2}$; $x = a\tan\theta$로 치환 $\sqrt{x^2+a^2} = a\sec\theta$ $\left(-\frac{\pi}{2} < \theta < \frac{\pi}{2}\right)$

$\sqrt{x^2-a^2}$; $x = a\sec\theta$로 치환 $\sqrt{x^2-a^2} = a\tan\theta$ $\left(0 \le \theta \le \frac{\pi}{2},\ x \ge a\right)$

예제 3.11 다음 적분을 구하라.

(1) $\int \frac{1}{\sqrt{a^2-x^2}}dx$ (2) $\int \sqrt{a^2-x^2}\,dx$

(3) $\int \frac{1}{x^2\sqrt{4-x^2}}dx$

풀이 (1) $x = a\sin\theta,\ dx = a\cos\theta\, d\theta$

$$\int \frac{1}{\sqrt{a^2-x^2}}dx = \int \frac{1}{a\cos\theta}a\cos\theta\, d\theta$$
$$= \int d\theta = \theta + c$$
$$= \arcsin\frac{x}{a} + c$$

(2) $x = a\sin\theta,\ dx = a\cos\theta\, a\cos\theta\, d\theta$

$$\int \sqrt{a^2-x^2}\,dx = \int a\cos\theta a\cos\theta\, d\theta$$
$$= a^2\int \cos^2\theta d\theta \quad \sin\theta = \frac{x}{a}\text{에서}$$

$$= a^2 \int \frac{\cos 2\theta + 1}{2} d\theta$$

$$= \frac{a^2}{2}\left(\frac{\sin 2\theta}{2} + \theta\right) + c$$

$$= \frac{a^2}{2} \sin\theta \cos\theta + \frac{a^2}{2} \arcsin\frac{x}{a} + c$$

$$= \frac{a^2}{2} \cdot \frac{x}{a} \cdot \frac{\sqrt{a^2 - x^2}}{a} + \frac{a^2}{2} \arcsin\frac{x}{2} + c$$

(3) $x = 2\sin\theta,\ dx = 2\cos d\theta$

$$\int \frac{dx}{x^2\sqrt{4 - x^2}} = \int \frac{1}{(2\sin\theta)^2(2\cos\theta)} \cdot 2\cos\theta\, d\theta$$

$$= \frac{1}{4}\int \frac{1}{\sin^2\theta} d\theta$$

$$= \frac{1}{4}\int \csc^2\theta\, d\theta$$

$$= -\frac{1}{4}\cot\theta + c = -\frac{1}{4}\frac{\sqrt{4 - x^2}}{x} + c$$ ◆

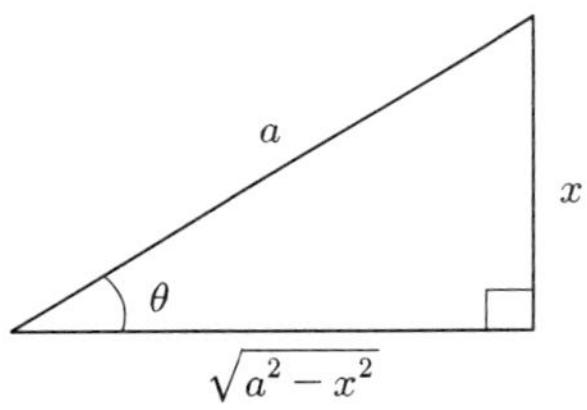

[그림 3.1]

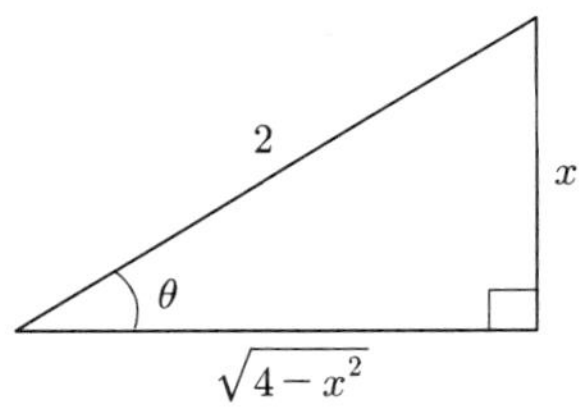

[그림 3.2]

예제 3.12 다음 적분을 구하라.

(1) $\int \frac{1}{x^2 + a^2} dx$

(2) $\int \frac{1}{(a^2 + x^2)^{\frac{3}{2}}} dx$

(3) $\int \frac{dx}{x^2\sqrt{x^2 + a^2}}$

풀이 $x = a\tan\theta,\ a^2 + x^2 = a^2\sec^2\theta,\ dx = a\sec^2\theta\, d\theta$

(1) $$\int \frac{1}{x^2+a^2}dx = \int \frac{1}{a^2\sec^2\theta}\cdot a\sec^2\theta\, d\theta$$

$$= \frac{1}{a}\theta + c = \frac{1}{a}\arctan\frac{x}{a} + c$$

(2) $$\int \frac{1}{(a^2+x^2)^{\frac{3}{2}}}dx = \int \frac{1}{a^3\sec^3\theta}a\sec^2\theta\, d\theta$$

$$= \frac{1}{a^2}\int \frac{1}{\sec\theta}d\theta$$

$$= \frac{1}{a^2}\int \cos\theta\, d\theta$$

$$= \frac{1}{a^2}\sin\theta + c$$

$$= \frac{1}{a^2}\cdot\frac{x}{\sqrt{x^2+a^2}} + c$$

(3) $$\int \frac{1}{x^2\sqrt{x^2+a^2}}dx = \int \frac{1}{a^2\tan^2\theta\, a\sec\theta}a\sec^2\theta\, d\theta$$

$$= \frac{1}{a^2}\int \frac{\cos^2\theta}{\sin^2\theta}\cdot\frac{1}{\cos\theta}d\theta$$

$$= \frac{1}{a^2}\int \frac{1}{\sin^2\theta}\cdot\cos\theta\, d\theta$$

$$= \frac{1}{a^2}\left[-\frac{1}{\sin\theta}\right] + c$$

$$= -\frac{1}{a^2}\frac{\sqrt{x^2+a^2}}{x} + c$$ ◆

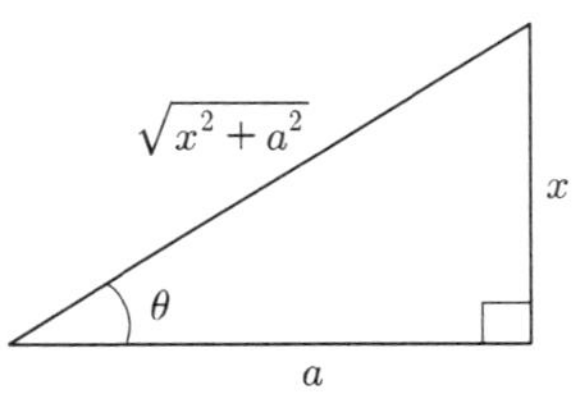

[그림 3.3]

예제 3.13 다음 적분을 구하라.

(1) $\displaystyle\int \frac{1}{x\sqrt{x^2-a^2}}dx$　　　(2) $\displaystyle\int \frac{\sqrt{x^2-a^2}}{x}dx$

(3) $\displaystyle\int \frac{1}{\sqrt{x^2-a^2}}dx$

풀이 (1) $x = a\sec\theta,\ dx = a\sec\theta\tan\theta\, d\theta,\ \sqrt{x^2-a^2} = a\tan\theta$이므로

$$\int \frac{1}{x\sqrt{x^2-a^2}}dx = \int \frac{1}{a\sec\theta\, a\tan\theta}\cdot a\sec\theta\tan\theta\, d\theta$$

$$= \frac{1}{a}\int d\theta = \frac{1}{a}\theta + c = \frac{1}{a}\operatorname{arcsec}\frac{x}{a} + c$$

(2) $$\int \frac{\sqrt{x^2-a^2}}{x}dx = \int \frac{a\tan\theta}{a\sec\theta}\cdot a\sec\theta\tan\theta\, d\theta \quad \left(\sec\theta = \frac{x}{a}\right)$$

$$= a\int \tan^2\theta\, d\theta \quad (\tan^2\theta = \sec^2\theta - 1)$$

$$= a\tan\theta - a\theta + c$$

$$= a\cdot\frac{\sqrt{x^2-a^2}}{a} - \operatorname{arcsec}\frac{x}{a} + c$$

(3) $$\int \frac{1}{\sqrt{x^2-a^2}}dx = \int \frac{1}{a\tan\theta}\cdot a\sec\theta\tan\theta\, d\theta$$

$$= \int \frac{1}{\cos\theta}d\theta$$

($\sin\theta = t$로 치환)

$$= -\frac{1}{2}\ln\left|\frac{\sin\theta-1}{\sin\theta+1}\right| + c$$

$$= -\frac{1}{2}\ln\left|\frac{\frac{\sqrt{x^2-a^2}}{x}-1}{\frac{\sqrt{x^2-a^2}}{x}+1}\right| + c$$

$$= \frac{1}{2}\ln\left|\frac{\sqrt{x^2-a^2}+x}{\sqrt{x^2-a^2}-x}\right| + c$$

$\left(\left|\frac{\sqrt{x^2-a^2}+x}{\sqrt{x^2-a^2}-x}\right|\right.$를 유리화하면 $\left.\frac{(\sqrt{x^2-a^2}+x)^2}{a^2}\right.$이 된다.$\left.\right)$

$$= \ln(\sqrt{x^2-a^2}+x) + c$$

◆

연습문제 3.4

01. 다음 적분을 구하라.

(1) $\displaystyle\int \frac{\sqrt{x^2+4}}{x^2}\,dx$

(2) $\displaystyle\int \sqrt{9-x^2}\,dx$

(3) $\displaystyle\int \frac{x^2}{\sqrt{x^2+4}}\,dx$

(4) $\displaystyle\int \sqrt{x^2-4x}\,dx$

(5) $\displaystyle\int \frac{1}{4-x^2}\,dx$

(6) $\displaystyle\int \frac{1}{x^2\sqrt{x^2-1}}\,dx$

3.5 부분적분법 및 점화식

CALCULUS

f와 g가 미분가능한 함수일 때

$$\frac{d}{dx}(f(x)g(x)) = f(x)g'(x) + g(x)f'(x)$$

이므로 양변을 적분하면

$$f(x)g(x) = \int f(x)g'(x)dx + \int g(x)f'(x)dx$$

그러므로,

$$\int f(x)g'(x)dx = f(x)g(x) - \int g(x)f'(x)dx \qquad (*)$$

$u = f(x)$, $du = f'(x) = dx$, $v = g(x)$, $dv = g'(x)dx$, (*)의 식은

$$\int udv = uv - \int vdu$$

이러한 관계를 이용한 적분방법을 **부분적분법**(integration by parts)이라고 한다.

예제 3.14 다음 적분을 구하라.

(1) $\int \ln x \, dx$ (2) $\int xe^{-x}dx$

(3) $\int x \sin x \, dx$

풀이 (1) $u = \ln x$, $dv = dx$라고 두면 $du = \frac{1}{x}dx$, $v = x$

$$\int \ln x \, dx = \int u \, dv = uv - \int v \, du$$

$$= x \ln x - \int x \cdot \frac{1}{x}dx$$

$$= x \ln x - x + c$$

(2) $u=x,\ dv=e^{-x}dx,\ du=dx,\ v=-e^{-x}$

$$\int xe^{-x}dx=-xe^{-x}-\int -e^{-x}dx$$
$$=-xe^{-x}-e^{-x}+c$$

(3) $u=x,\ dv=\sin x,\ du=dx,\ v=-\cos x$

$$\int x\sin x\,dx=x(-\cos x)-\int(-\cos x)dx$$
$$=-x\cos x+\sin x+c$$

◆

예제 3.15 다음 적분을 구하라.

(1) $\int x^2e^{-x}dx$ (2) $\int \arctan x dx$

(3) $\int e^x\cos x\,dx$

풀이 (1) $u=x^2,\ dv=e^{-x}dx,\ du=2x\,dx,\ v=-e^{-x}$

$$I=\int x^2e^{-x}dx=-x^2e^{-x}-\int 2x(-e^{-x})dx$$
$$=-x^2e^{-x}+2\int xe^{-x}dx$$

다시 한번 부분적분을 취하면

$$I=-x^2e^{-x}+2\left(-xe^{-x}+\int e^{-x}dx\right)$$
$$=-x^2e^{-x}-2xe^{-x}-2e^{-x}+c$$

(2) $u=\arctan x,\ dv=dx,\ du=\dfrac{1}{1+x^2}dx,\ v=x$

$$I=\int \arctan x\,dx=x\arctan x-\int x\cdot\frac{1}{1+x^2}dx$$
$$=x\arctan x-\frac{1}{2}\ln(1+x^2)+c$$

(3) $u=e^x,\ dv=\cos x\,dx,\ du=e^xdx,\ v=\sin x$

$$I=\int e^x \cos x\, dx = e^x \sin x - \int e^x \sin x\, dx$$

다시 한번 부분적분, $u=e^x$, $dv=\sin x\, dx$, $du=e^x dx$, $v=-\cos x$

$$I = e^x \sin x - \left[-\cos x\, e^x - \int (-\cos x) e^x dx\right]$$

$$= e^x \sin x + \cos x\, e^x - \int \cos x\, e^x dx$$

$$= e^x \sin x + \cos x e^x - I$$

$$2I = e^x \sin x + \cos x e^x + c$$

$$I = \frac{1}{2} e^x (\sin x + \cos x) + c$$

◆

1) 점화식

일반적으로 적분함수가 자연수 n에 의존하는 경우, 축차적으로 n을 낮추도록 점화식을 유도하여 계산한다.

예제 3.16 다음 점화식을 유도하라.

(1) $I(n)=\int x^n e^{ax} dx$일 때 $I(n)=\frac{1}{a}x^n e^{ax} - \frac{n}{a} I(n-1)$

(2) $I(n)=\int \cos^n x\, dx$일 때 $I(n)=\frac{\cos^{n-1} x \sin x}{n} + \frac{n-1}{n} I(n-2)$

(3) $I(n)=\int \sin^n x\, dx$일 때 $I(n)=\frac{-\sin^{n-1} x \cos x}{n} + \frac{n-1}{n} I(n-2)$

(4) $I(n)=\int \tan^n x\, dx$일 때 $I(n)=\frac{\tan^{n-1} x}{n-1} - I(n-2)$

(5) $I(n)=\int \sec^n x\, dx$일 때 $I(n)=\frac{\sec^{n-2} x \tan x}{n-1} + \frac{n-2}{n-1} I(n-2)$

풀이 (1) $u=x^n$, $dv=e^{ax}dx$, $du=nx^{n-1}dx$, $v=\frac{1}{a}e^{ax}$

$$I(n)=\int x^n e^{ax} dx = x^n\left(\frac{1}{a}e^{ax}\right) - \int nx^{n-1}\left(\frac{1}{a}e^{ax}\right) dx$$

$$= \frac{1}{a}x^n e^{ax} - \frac{n}{a}\int x^{n-1}e^{ax}dx$$

$$= \frac{1}{a}x^n e^{ax} - \frac{n}{a}I(n-1)$$

(2) $u = \cos^{n-1}x,\ dv = \cos x\, dx,\ du = (n-1)\cos^{n-2}x(-\sin x)dx,$

$v = \sin x$

$$I(n) = \int \cos^n x\, dx$$

$$= \sin x \cos^{n-1}x - \int (n-1)\cos^{n-2}x(-\sin^2 x)dx$$

$$= \cos^{n-1}x \sin x + (n-1)\int \cos^{n-2}x(1-\cos^2 x)dx$$

$$= \cos^{n-1}x \sin x + (n-1)[I(n-2) - I(n)]$$

$$[1+(n-1)]I(n) = \cos^{n-1}x \sin x + (n-1)I(n-2)$$

$$I(n) = \frac{\cos^{n-1}x \sin x}{n} + \frac{n-1}{n}(n-2)$$

(3) (2)에서 $x = \frac{\pi}{2} - t$로 치환 $dx = -dt,\ \sin x = \cos x$

$$\int \sin^n x\, dx = \int \cos^n t(-dt)$$

$$= -\frac{\cos^{n-1}t \sin t}{n} - \frac{n-1}{n}\int \cos^{n-2}t\, dt$$

$$= -\frac{\sin^{n-1}x \cos x}{n} + \frac{n-1}{n}I(n-2)$$

(4) $I(n) = \int \tan^n x\, dx = \int \tan^{n-2}x \cdot \tan^2 x\, dx$

$$= \int \tan^{n-2}x(\sec^2 x - 1)dx$$

$$= \int \tan^{n-2}x(\sec^2 x)dx - \int \tan^{n-2}x\, dx$$

$$= \frac{1}{n-1}\tan^{n-1}x - I(n-2)$$

(5) $u = \sec^{n-2}x,\ dv = \sec^2 x\, dx$

$du = (n-2)\sec^{n-3}x \sec x \cdot \tan x\, dx,\ v = \tan x$

$$I(n) = \int \sec^n x\, dx = \int \sec^{n-2} x (\sec^2 x\, dx)$$
$$= \sec^{n-2}x \tan x - \int (n-2)\sec^{n-2}x \tan^2 x\, dx$$
$$= \sec^{n-2}x \tan x - (n-2)\int \sec^{n-2}x(\sec^2 x - 1)dx$$
$$= \sec^{n-2}x \tan x - (n-2)[I(n) - I(n-2)]$$
$$(n-1)I(n) = \sec^{n-2}x \tan x + (n-2)I(n-2)$$
$$I(n) = \frac{\sec^{n-2}x \tan x}{n-1} + \frac{n-2}{n-1}I(n-2)$$ ◆

연습문제 3.5

01. 다음 적분을 구하라.

(1) $\int x \arctan x\, dx$

(2) $\int e^x \cos 3x\, dx$

(3) $\int \frac{\ln x}{\sqrt{x}} dx$

(4) $\int \arcsin x\, dx$

(5) $\int \sin(\ln x) dx$

(6) $\int x^3 e^{x^2} dx$

(7) $\int x \tan^2 x\, dx$

(8) $\int x^2 \arctan x\, dx$

(9) $\int \frac{\sin x}{e^{3x}} dx$

(10) $\int \sec^5 x\, dx$

(11) $\int x \cosh 2x\, dx$

(12) $\int x \ln(x+1) dx$

3.6 정적분과 성질

CALCULUS

폐구간 $[a,\ b]$에서 연속인 함수 $f(x)$가 주어졌을 때 구간 $[a,\ b]$ 사이에 $n+1$개의 분할점 $a=x_0 < x_1 < x_2 < \cdots < x_n = b$를 택해 각 소구간의 길이를 $x_i - x_{i-1} = \Delta x_i$라 두고, 각각의 부분 구간 $[x_{i-1},\ x_i]$에서 임의의 점 t_i를 잡자. 이때

$$\sum f(t_i)\Delta x_i = f(t_1)\Delta x_1 + f(t_2)\Delta x_2 + \cdots f(t_n)\Delta x_n$$

은 그림 3.4에서 보듯 직사각형들의 면적의 합으로 유한값을 갖는다.

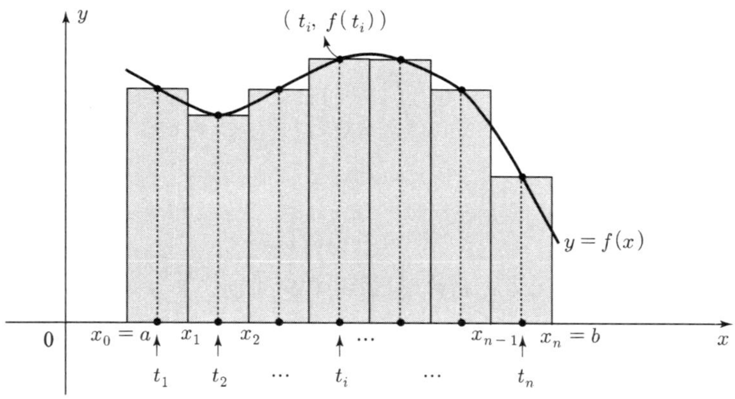

[그림 3.4]

이때 n을 무한히 크게 하고 각 소구간의 길이 $\Delta x_i \to 0$이면 $\sum_{i=1}^{n} f(t_i)\Delta x_i$는 곡선과 x축, $x=a$, $x=b$ 사이의 면적에 수렴하게 된다($f(x) \geq 0$인 경우). 이때의 극한값을

$$\lim_{\Delta x_i \to 0} \sum_{i=1}^{n} f(t_i)\Delta x_i = \int_a^b f(x)dx$$

로 나타낸다. 그리고 $\int_a^b f(x)dx$를 a에서 b까지 $f(x)$의 **정적분**(definite integral)이라 한다. 만약 구간 $[a,\ b]$에서 $f(x) \geq 0$과 $f(x) < 0$이 함께 존재하면(그림 3.5), $\int_a^b f(x)dx$는 x축 윗부분의 면적과 아랫부분의 면적의 차를 나타내게 된다.

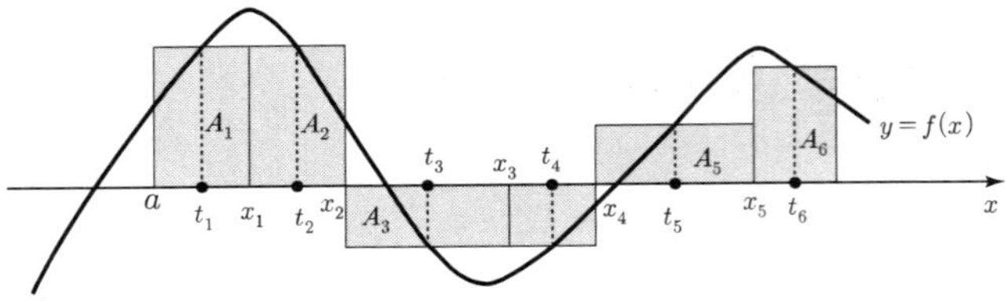

[그림 3.5]

$f(x)$가 $[a,\ b]$에서 연속이 아니어도 위에서처럼 $\sum_{i=1}^{n} f(t_i)\triangle x_i$를 정의하고 이의 극한값 $\lim_{\triangle x_i \to 0} \sum_{i=1}^{n} f(t_i)\triangle x_i$가 존재하면 이 극한값을 $\int_a^b f(x)dx = \lim_{\triangle x_i \to 0} \sum_{i=1}^{n} f(t_i)\triangle x_i$로 정의한다. 극한값 $\lim_{\triangle x_i \to 0} \sum_{i=1}^{n} f(t_i)\triangle x_i$가 존재하면 함수 $f(x)$는 $[a,\ b]$에서 **적분가능**(integrable)이라 한다. 또한

$$\int_a^a f(x)dx = 0,\ \int_b^a f(x)dx = -\int_a^b f(x)dx$$

로 정의한다.

앞에서 설명했듯이 $f(x)$가 $[a,\ b]$에서 연속이면 $\lim_{\triangle x_i \to 0} \sum_{i=1}^{n} f(t_i)\triangle x_i$는 $f(x)$와 $x=a$, $x=b$ 사이의 x축 윗부분의 면적과 아랫부분의 면적의 차를 나타내므로 유한값이어서 $f(x)$는 적분가능하다.

정리 3.2

함수 $f(x)$가 폐구간 $[a,\ b]$에서 연속이면 적분가능하다.

정리 3.3

$$\int_a^b k\,dx = k(b-a)\ \ (k\text{: 상수})$$

증명 $\int_a^b k\,dx = \lim_{\triangle x_i \to 0} \sum_{i=1}^{n} k \cdot \triangle x_i = k \lim_{\triangle x_i \to 0} \sum_{i=1}^{n} \triangle x_i = k(b-a).$ ◆

정리 3.4

$f(x)$, $g(x)$가 $[a,\ b]$에서 적분가능하고 k가 상수이면

(1) $kf(x)$도 $[a,\ b]$에서 적분가능하며,

$$\int_a^b f(x)dx = k\int_a^b f(x)dx$$

(2) $f(x) \pm g(x)$도 $[a,\ b]$에서 적분가능하며

$$\int_a^b \{f(x) \pm g(x)\}dx = \int_a^b f(x)dx \pm \int_a^b g(x)dx$$

증명 (1) $\int_a^b kf(x)dx = \lim_{\triangle x_i \to 0} \sum_{i=1}^{n} kf(t_i)\triangle x_i$

$$= k \lim_{\triangle x_i \to 0} \sum_{i=1}^{n} f(t_i)\triangle x_i$$

$$= k\int_a^b f(x)\,dx$$

(2) $\int_a^b \{f(x) \pm g(x)\}dx = \lim_{\triangle x_i \to 0} \sum_{i=1}^{n} \{f(t_i)\triangle x_i \pm g(t_i)\}\triangle x_i$

$$= \lim_{\triangle x_i \to 0} \sum_{i=1}^{n} f(t_i)\triangle x_i \pm \lim_{\triangle x_i \to 0} \sum_{i=1}^{n} g(t_i)\triangle x_i$$

$$= \int_a^b f(x)dx \pm \int_a^b g(x)dx$$ ◆

정리 3.5

$f(x)$가 $[a,\ b]$에서 적분가능하고 $a \le c \le b$이면

$$\int_a^b f(x)\,dx = \int_a^c f(x)\,dx + \int_c^b f(x)\,dx$$

증명 $[a, b]$를 $n+1$개의 분점 $a = x_0 < x_1 < x_2 < \cdots < x_n = b$로 나눌 때 $x_r = c$라 하면

$$\begin{aligned}\int_a^b f(x)\,dx &= \lim_{\triangle x_i \to 0} \sum_{i=1}^{n} f(t_i)\triangle x_i \\ &= \lim_{\triangle x_i \to 0} \left\{ \sum_{i=1}^{r} f(t_i)\triangle x_i + \sum_{i=r+1}^{n} f(t_i)\triangle x_i \right\} \\ &= \int_a^c f(x)dx + \int_c^b f(x)dx\,.\end{aligned}$$

◆

정리 3.6

$f(x)$, $g(x)$가 $[a, b]$에서 연속이고 $f(x) \geq g(x)$이면

$$\int_a^b f(x)dx \geq \int_a^b g(x)dx$$

증명

$$\begin{aligned}\int_a^b f(x)\,dx &= \lim_{\triangle x_i \to 0} \sum_{i=1}^{n} f(t_i)\triangle x_i \geq \lim_{\triangle x_i \to 0} \sum_{i=1}^{n} g(t_i)\triangle x_i \\ &= \int_a^b g(x)dx\,.\end{aligned}$$

◆

정리 3.7 적분에 관한 평균값 정리

함수 $f(x)$가 $[a, b]$에서 연속이면

$$\int_a^b f(x)dx = (b-a)f(c)$$

인 c가 $[a, b]$에 존재한다.

증명 f가 $[a, b]$에서 연속이므로 최대·최소정리(정리 1.12)에 의해 최댓값 M, 최솟값 m을 갖는다.

따라서 $m \leq f(x) \leq M$(모든 $a \leq x \leq b$에 대해) 정리 3.6에 의해

$$\int_a^b m dx \le \int_a^b f(x)dx \le \int_a^b M dx$$

이다. 그러므로

$$m(a-b) \le \int_a^b f(x)dx \le M(a-b)$$

이고, 이로부터

$$m \le \frac{1}{b-a}\int_a^b f(x)dx \le M$$

이 되어 $\frac{1}{b-a}\int_a^b f(x)dx$는 f의 최소와 최대 사이의 중간값이 된다. 따라서, 중간값 정리(정리 1.13)에 의해

$$f(c) = \frac{1}{b-a}\int_a^b f(x)dx$$

를 만족하는 c가 $[a, b]$에 존재한다. 따라서

$$\int_a^b f(x)dx = (b-a)f(c).$$ ◆

정리 3.8

f가 폐구간 $[a, b]$에서 연속일 때, $a \le x \le b$인 x에 대해

$$G(x) = \int_a^x f(t)dt$$

는 x의 함수로서 미분가능하며

$$\frac{d}{dx}G(x) = \frac{d}{dx}\int_a^x f(t)dt = f(x).$$

증명 f가 $[a, b]$에서 연속이므로 $[a, x]$에서 연속이고 $[a, x]$에서 적분가능(정리

3.2)하여 $\int_a^x f(t)dt$는 유한값이다. 따라서 $G(x)$는 x의 함수이다. 이제

$$
\begin{aligned}
G(x+h)-G(x) &= \int_a^{x+h} f(t)dt - \int_a^x f(t)dt \\
&= \int_a^x f(t)dt + \int_x^{x+h} f(t)dt - \int_a^x f(t)dt \\
&= \int_x^{x+h} f(t)dt \\
&= (x+h-x)f(c),\ x<c<x+h \quad (\text{정리 } 3.7) \\
&= hf(c).
\end{aligned}
$$

따라서

$$
\begin{aligned}
\frac{d}{dx}\int_a^x f(t)dt &= \lim_{h\to 0}\frac{G(x+h)-G(x)}{h} \\
&= \lim_{h\to 0}\frac{hf(c)}{h} = f(x).
\end{aligned}
$$

◆

예제 3.17 (1)
$$
\begin{aligned}
\frac{d}{dx}\int_x^2 \sqrt{1+t^2}\,dt &= \frac{d}{dx}\left(-\int_2^x \sqrt{1+t^2}\,dt\right) \\
&= -\frac{d}{dx}\int_2^x \sqrt{1+t^2}\,dt \\
&= -\sqrt{1+x^2}
\end{aligned}
$$

(2)
$$
\begin{aligned}
\frac{d}{dx}\int_3^{x^2+x}\frac{1}{t^3+1}dt &= \frac{d}{du}\int_3^u \frac{1}{t^3+1}dt \cdot \frac{du}{dx} \quad (u=x^2+x) \\
&= \frac{1}{u^3+1}\cdot(2x+1) \\
&= \frac{2x+1}{(x^2+x)^3+1}
\end{aligned}
$$

(3)
$$
\begin{aligned}
\frac{d}{dx}\int_{-x}^x (t^4+1)dt &= \frac{d}{dx}\left(\int_{-x}^0 (t^4+1)dt + \int_0^x (t^4+1)dt\right) \\
&= \frac{d}{dx}\left(-\int_0^{-x}(t^4+1)dt\right) + \frac{d}{dx}\int_0^x (t^4+1)dt
\end{aligned}
$$

$$= -\frac{d}{du}\left(\int_0^u (t^4+1)dt\right)\cdot\frac{du}{dx}+x^4+1 \quad (u=-x)$$
$$= -(u^4+1)\cdot(-1)+x^4+1$$
$$= 2(x^4+1).$$
◆

정리 3.9 미분적분학의 기본정리(Fundamental Theorem of Calculus)

> 함수 f가 폐구간 $[a, b]$에서 연속이고, $f(x)$의 원시함수 $F(x)$가 존재하면
> $$\int_a^b f(x)dx = F(b)-F(a)$$

증명 위 정리 3.8에서 $G(x)=\int_a^x f(t)dt$는 $f(x)$의 원시함수이다. 따라서

$$G(x)=F(x)+c \quad (c\text{: 상수})$$

이고,

$$G(b)=F(b)+c,\ G(a)=F(a)+c.$$

그리고

$$G(a)=\int_a^a f(t)dt=0$$

이므로 $c=-F(a)$이고, $G(b)=F(b)-F(a)$이다. 따라서

$$\int_a^b f(x)dx = \int_a^b f(t)dt = G(b) = F(b)-F(a).$$
◆

편의상 $F(b)-F(a)=[F(x)]_a^b$로 나타낸다. 따라서 $F(x)$가 $f(x)$의 원시함수이면

$$\int_a^b f(x)dx = F(b)-F(a)=[F(x)]_a^b$$

예제 3.18 $\int_0^{\frac{\pi}{2}}(\sin x+2e^x)dx=\int_0^{\frac{\pi}{2}}\sin x\,dx+2\int_0^{\frac{\pi}{2}}e^x\,dx$

$$=[-\cos]_0^{\frac{\pi}{2}}+2[e^x]_0^{\frac{\pi}{2}}$$

$$=\left\{-\cos\frac{\pi}{2}-(-\cos 0)\right\}+2\{e^{\frac{\pi}{2}}-e^0\}$$

$$=0+1+2e^{\frac{\pi}{2}}-2=2e^{\frac{\pi}{2}}-1$$ ◆

정리 3.10

구간 I, J가 있어 함수 f는 I위에서 연속이고 원시함수를 갖고 함수 $g: J\to I$는 J에서 미분가능하면 임의의 $a,\ b\in J$에 대해

$$\int_a^b f(g(x))g'(x)\,dx=\int_{g(a)}^{g(b)}f(u)\,du,\ u=g(x)$$

증명 $F(u)$를 $f(u)$의 원시함수, $H(x)=F(g(x))$라 하자.

$$H'(x)=\frac{dF}{du}\cdot\frac{du}{dx}=F'(u)g'(x)=f(u)g'(x)$$

이므로 $H(x)$는 $f(g(x))g'(x)$의 원시함수이다. 따라서 정리 3.9에 의해

$$\int_a^b f(g(x))g'(x)dx=H(b)-H(a)=F(g(b))-F(g(a))$$

$$=[F(u)]_{g(a)}^{g(b)}=\int_{g(a)}^{g(b)}f(u)du.$$ ◆

예제 3.19 $\int_0^1 x\sqrt{1-x^2}\,dx$를 구하라.

풀이 $u=1-x^2$으로 치환하면

$$\frac{du}{dx}=-2x.$$

따라서

$$\int_0^1 x\sqrt{1-x^2}\,dx = \int_0^1 \left(-\frac{1}{2}\right)\sqrt{1-x^2}\cdot(-2x)dx$$

$$= \int_1^0 -\frac{1}{2}\sqrt{u}\,du,\ (u=1-x^2)$$

$$= -\frac{1}{2}\left[\frac{u^{\frac{1}{2}+1}}{\frac{1}{2}+1}\right]_1^0 = -\frac{1}{2}\left(0-\frac{2}{3}\right) = \frac{1}{3} \quad ◆$$

1) 이상적분

지금까지는 f가 $[a,\ b]$에서 연속인 함수일 때 적분을 구했다.

f가 $x=a$ 혹은 $x=b$에서 불연속이거나 구간 $[a,\ b]$에서 유한이 아닐 때 적분을 **이상적분**(improper integral)이라고 한다. 이상적분은 다음 경우에서 발생한다.

(1) f가 $(a,\ b]$에서 연속이고 $x=a$에서 불연속인 경우:

$$\int_a^b f(x)dx = \lim_{c\to a^+}\int_c^b f(x)dx$$

(2) f가 $[a,\ b)$에서 연속이고 $x=b$에서 불연속인 경우:

$$\int_a^b f(x)dx = \lim_{d\to b^-}\int_a^d f(x)dx$$

(3) f가 $(a,\ b)$에서 연속이고 $x=a,\ b$에서 불연속인 경우:

$$\int_a^b f(x)dx = \lim_{\substack{c\to a^+\\ d\to b^-}}\int_c^d f(x)dx$$

(4) $\int_a^\infty f(x)dx = \lim_{d\to\infty}\int_a^d f(x)dx,\ \int_{-\infty}^b f(x)dx = \lim_{c\to-\infty}\int_c^b f(x)dx$로 정의한다.

예제 3.20 다음 적분을 구하라.

(1) $\int_{1}^{\infty} \frac{1}{x^2} dx$ (2) $\int_{-\infty}^{0} e^x dx$

(3) $\int_{0}^{1} \frac{1}{x} dx$

풀이

(1) $\int_{1}^{\infty} \frac{1}{x^2} dx = \lim_{d \to \infty} \int_{1}^{d} \frac{1}{x^2} dx = \lim_{d \to \infty} \left(-\frac{1}{d} + 1\right) = 1$

(2) $\int_{-\infty}^{0} e^x dx = \lim_{c \to -\infty} \int_{c}^{0} e^x dx = \lim_{c \to -\infty} [e^x]_c^0$

$= \lim_{c \to -\infty} (1 - e^c) = 1$

(3) $\int_{0}^{1} \frac{1}{x} dx = \lim_{c \to 0^+} \int_{c}^{1} \frac{1}{x} dx = \lim_{c \to 0^+} [\ln |x|]_c^1$

$= \lim_{c \to 0^+} - \ln |c| = \infty$

예제 3.21 다음 적분을 구하라.

(1) $\int_{-\infty}^{\infty} \frac{1}{1+x^2} dx$ (2) $\int_{0}^{1} \frac{1}{\sqrt{1-x^2}} dx$

(3) $\int_{0}^{1} \ln x \, dx$

풀이

(1) $\int_{-\infty}^{\infty} \frac{1}{1+x^2} dx = \lim_{\substack{d \to \infty \\ c \to -\infty}} \int_{c}^{d} \frac{1}{1+x^2} dx$

$= \lim_{\substack{d \to \infty \\ c \to -\infty}} (\arctan d - \arctan c)$

$= \frac{\pi}{2} - \left(-\frac{\pi}{2}\right) = \pi$

(2) $\int_{0}^{1} \frac{1}{\sqrt{1-x^2}} dx = \lim_{d \to 1^-} \int_{0}^{d} \frac{1}{\sqrt{1-x^2}} dx$

$= \lim_{d \to 1^-} [\arcsin]_0^d$

$$= \arcsin 1 - \arcsin 0 = \frac{\pi}{2}$$

(3) $$\int_0^1 \ln x\,dx = \lim_{c \to 0^+} \int_c^1 \ln x\,dx$$

$$= \lim_{c \to 0^+} [x \ln x - x]_c^1$$

$$= \lim_{c \to 0^+} (-1 - c \ln c + c)$$

$$= \lim_{c \to 0^+} \left(-1 - \frac{\ln c}{\frac{1}{c}} \right) = \lim_{c \to 0^+} \left(-1 - \frac{\frac{1}{c}}{-\frac{1}{c^2}} \right)$$

$$= -1$$

예제 3.22 $\int_1^\infty \frac{1}{x^p} dx$ $(p > 0$인 실수)를 구하라.

풀이 $$I = \int_1^\infty \frac{1}{x^p} dx = \lim_{d \to \infty} \int_1^d x^{-p} dx$$

$p = 1$인 경우 $I = \lim_{d \to \infty} \int_1^d \frac{1}{x} dx = \lim_{x \to -\infty} [\ln|x|]_1^d = \infty$

$p \neq 1$인 경우 $I = \lim_{d \to \infty} \left[\frac{1}{-p+1} x^{-p+1} \right]_1^d$

$$= \lim_{d \to \infty} \left[\frac{1}{-p+1} d^{-p+1} + \frac{1}{p-1} \right]$$

$p > 1$이면 $I = \frac{1}{p-1}$

$0 < p < 1$이면 $I = \infty$

연습문제 3.6

01. 다음 적분을 구하라.

(1) $\int_0^\infty e^{-x}dx$

(2) $\int_1^\infty \frac{1}{x^3}dx$

(3) $\int_1^\infty \frac{1}{\sqrt{x}}dx$

(4) $\int_{-1}^\infty \frac{x}{1+x^2}dx$

(5) $\int_4^\infty \frac{2}{x^2-1}dx$

(6) $\int_0^\infty xe^{-x^2}dx$

(7) $\int_e^\infty \frac{1}{x(\ln x)^3}dx$

(8) $\int_2^\infty \frac{1}{x\sqrt{(\ln x)}}dx$

(9) $\int_a^\infty \frac{x}{(x^2+1)^2}dx$

(10) $\int_{-\infty}^0 \frac{dx}{(x-1)^3}$

(11) $\int_{-\infty}^0 \frac{dx}{x^2+4}$

(12) $\int_{-\infty}^0 \frac{e^x dx}{3-2e^x}$

(13) $\int_3^4 \frac{dx}{(x-3)^2}$

(14) $\int_0^8 \frac{dx}{3\sqrt{x}}$

(15) $\int_0^{\frac{\pi}{2}} \tan x\, dx$

(16) $\int_1^\infty \frac{1}{x\sqrt{x^2-1}}dx$

02. 다음을 구하라.

(1) $\frac{d}{dx}\int_2^{x-1}\sqrt{t^2-1}\,dt$

(2) $\frac{d}{dx}\int_{-x}^{2x}(t^2+1)dt$

(3) $\frac{d}{dx}\int_0^{x^2+1}f(t)dt$

(4) $\frac{d}{dx}\int_{\frac{1}{x}}^0 t^2dt$

(5) $\frac{d}{dx}\int_0^x x(t+1)dt$

(6) $\frac{d}{dx}\int_0^{x^2}(2x+1)f(t)dt$

3장 종합문제

01. 다음 적분을 계산하라.

(1) $\int \frac{2x^3+1}{x^2+3x+2}dx$

(2) $\int \frac{x^5-x^3+1}{x^4-x^3}dx$

(3) $\int \frac{9x^3}{(x^3-1)}dx$

(4) $\int \sqrt{x+\sqrt{2+x^2}}\,dx$

(5) $\int (\tan x+\cot x)^2 dx$

(6) $\int x\sqrt{\frac{x+1}{1-x}}\,dx$

(7) $\int \frac{1}{\sqrt{x^2-3}+x}dx$

(8) $\int \frac{(\ln x)^2}{x}dx$

(9) $\int \frac{e^{3x}}{\sqrt[4]{e^x+1}}dx$

(10) $\int \frac{\sin^3 x}{\cos^4 x}dx$

(11) $\int \sqrt{\cos x}\,\sin^3 x\,dx$

(12) $\int \frac{1}{\sqrt{x^2-1}}dx$

(13) $\int \frac{\sin x}{2-\sin^2 x}dx$

(14) $\int \frac{e^x\sqrt[3]{e^x-1}}{e^x+3}dx$

(15) $\int \frac{x}{\sqrt{x^2+2x}}dx$

(16) $\int x^2 \arcsin x\,dx$

02. 다음 정적분을 계산하라.

(1) $\int_1^3 \frac{x^3}{\sqrt{x^2+16}}dx$

(2) $\int_0^1 \frac{x}{x^2+x+1}dx$

(3) $\int_1^\infty \frac{1}{x\sqrt{2x^2-1}}dx$

(4) $\int_0^{\frac{\pi}{4}} \sqrt{\tan x}\,dx$

(5) $\int_0^2 \sqrt{2x-x^2}\,dx$

(6) $\int_{-2}^0 \frac{x^3}{\sqrt{4+x^2}}dx$

(7) $\displaystyle\int_0^2 x^2\sqrt{4-x^2}\,dx$ (8) $\displaystyle\int_0^{\frac{2}{3}\pi}\frac{1}{1+\cos^2 x}dx$

03. 양의 정수 m, n에 대하여 다음 값을 구하라.

(1) $\displaystyle\int_{-\pi}^{\pi}\sin mx\cos nx\,dx$ (2) $\displaystyle\int_{-\pi}^{\pi}\sin mx\sin nx\,dx$

04. (1) $\displaystyle\frac{d}{dx}\int_1^x (t-x)\ln t\,dt$를 구하라.

(2) $\displaystyle\frac{d}{dx}\int_a^x (t-x)f'(t)\,dt = f(x)-f(a)$임을 증명하라.

05. $I(m,\ n)=\displaystyle\int x^n(x+1)^m\,dx$일 때 다음을 증명하라.

(1) $(m+n+1)I(m,\ n)=mI(m-1,\ n)+x^{n+1}(x+1)^m$

(2) $(m+n+1)I(m,\ n)=-nI(m,\ n-1)+x^n(x+1)^{m+1}$

06. 양의 정수 m, n에 대하여 $I(m,\ n)=\displaystyle\int_0^1 x^n(\ln x)^m\,dx$라고 하면 $I(m,\ n)=-\dfrac{n}{m+1}I(m-1,\ n)$임을 보이고 $I(m,\ n)$을 구하라.

07. 다음 부등식을 증명하라.

$$\int_a^b f(x)g(x)\,dx \le \left(\int_a^b f(x)^2dx\int_a^b g(x)^2dx\right)^{\frac{1}{2}}$$

제 4 장

적분의 응용

4.1 두 곡선 사이의 넓이

CALCULUS

연속인 두 함수 $f(x)$와 $g(x)$가 폐구간 $[a,\ b]$에서 정의되어 있다고 하자. 그리고 모든 $x \in [a,\ b]$에 대하여 $f(x) \le g(x)$를 만족시키는 두 함수 $f(x)$와 $g(x)$의 그래프와 두 직선 $x=a,\ x=b$로 둘러싸인 **영역의 넓이**(또는, **면적**)는

$$\int_a^b (g(x)-f(x))dx$$

로 주어진다. 또한 일반적인 경우에 대하여 연속인 두 함수 $f(x)$와 $g(x)$의 그래프와 두 직선 $x=a,\ x=b$로 둘러싸인 영역의 넓이는

$$\int_a^b |g(x)-f(x)|\,dx$$

로 주어진다. 예를 들어 $a<c<b$라 할 때, 모든 $x \in [a,\ c]$에 대하여 $f(x) \le g(x)$를 만족시키고 모든 $x \in [c,\ b]$에 대하여 $g(x) \le f(x)$를 만족시키는 두 함수 $f(x)$와 $g(x)$의 그래프와 두 직선 $x=c,\ x=b$로 둘러싸인 영역의 넓이는

$$\int_a^c (g(x)-f(x))dx + \int_c^b (f(x)-g(x))dx = \int_a^b |g(x)-f(x)|\,dx$$

이 된다. 여기서 함수 $|g(x)-f(x)|=|f(x)-g(x)|=\begin{cases} g(x)-f(x), & x\in[a,\ c] \\ f(x)-g(x), & x\in[c,\ b] \end{cases}$ 이다.

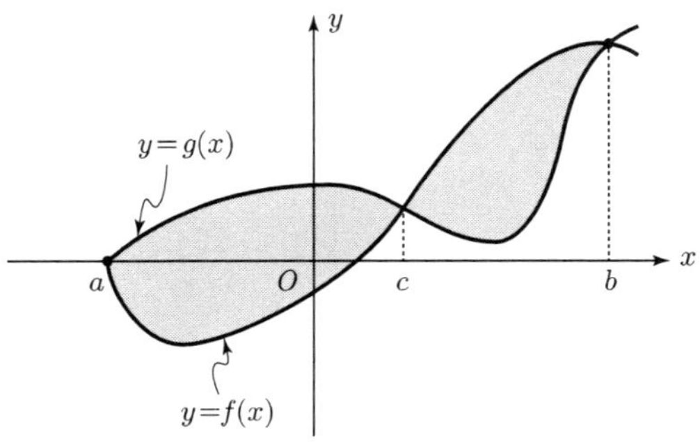

[그림 4.1]

예제 4.1 두 함수 $f(x)=7x^2$와 $g(x)=x^3+36$이 폐구간 $[-2,\ 3]$에서 정의되어 있다. 그러면 모든 $x\in[-2,\ 3]$에 대하여 $f(x)=7x^2 \le x^3+36=g(x)$를 만족시킨다. 따라서 두 함수 $f(x)=7x^2$와 $g(x)=x^3+36$의 그래프와 두 직선 $x=-2$, $x=3$으로 둘러싸인 영역의 넓이를 구하라.

풀이 구하려는 영역의 넓이 S는

$$
\begin{aligned}
S &= \int_{-2}^{3}(g(x)-f(x))dx = \int_{-2}^{3}(x^3+36-7x^2)dx \\
&= \int_{-2}^{3}(x^3-7x^2+36)dx = \left[\frac{1}{4}x^4-\frac{7}{3}x^3+36x\right]_{-2}^{3} \\
&= \left(\frac{1}{4}3^4-\frac{7}{3}3^3+36\times 3\right)-\left(\frac{1}{4}(-2)^4-\frac{7}{3}(-2)^3+36(-2)\right) \\
&= \left(\frac{81}{4}-63+108\right)-\left(4+\frac{56}{3}-72\right) \\
&= 114\frac{5}{12}
\end{aligned}
$$

이다. ◆

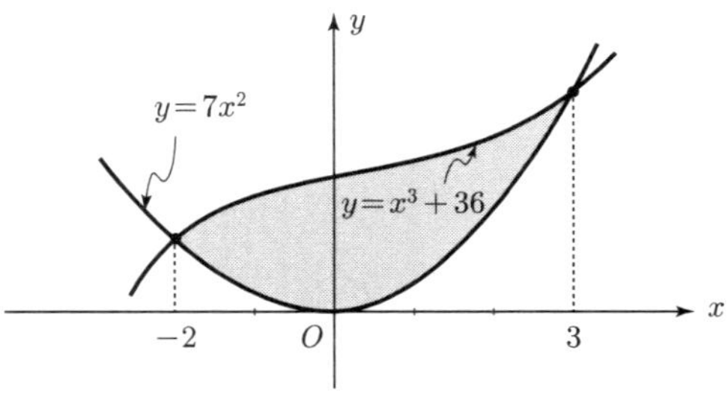

[그림 4.2]

예제 4.2 폐구간 $[-2,\ 3]$에서 정의된 함수 $f(x)=x^3-x^2-6x$의 그래프와 x축으로 둘러싸인 영역의 넓이를 구하라.

풀이 함수 $f(x)=x^3-x^2-6x$와 x축의 교점은 $x=-2,\ 3$이다. 그러므로 주어진 영역의 넓이 S는

$$
\begin{aligned}
S &= \int_{-2}^{3} |x^3 - x^2 - 6x|\,dx \\
&= \int_{-2}^{0} (x^3 - x^2 - 6x)dx + \int_{0}^{3} (-x^3 + x^2 + 6x)dx \\
&= \left[\frac{1}{4}x^4 - \frac{1}{3}x^3 - 3x^2\right]_{-2}^{0} + \left[-\frac{1}{4}x^4 + \frac{1}{3}x^3 + 3x^2\right]_{0}^{3} \\
&= \left[-\left(\frac{1}{4}(-2)^4 - \frac{1}{3}(-2)^3 - 3(-2)^2\right)\right] + \left[-\frac{1}{4}3^4 + \frac{1}{3}\cdot 3^3 + 3\cdot 3^2\right] \\
&= \left[-4 - \frac{8}{3} + 12\right] + \left[-\frac{81}{4} + 9 + 27\right] \\
&= 23\frac{1}{12}
\end{aligned}
$$

이다. ◆

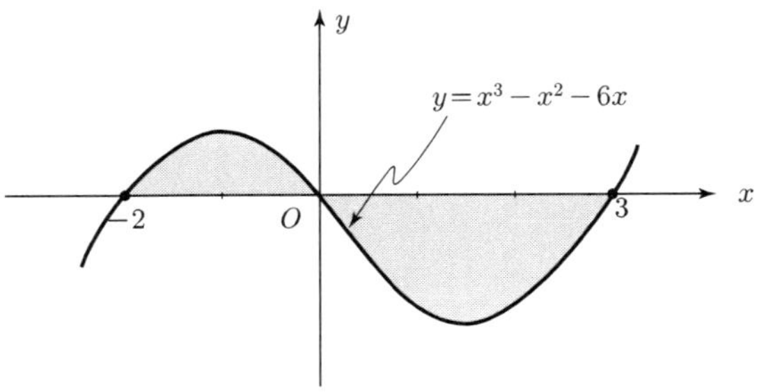

[그림 4.3]

예제 4.3 구간 $(-\infty,\ \infty)$에서 정의된 함수

$$
f(x) = \begin{cases} \dfrac{1}{x^2}, & x \in (-\infty,\ -1) \cup (1,\ \infty) \\ 1, & x \in [-1,\ 1] \end{cases}
$$

의 그래프와 x축으로 둘러싸인 영역의 넓이를 구하라.

풀이 다음 그림에서와 같이 주어진 구간의 길이가 무한대이므로 주어진 구간 $(-\infty,\ \infty)$에서 함수 $f(x)$가 비록 연속이라 하더라도 주어진 영역의 넓이는 이상적분으로 구해야 한다. 그리고 임의의 $x \in (-\infty,\ \infty)$에 대하여 $f(-x)$

$=f(x)$이므로 $f(x)$는 y축에 대칭인 함수이다. 따라서 주어진 영역도 구간 $(-\infty, \infty)$에서 y축에 대칭이므로 둘러싸인 영역의 넓이 S는

$$\begin{aligned}
S &= \int_{-\infty}^{\infty} (f(x)-0)dx = 2\int_{0}^{\infty} f(x)dx \\
&= 2\lim_{a\to\infty}\int_0^a f(x)dx \qquad (\text{여기서 } a>1) \\
&= 2\lim_{a\to\infty}\left(\int_0^1 f(x)dx + \int_1^a f(x)dx\right] \\
&= 2\lim_{a\to\infty}\left[[x]_0^1 + \left[-\frac{1}{x}\right]_1^a\right] \\
&= 2\lim_{a\to\infty}\left[(1-0)+\left(-\frac{1}{a}+1\right)\right] \\
&= 2\left[1+\lim_{a\to\infty}\left(-\frac{1}{a}+1\right)\right] \\
&= 4
\end{aligned}$$

이다. ◆

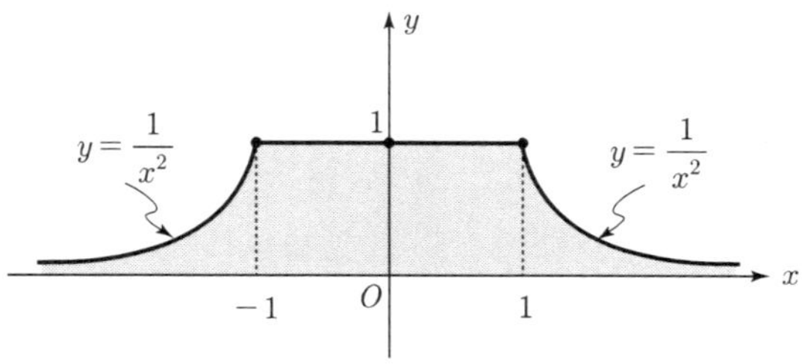

[그림 4.4]

예제 4.4 두 함수 $f(x)=\sin x$와 $g(x)=\cos x$의 그래프와 직선 $x=0$, $x=2\pi$로 둘러싸인 영역의 넓이를 구하라.

풀이 우선 두 함수 $f(x)=\sin x$와 $g(x)=\cos x$의 교점은 $\sin x=\cos x=\sin\left(x-\frac{\pi}{2}\right)$을 만족시키므로 $x=\frac{\pi}{4}$, $\frac{5\pi}{4}$이다. 따라서 주어진 영역의 넓이 S는

$$
\begin{aligned}
S &= \int_0^{2\pi} |\cos\, x - \sin\, x|\, dx \\
&= \int_0^{\frac{\pi}{4}} (\cos\, x - \sin\, x) dx + \int_{\frac{\pi}{4}}^{\frac{5\pi}{4}} (\sin\, x - \cos\, x) dx \\
&\quad + \int_{\frac{5\pi}{4}}^{2\pi} (\cos\, x - \sin\, x) dx \\
&= [\sin\, x + \cos\, x]_0^{\frac{\pi}{4}} + [-\cos\, x - \sin\, x]_{\frac{\pi}{4}}^{\frac{5\pi}{4}} \\
&= \left[\sin\left(\frac{\pi}{4}\right) + \cos\left(\frac{\pi}{4}\right) - (\sin\, 0 + \cos\, 0)\right] \\
&\quad + \left[-\cos\left(\frac{5\pi}{4}\right) - \sin\left(\frac{5\pi}{4}\right) - \left(-\cos\left(\frac{\pi}{4}\right) - \sin\left(\frac{\pi}{4}\right)\right)\right] \\
&\quad + \left[-\cos\left(\frac{5\pi}{4}\right) - \sin\left(\frac{5\pi}{4}\right) - \left(-\cos\left(\frac{\pi}{4}\right) - \sin\left(\frac{\pi}{4}\right)\right)\right] \\
&\quad + \left[\sin(2\pi) + \cos\, (2\pi) - \left(\sin\left(\frac{5\pi}{4}\right) + \cos\left(\frac{5\pi}{4}\right)\right)\right] \\
&= \left[\frac{2}{\sqrt{2}} - 1\right] + \left[\frac{2}{\sqrt{2}} - \left(-\frac{2}{\sqrt{2}}\right)\right] + \left[1 - \left(-\frac{2}{\sqrt{2}}\right)\right] \\
&= 4\sqrt{2} + \left[\sin(2\pi) + \cos\, (2\pi) - \left(\sin\left(\frac{5\pi}{4}\right) + \cos\left(\frac{5\pi}{4}\right)\right)\right] \\
&= \left[\frac{2}{\sqrt{2}} - 1\right] + \left[\frac{2}{\sqrt{2}} - \left(-\frac{2}{\sqrt{2}}\right)\right] + \left[1 - \left(-\frac{2}{\sqrt{2}}\right)\right] \\
&= 4\sqrt{2}
\end{aligned}
$$

이다. ◆

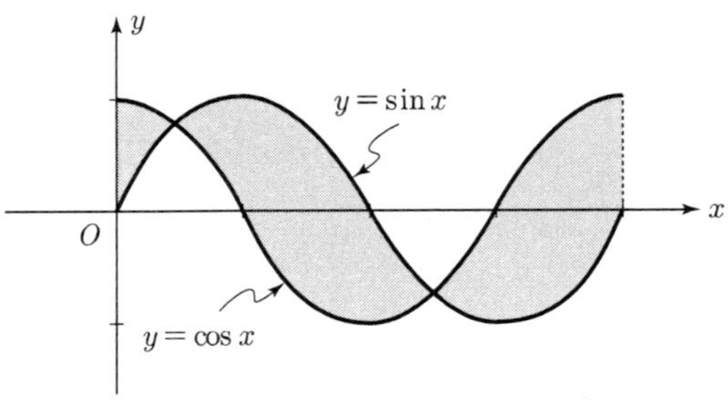

[그림 4.5]

예제 4.5 폐구간 $[0, 2\pi]$에서 정의된 함수 $f(x)=\sin^2 x$의 그래프와 x축으로 둘러싸인 영역의 넓이를 구하라.

풀이 방법 1.

함수 $f(x)=\sin^2 x$와 x축의 교점은 $x=0,\ \pi,\ 2\pi$이다. 그러므로 주어진 영역의 넓이 S는

$$\begin{aligned} S &= \int_0^{2\pi} (\sin^2 x - 0)dx \\ &= \int_0^{2\pi} \frac{1-\cos(2x)}{2} dx = \frac{1}{2}\int_0^{2\pi} 1dx - \frac{1}{2}\int_0^{2\pi} \cos(2x)dx \\ &= \left[\frac{1}{2}(2\pi - 0)\right] - \frac{1}{2}\left[\frac{\sin(2x)}{2}\right]_0^{2\pi} \\ &= \pi - \frac{1}{4}[\sin(4\pi) - (\sin(0))] \\ &= \pi - \frac{1}{4}\cdot 0 = \pi \end{aligned}$$

이다.

방법 2.

폐구간 $[0, 2\pi]$에서의 함수 $f(x)=\sin^2 x$의 그래프와 x축으로 둘러싸인 영역은 직선 $x=\pi$에 대칭이고, 폐구간 $[0, \pi]$에서의 함수 $f(x)=\sin^2 x$의 그래프와 x축으로 둘러싸인 영역은 직선 $x=\frac{\pi}{2}$에 대칭이므로 주어진 영역의 넓이 S는

$$\begin{aligned} S &= 4\int_0^{\frac{\pi}{2}} (\sin^2 x - 0)dx \\ &= 4\int_0^{\frac{\pi}{2}} \frac{1-\cos(2x)}{2} dx = 2\int_0^{\frac{\pi}{2}} 1-\cos(2x)dx \\ &= 2\left[x - \frac{\sin(2x)}{2}\right]_0^{\frac{\pi}{2}} = 2\left[\frac{\pi}{2} - \frac{\sin\pi}{2} - \left(0 - \frac{\sin(0)}{2}\right)\right] = \pi \end{aligned}$$

이다. ◆

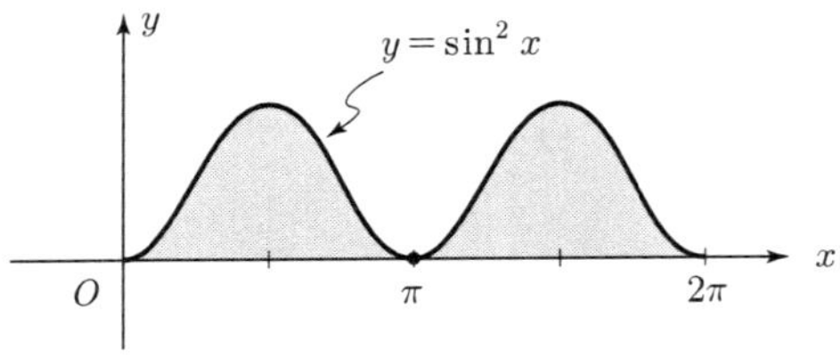

[그림 4.6]

예제 4.6 두 함수 $f(x)=0$와 $g(x)=\cos x$의 그래프와 두 직선 $x=-\dfrac{\pi}{2}$, $x=\dfrac{3\pi}{2}$으로 둘러싸인 영역의 넓이를 구하라.

풀이 구하려는 영역의 넓이 S는

$$
\begin{aligned}
S &= \int_{-\pi/2}^{3\pi/2} |g(x)-f(x)|\,dx \\
&= \int_{-\pi/2}^{3\pi/2} |\cos x - 0|\,dx \\
&= \int_{-\pi/2}^{\pi/2} \cos x\,dx + \int_{\pi/2}^{3\pi/2} (0-\cos x)dx \\
&= [\sin x]_{-\pi/2}^{\pi/2} + [-\sin x]_{\pi/2}^{3\pi/2} \\
&= \left(\sin\frac{\pi}{2} - \sin\left(-\frac{\pi}{2}\right)\right) + \left(-\sin\frac{3\pi}{2} - \left(-\sin\frac{\pi}{2}\right)\right) \\
&= 1-(-1)+(-(-1)-(-1)) = 4
\end{aligned}
$$

이다. ◆

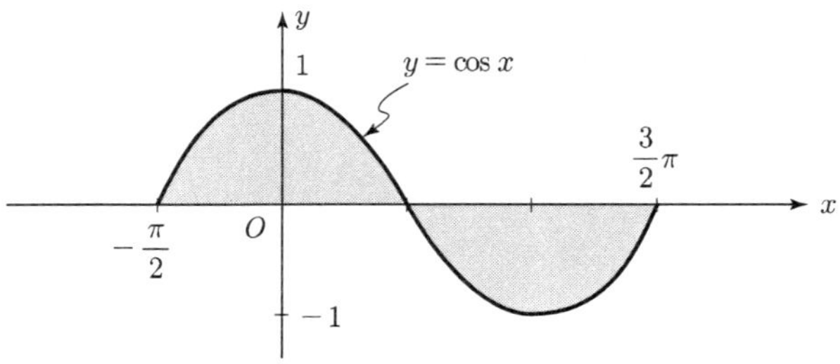

[그림 4.7]

예제 4.7 두 함수 $f(x)=x^2$와 $g(x)=\dfrac{1}{x^2+1}$의 그래프로 둘러싸인 영역의 넓이를 구하라.

풀이 우선 두 함수 $f(x)=x^2$와 $g(x)=\dfrac{1}{x^2+1}$의 교점은 $\dfrac{1}{x^2+1}=x^2$을 만족시키므로 $x=\pm\sqrt{\dfrac{-1+\sqrt{5}}{2}}$ 이다. 그리고 주어진 영역은 y축에 대칭이므로 구하려는 영역의 넓이 S는

$$
\begin{aligned}
S &= 2\int_0^{\sqrt{\frac{-1+\sqrt{5}}{2}}}\left(\frac{1}{x^2+1}-x^2\right)dx \\
&= 2\left[\arctan x-\frac{1}{3}x^3\right]_0^{\sqrt{\frac{-1+\sqrt{5}}{2}}} \\
&= 2\left[\arctan\left(\sqrt{\frac{-1+\sqrt{5}}{2}}\right)-\frac{1}{3}\left(\sqrt{\frac{-1+\sqrt{5}}{2}}\right)^3-\left(\arctan(0)-\frac{1}{3}0^3\right)\right] \\
&= 2\left[\arctan\left(\sqrt{\frac{-1+\sqrt{5}}{2}}\right)-\frac{1}{3}\left(\sqrt{\frac{-1+\sqrt{5}}{2}}\right)^3\right] \\
&= 2\arctan\left(\sqrt{\frac{-1+\sqrt{5}}{2}}\right)-\left(\frac{-1+\sqrt{5}}{3}\right)\sqrt{\frac{-1+\sqrt{5}}{2}}
\end{aligned}
$$

이다. ◆

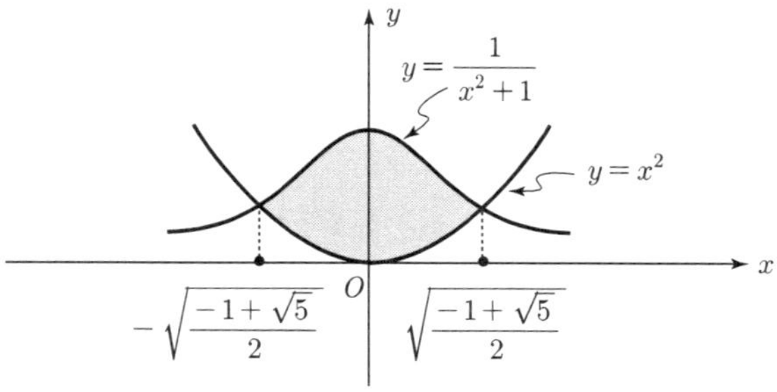

[그림 4.8]

예제 4.8 두 함수 $f(x)=\dfrac{2}{x^2}$와 $g(x)=\dfrac{x^2}{x^2+1}$와 x축으로 둘러싸인 영역의 넓이를 구하라.

풀이 우선 두 함수 $f(x)=\frac{2}{x^2}$와 $g(x)=\frac{x^2}{x^2+1}$의 교점은 $\frac{x^2}{x^2+1}=\frac{2}{x^2}$을 만족시키므로 $x=\pm\sqrt{1+\sqrt{3}}$이다. 그리고 주어진 영역은 y축에 대칭이므로 구하려는 영역의 넓이 S는

$$
\begin{aligned}
S &= 2\int_0^{\sqrt{1+\sqrt{3}}}\left(\frac{x^2}{x^2+1}-0\right)dx + 2\int_{\sqrt{1+\sqrt{3}}}^{\infty}\left(\frac{2}{x^2}-0\right)dx \\
&= 2\int_0^{\sqrt{1+\sqrt{3}}}\left(1-\frac{1}{x^2+1}-0\right)dx + 4\lim_{a\to\infty}\int_{\sqrt{1+\sqrt{3}}}^{a}\left(\frac{1}{x^2}\right)dx \\
&= 2\left[x-(\arctan x)\right]_0^{\sqrt{1+\sqrt{3}}} \\
&= 2\int_0^{\sqrt{1+\sqrt{3}}}\left(\frac{x^2}{x^2+1}-0\right)dx + 2\int_{\sqrt{1+\sqrt{3}}}^{\infty}\left(\frac{2}{x^2}-0\right)dx \\
&= \int_{-2}^{3}(x^3+36-7x^2)dx = \int_{-2}^{3}(x^3-7x^2+36)dx \\
&= \left[\frac{1}{4}x^4-\frac{7}{3}x^3+36x\right]_{-2}^{3} \\
&= \left(\frac{1}{4}3^4-\frac{7}{3}3^3+36\times 3\right)-\left(\frac{1}{4}(-2)^4-\frac{7}{3}(-2)^3+36(-2)\right) \\
&= \left(\frac{81}{4}-63+108\right)-\left(4+\frac{56}{3}-72\right) \\
&= 114\frac{5}{12}
\end{aligned}
$$

$$
\begin{aligned}
S &= 2\int_0^{\sqrt{1+\sqrt{3}}}\left(1-\frac{1}{x^2+1}-0\right)dx + 4\lim_{a\to\infty}\int_{\sqrt{1+\sqrt{3}}}^{a}\left(\frac{1}{x^2}\right)dx \\
&= 2\left[x-(\arctan x)\right]_0^{\sqrt{1+\sqrt{3}}} + 4\lim_{a\to\infty}\left[-\frac{1}{x}\right]_{\sqrt{1+\sqrt{3}}}^{a} \\
&= 2\left[\sqrt{1+\sqrt{3}}-\arctan(\sqrt{1+\sqrt{3}})-(0-\arctan 0)\right] \\
&\quad + 4\lim_{a\to\infty}\left[-\frac{1}{a}-\left(-\frac{1}{\sqrt{1+\sqrt{3}}}\right)\right] \\
&= 2\left[\sqrt{1+\sqrt{3}}-\arctan(\sqrt{1+\sqrt{3}})+\frac{4}{\sqrt{1+\sqrt{3}}}\right]
\end{aligned}
$$

이다. ◆

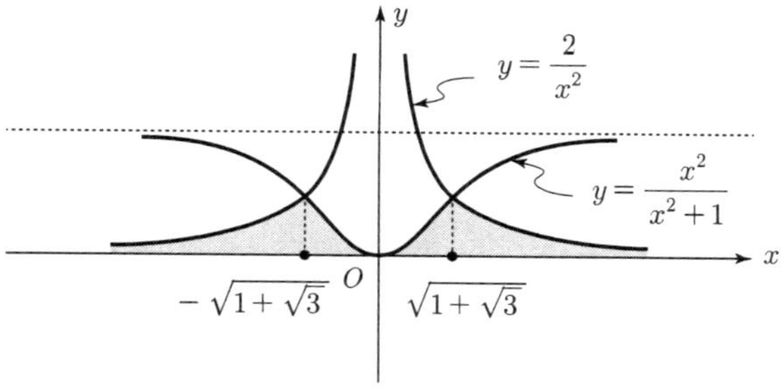

[그림 4.9]

예제 4.9 폐구간 $[-2,\ 2]$에서 정의된 두 함수 $f(x)=e^x$와 $g(x)=-e^{-x}$의 그래프와 직선 $x=-2,\ x=2$으로 둘러싸인 영역의 넓이를 구하라.

풀이 그림 4.10에서와 같이 두 함수 $f(x)=e^x$와 $g(x)=-e^{-x}$의 그래프와 직선 $x=-2,\ x=2$으로 둘러싸인 영역의 넓이 S는

$$S=\int_{-2}^{2}(e^x-(-e^{-x}))dx=\left[e^x-e^{-x}\right]_{-2}^{2}$$
$$=[e^2-e^{-2}-(e^{-2}-e^2)]=2(e^2-e^{-2})$$

이다. ◆

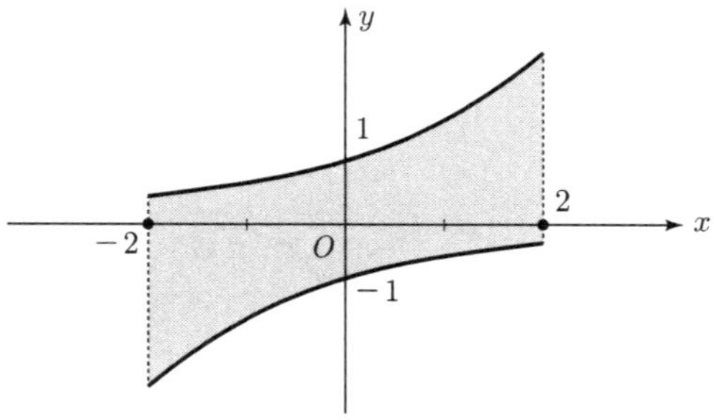

[그림 4.10]

예제 4.10 폐구간 $[-\pi,\ \pi]$에서 정의된 두 함수 $f(x)=|\sin x|$와 $g(x)=x^2-\pi^2$의 그래프로 둘러싸인 영역의 넓이를 구하라.

풀이 그림 4.11에서와 같이 두 함수 $f(x)=|\sin x|$와 $g(x)=x^2-\pi^2$의 그래프

의 교점은 일반적으로는 존재성만을 알 수 있는데 이 경우는 특별한 경우라서 구체적으로 구할 수 있다. 즉, $|\sin x|=0$, $x^2-\pi^2=0$을 만족시키는 x이다. 따라서 $|\sin x|=0 \Leftrightarrow \sin x=0$ 으로부터 $x=0, \pm n\pi, n\in N$이고 또한 $x^2-\pi^2=0$를 주어진 폐구간 $[-\pi, \pi]$에서 동시에 만족시키는 값이어야 하므로 $x=-\pi$, $x=\pi$이다. 따라서 둘러싸인 영역의 넓이 S는 y축에 대칭이므로

$$
\begin{aligned}
S &= \int_{-\pi}^{\pi}(|\sin x|-(x^2-\pi^2))dx \\
&= 2\int_{0}^{\pi}(|\sin x|-(x^2-\pi^2))dx \\
&= 2\int_{0}^{\pi}(\sin x-(x^2-\pi^2))dx \\
&= 2\left[-\cos x-\frac{1}{3}x^3+\pi^2 x\right]_0^{\pi} \\
&= 2\left[-\cos\pi-\frac{1}{3}\pi^3+\pi^2(\pi)-\left(-\cos 0-\frac{1}{3}(0)^3+\pi^2(0)\right)\right] \\
&= 2\left(2-\frac{1}{3}\pi^3+\pi^3\right)=4+\frac{4}{3}\pi^3
\end{aligned}
$$

이다. ◆

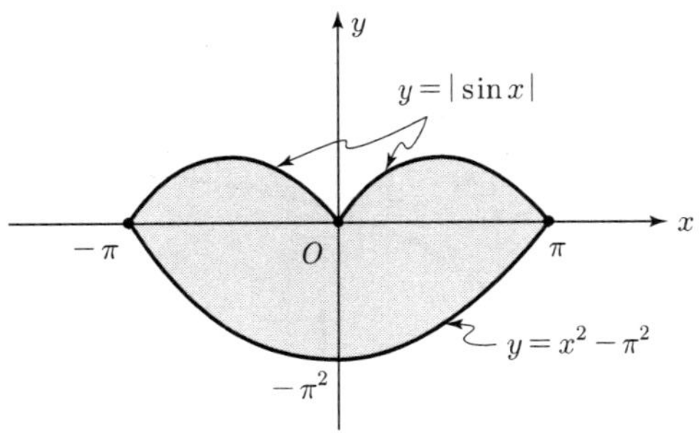

[그림 4.11]

예제 4.11 폐구간 $[-\pi, \pi]$에서 정의된 두 함수 $f(x)=|\sin x|$와 $g(x)=-x^2+\pi^2$의 그래프로 둘러싸인 영역의 넓이를 구하라.

[풀이] 그림 4.12에서와 같이 두 함수 $f(x)=|\sin x|$와 $g(x)=-x^2+\pi^2$의 그래프의 교점은 일반적으로는 존재성만을 알 수 있는데 이 경우는 특별한 경우라서 구체적으로 구할 수 있다. 즉, $|\sin x|=0$, $-x^2+\pi^2=0$을 만족시키는 x이다.

따라서 $|\sin x|=0 \Leftrightarrow \sin x=0$ 으로부터 $x=0, \pm n\pi, n\in N$이고 또한 $x^2-\pi^2=0$를 주어진 폐구간 $[-\pi, \pi]$에서 동시에 만족시키는 값이어야 하므로 $x=-\pi$, $x=\pi$이다. 따라서 둘러싸인 영역의 넓이 S는 y축에 대칭이므로

$$\begin{aligned} S &= \int_{-\pi}^{\pi}(-x^2+\pi^2-|\sin x|)dx = 2\int_{0}^{\pi}(-x^2+\pi^2-|\sin x|)dx \\ &= 2\int_{0}^{\pi}(-x^2+\pi^2-\sin x)dx = 2\left[-\frac{1}{3}x^3+\pi^2 x\right]_0^{\pi} \\ &= 2\left(-\frac{1}{3}\pi^3+\pi^2(\pi)\right)-\left(-\frac{1}{3}0^3+\pi^2(0)\right) \\ &= \frac{4}{3}\pi^3 \end{aligned}$$

이다. ◆

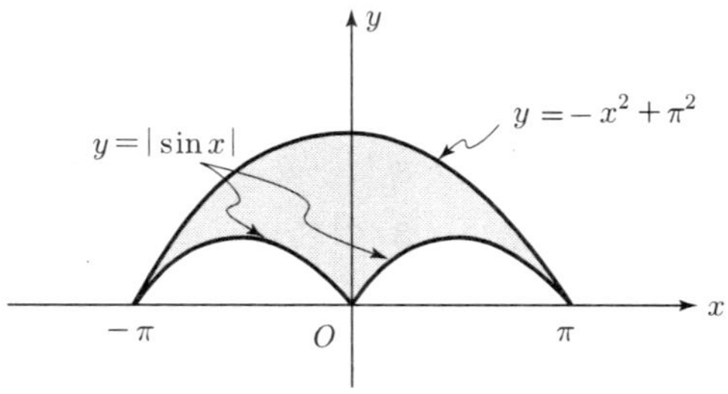

[그림 4.12]

함수 $x_1=f(y)$, $x_2=g(y)$가 $c\le y\le d$인 구간에서 연속이고, $g(y)\ge f(y)$라 할 때 함수 f, g와 직선 $y=c$, $y=d$로 둘러싸인 영역 R의 넓이 S는 다음과 같이 정의된다.

$$S=\int_c^d (g(y)-f(y))\,dy$$

예제 4.12 직선 $y=\dfrac{x}{2}$와 포물선 $y^2=8-x$로 둘러싸인 부분의 넓이를 구하라.

풀이 $y^2=8-2y$로부터 $(y-2)(y+4)=0$이다. 따라서 $y=-4$, $y=2$이므로

$$
\begin{aligned}
S &= \int_{-4}^{2}(8-y^2-2y)\,dy \\
&= \left[8y-\frac{y^3}{3}-y^2\right]_{-4}^{2} \\
&= \left[16-\frac{8}{3}-4-\left(-32+\frac{64}{3}-16\right)\right]=36.
\end{aligned}
$$

◆

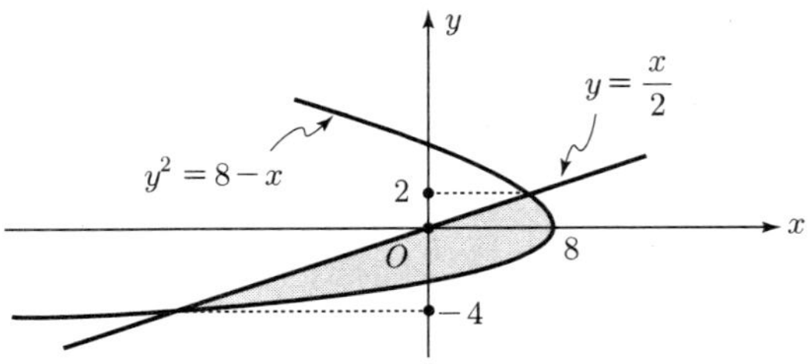

[그림 4.13]

예제 4.13 곡선 $f(y)=y^3-y$와 곡선 $g(y)=2y^2+2y$로 둘러싸인 부분의 넓이를 구하라.

풀이 $y^3-y=2y^2+2y$로부터 $y(y+1)(y-3)=0$이다.
따라서 $y=-1$, $y=0$, $y=3$ 이므로

$$
\begin{aligned}
S &= \int_{-1}^{3}|f(y)-g(y)|\,dy \\
&= \int_{-1}^{0}[y^3-y-(2y^2+2y)]dy+\int_{0}^{3}[2y^2+2y-(y^3-y)]dy \\
&= \int_{-1}^{0}[y^3-2y^2-3y]dy+\int_{0}^{3}[-y^3+2y^2+2y]dy \\
&= \left[\frac{y^4}{4}-\frac{2}{3}y^3-\frac{3}{2}y^2\right]_{-1}^{0}+\left[-\frac{y^4}{4}+\frac{2}{3}y^3+\frac{3}{2}y^2\right]_{0}^{3}
\end{aligned}
$$

$$= \left[0-\left(\frac{1}{4}+\frac{2}{3}-\frac{3}{2}\right)\right]+\left[-\frac{81}{4}+18+\frac{27}{2}-0\right]$$

$$= \frac{7}{12}+\frac{45}{4}=\frac{71}{6}$$ ◆

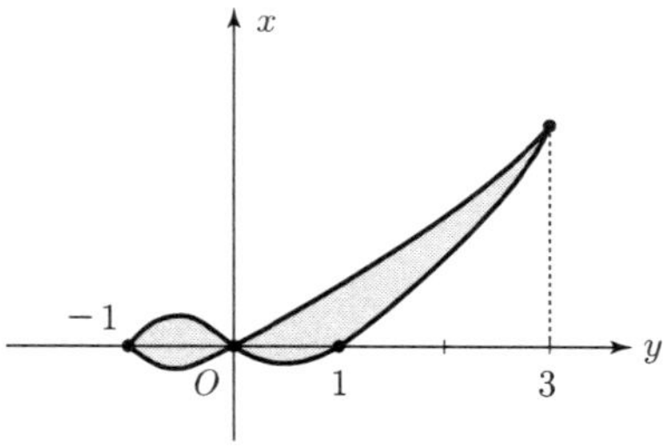

[그림 4.14]

연습문제 4.1

01. 다음 곡선의 개형을 그리고 그 곡선으로 둘러싸인 부분의 넓이를 구하라.

(1) $f(x)=0,\ g(x)=5x-x^2,\ 0\le x\le 4$

(2) $f(x)=x\sqrt{1-x^2},\ g(x)=1,\ -1\le x\le 1$

(3) $f(x)=x^2-5x,\ g(x)=5x-x^2,\ 0\le x\le 5$

(4) $f(x)=\sqrt{x},\ g(x)=\sqrt{x+1},\ 0\le x\le 4$

(5) $f(x)=-x^2+6x-5$, x축

(6) $x=25-y^2$, y축

(7) $f(x)=x^{\frac{3}{2}},\ g(x)=x^{\frac{2}{3}}$

(8) $f(x)=x^4-2x^2,\ g(x)=2x^2+12$

(9) $f(x)=\dfrac{x^4}{x^2+1}$, $g(x)=\dfrac{1}{x^2+1}$

(10) $f(x)=2x^2$, $g(x)=x^2+4$

02. 다음 곡선의 개형을 그리고, 그 곡선으로 둘러싸인 부분의 넓이를 구하라.

(1) $\sqrt{x}+\sqrt{y}=1$, x축, y축

(2) $f(x)=x\sqrt{x+1}$, $g(x)=2x$

(3) $f(x)=2x+4$, $g(x)=2-3x$, $h(x)=-x$

(4) $y=\sqrt{x}$, $y=1$, $g(x)=10-2x$

(5) $y=-x$, $y=\sqrt{2}$, $y=3x-2$

(6) $4x+y^2=0$, $y=2x+4$

(7) $x+1=2(y-2)^2$, $x+6y=7$

(8) $f(x)=|x|^3$, $g(x)=-|x|$

(9) $f(x)=1$, $g(x)=\sin x$, $0\le x\le \pi$

(10) $f(x)=-x^2+3x$, $g(x)=(x-3)^2$, $0\le x\le 3$

03. 다음 타원의 개형을 그리고 그 곡선으로 둘러싸인 부분의 넓이를 구하라.

$$\frac{x^2}{5^2}+\frac{y^2}{6^2}=1$$

04. 다음 곡선의 개형을 그리고 그 곡선과 x축으로 둘러싸인 부분의 넓이를 구하라.

$$f(x)=\frac{1}{x^2+a^2}\quad (a>0)$$

05. 다음 곡선의 개형을 그리고 그 곡선과 x축으로 둘러싸인 부분의 넓이를 구하라.

$$f(x)=x^3\sqrt{1-x^4},\ (-1\le x\le 1)$$

06. 곡선 $y=\sin x$, $y=\cos x$와 직선 $x=-\dfrac{\pi}{2}$ 및 $x=\dfrac{\pi}{2}$로 둘러싸인 영역의 넓이를 구하라.

07. $f(x)=x-1$와 포물선 $y^2=2x+6$으로 둘러싸인 영역의 넓이를 구하라.

08. 함수 $f(x)=|x^3-x|$의 그래프와 x축, 그리고 직선 $x=-1$ 및 $x=1$로 둘러싸인 영역의 넓이를 구하라.

09. 두 개의 포물선 $y=3x^2-c^2$과 $y=c^2-3x^2$으로 둘러싸인 영역의 넓이가 216일 때 c의 값을 구하라(단, $c>0$).

10. 곡선 $x=y+\sin y$와 직선 $y=\frac{\pi}{2}$ 및 y축으로 둘러싸인 영역의 넓이를 구하라.

4.2 회전체의 부피

CALCULUS

연속인 함수 $y=f(x)(\geq 0)$가 폐구간 $[a,\ b]$에서 정의되어 있다고 하자. 그리고 폐구간 $[a,\ b]$에 대하여 $y=f(x)$의 그래프와 x축 그리고 두 직선 $x=a$, $x=b$로 둘러싸인 영역을 y축 둘레로 회전시켰을 때 얻어지는 **회전체의 부피**(또는, **체적**)는

$$V=\pi\int_a^b f(x)^2dx$$

로 주어진다. 또한 폐구간 $[a,\ b]$에서 정의된 일반적인 경우의 연속인 함수 $y=f(x)$에 대해서는 연속인 함수 $y=|f(x)|$의 그래프와 x축 그리고 두 직선 $x=a$, $x=b$로 둘러싸인 영역의 부피는

$$V=\pi\int_a^b |f(x)|^2dx=\pi\int_a^b f(x)^2dx$$

로 동일하게 얻어진다.

간단한 예를 들어보자.

모든 $x\in[-a,\ a]$ $(a>0)$에 대하여 $y=x^3$의 그래프와 x축 그리고 두 직선 $x=-a$, $x=a$로 둘러싸인 영역을 y축 둘레로 회전시켰을 때 얻어지는 회전체의 부피는

$$\begin{aligned}V&=\pi\int_{-a}^{a}|f(x)|^2dx=\pi\int_{-a}^{a}|x^3|^2dx\\&=\pi\int_{-a}^{a}x^6dx=2\pi\int_0^a x^6dx\\&=2\pi\left[\frac{x^7}{7}\right]_0^a=\frac{2\pi}{7}a^7\end{aligned}$$

이다.

예제 4.14 함수 $f(x)=\sqrt{x}$가 폐구간 $[0,\ a]$에서 정의되어 있다. 이때 폐구간 $[0,\ a]$에서의 함수 $f(x)=\sqrt{x}$의 그래프와 x축과 직선 $x=a$로 둘러싸인 영역을 x축을 둘레로 회전하여 얻어진 회전체의 부피를 구하라$(a>0)$.

풀이 폐구간 $[0,\ a]$에서의 함수 $f(x) = \sqrt{x}$ 은 곡선의 부피공식의 전제 조건을 모두 만족시킨다. 따라서 주어진 구간 $[0,\ a]$에서의 주어진 영역을 x축 둘레로 회전하여 얻은 회전체의 부피 V는

$$V = \pi \int_0^a (\sqrt{x})^2 dx = \pi \int_0^a x dx$$

$$= \frac{\pi}{2}[x^2]_0^a = \frac{\pi}{2}a^2$$

이다. ◆

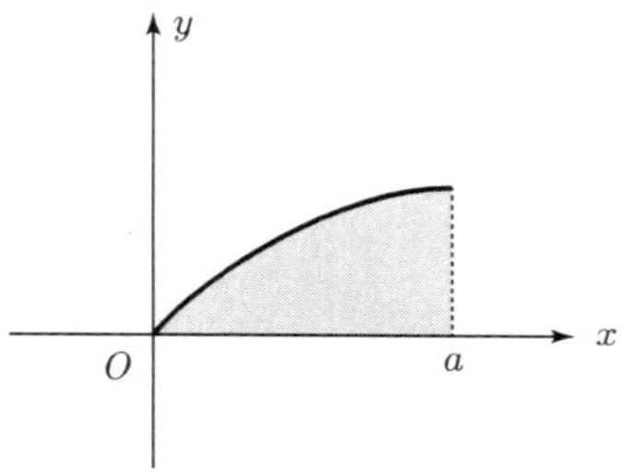

[그림 4.15]

예제 4.15 함수 $f(x) = \dfrac{1}{x}$가 폐구간 $[1,\ a]$에서 정의되어 있다. 이때 폐구간 $[1,\ a]$에서의 함수 $f(x) = \dfrac{1}{x}$의 그래프와 x축과 직선 $x = 1$, $x = a$로 둘러싸인 영역을 x축을 둘레로 회전하여 얻어진 회전체의 부피를 구하라$(a > 1)$.

풀이 폐구간 $[1,\ a]$에서의 함수 $f(x) = \dfrac{1}{x}$은 곡선의 부피공식의 전제 조건을 모두 만족시킨다. 따라서 주어진 구간 $[0,\ a]$에서의 주어진 영역을 x축 둘레로 회전하여 얻은 회전체의 부피 V는

$$V = \pi \int_1^a \left(\frac{1}{x}\right)^2 dx$$

$$= \pi \left[-\frac{1}{x}\right]_1^a = \left(1 - \frac{1}{a}\right)\pi$$

이다. ◆

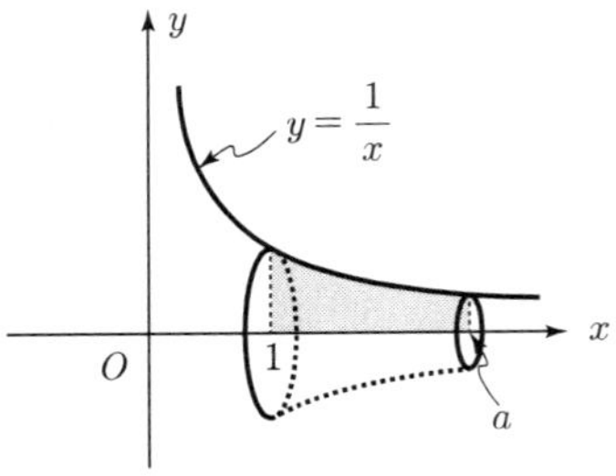

[그림 4.16]

예제 4.16 함수 $f(x)=\dfrac{1}{x}$가 폐구간 $[1,\ \infty)$에서 정의되어 있다. 이때 폐구간 $[1,\ \infty)$에서의 함수 $f(x)=\dfrac{1}{x}$의 그래프와 x축과 직선 $x=1$로 둘러싸인 영역을 x축을 둘레로 회전하여 얻어진 회전체의 부피를 구하라.

풀이 폐구간 $[1,\ \infty)$에서의 함수 $f(x)=\dfrac{1}{x}$은 곡선의 부피공식의 전제 조건을 모두 만족시킨다. 따라서 주어진 구간 $[0,\ \infty)$에서의 주어진 영역을 x축 둘레로 회전하여 얻은 회전체의 부피 V는

$$V=\pi\lim_{a\to\infty}\int_1^a\left(\frac{1}{x}\right)^2dx$$
$$=\pi\lim_{a\to\infty}\left[-\frac{1}{x}\right]_1^a=\pi-\lim_{a\to\infty}\frac{\pi}{a}=\pi$$

이다. ◆

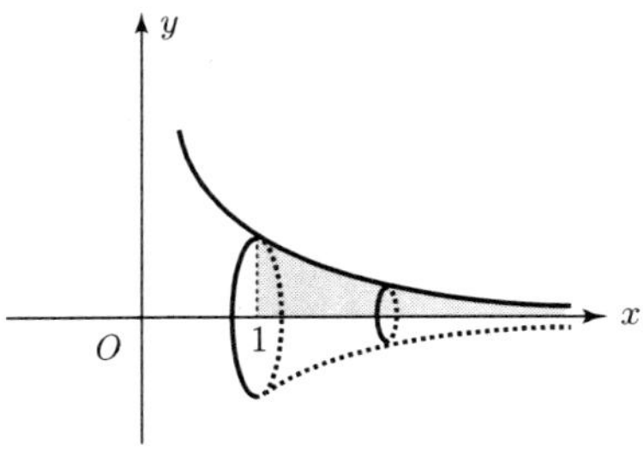

[그림 4.17]

예제 4.17 함수 $f(x) = \dfrac{e^x + e^{-x}}{2}$가 폐구간 $[-a, a]$에서 정의되어 있다. 이때 폐구간 $[-a, a]$에서 함수 $f(x) = \dfrac{e^x + e^{-x}}{2}$의 그래프와 x축과 직선 $x = -a$, $x = a$로 둘러싸인 영역을 x축을 둘레로 회전하여 얻어진 회전체의 부피를 구하라($a > 0$).

풀이 폐구간 $[-a, a]$에서의 함수 $f(x) = \dfrac{e^x + e^{-x}}{2}$은 곡선의 부피공식 전제조건을 모두 만족시킨다. 따라서 주어진 구간 $[-a, a]$에서 주어진 영역을 x축 둘레로 회전하여 얻은 회전체의 부피 V는

$$
\begin{aligned}
V &= \pi \int_{-a}^{a} \left(\frac{e^x + e^{-x}}{2} \right)^2 dx \\
&= \frac{\pi}{4} \int_{-a}^{a} (e^{2x} + 2 + e^{-2x}) dx \\
&= \frac{\pi}{2} \int_{0}^{a} (e^{2x} + 2 + e^{-2x}) dx \\
&= \frac{\pi}{4} [e^{2x} + 4x - e^{-2x}]_0^a \\
&= \frac{\pi}{4} [e^{2a} + 4a + e^{-2a} - (1 + 0 + 1)] \\
&= \frac{\pi}{4} \left[e^{2a} + 4a + e^{-2a} - 2 \right]
\end{aligned}
$$

이다. ◆

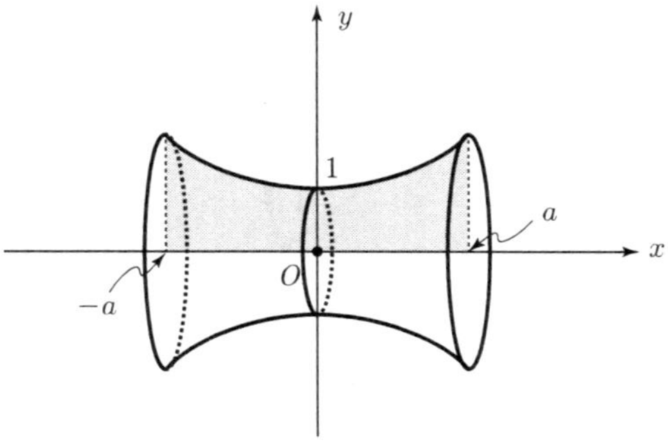

[그림 4.18]

예제 4.18 함수 $f(x)=2x+\sin x$가 폐구간 $[0,\ \pi]$에서 정의되어 있다. 이때 폐구간 $[0,\ \pi]$에서의 함수 $f(x)=2x+\sin x$의 그래프와 x축과 직선 $x=\pi$로 둘러싸인 영역을 x축을 둘레로 회전하여 얻어진 회전체의 부피를 구하라.

풀이 폐구간 $[0,\ \pi]$에서의 함수 $f(x)=2x+\sin x$는 곡선의 부피공식 전제 조건을 모두 만족시킨다. 따라서 주어진 구간 $[0,\ a]$에서의 주어진 영역을 x축 둘레로 회전하여 얻은 회전체의 부피 V는

$$\begin{aligned}
V &= \pi\int_0^{\pi}(4x+\sin x)^2dx \\
&= \pi\int_0^{\pi}(4x^2+8x\sin x+\sin^2 x)dx \\
&= 4\pi\int_0^{\pi}x^2dx+8\pi\int_0^{\pi}x\sin x\ \ dx+\frac{\pi}{2}\int_0^{\pi}(1-\cos(2x))dx \\
&= \frac{4}{3}\pi[x^3]_0^{\pi}+8\pi[-x\cos x+\sin x]_0^{\pi}+\frac{\pi}{2}\left[x-\frac{\sin(2x)}{2}\right]_0^{\pi} \\
&= \frac{4}{3}\pi^4+8\pi[\pi+\sin\pi-(0+\sin 0)]+\frac{\pi}{2}\left[\pi-\frac{\sin(2\pi)}{2}-(0-\sin 0)\right] \\
&= \pi^2\left(\frac{4}{3}\pi^2+\frac{17}{2}\right)=\frac{\pi^2}{6}(8\pi^2+51)
\end{aligned}$$

이다. ◆

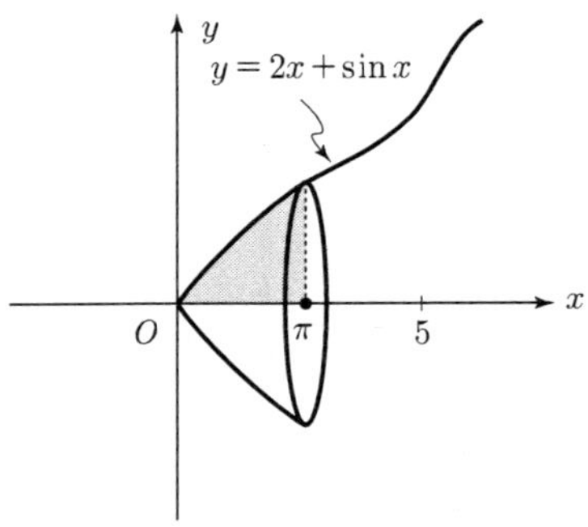

[그림 4.19]

예제 4.19 함수 $f(x)=-x^2+4$가 폐구간 $[-2,\ 2]$에서 정의되어 있다. 이때 폐구간 $[-2,\ 2]$에서의 함수 $f(x)=-x^2+4$의 그래프와 x축으로 둘러싸인 영역을 x축을 둘레로 회전하여 얻어진 회전체의 부피를 구하라.

풀이 폐구간 $[-2,\ 2]$에서의 함수 $f(x)=2x+\sin x$은 곡선의 부피공식 전제 조건을 모두 만족시킨다. 따라서 주어진 구간 $[-2,\ 2]$에서의 주어진 영역을 x축 둘레로 회전하여 얻어진 회전체의 부피 V는

$$\begin{aligned} V &= \pi\int_{-2}^{2}(-x^2+4)^2dx \\ &= 2\pi\int_{0}^{2}(x^4-8x^2+16)dx \\ &= 2\pi\left[\frac{1}{5}x^5-\frac{8}{3}x^3+16x\right]_0^2 \\ &= 2\pi\left[\frac{32}{5}-\frac{64}{3}+32\right]=2\pi\left(17+\frac{2}{5}-\frac{1}{3}\right) \\ &= 34\frac{2}{5}\pi \end{aligned}$$

이다. ◆

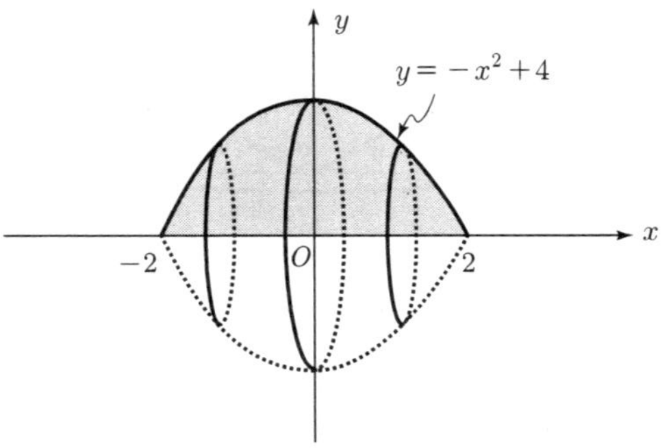

[그림 4.20]

연속인 함수 $y=f(x)(\geq 0)$가 폐구간 $[a,\ b]$에서 정의되어 있다고 하자. 그리고 폐구간 $[a,\ b]$에 대하여 $y=f(x)$의 그래프와 $x=a$와 $x=b$로 둘러싸인 영역을 y축 둘레로 회전시켰을 때 얻어지는 입체의 부피 V는

$$V = 2\pi \int_a^b x f(x) dx$$

로 주어진다.

예제 4.20 함수 $f(x) = 2x^2 - x^3$과 $y = 0$으로 둘러싸인 영역을 y축 둘레로 회전시킬 때 생기는 입체의 부피를 구하라.

풀이 폐구간 $[0,\ 2]$에서 함수 $f(x) = 2x^2 - x^3$은 높이가 되고 주면각의 반지름은 x가 된다. 또한 주면각의 원둘레는 $2\pi x$이다. 따라서 주면각 방법을 이용하면 주어진 영역을 y축 둘레로 회전하여 얻어진 입체의 부피 V는

$$V = 2\pi \int_0^2 x(2x^2 - x^3) dx = 2\pi \int_0^2 (2x^3 - x^4) dx$$

$$= 2\pi \left[\frac{1}{2}x^4 - \frac{1}{5}x^5 \right]_0^2 = 2\pi \left[8 - \frac{32}{5} \right] = \frac{16}{5}\pi$$

이다. ◆

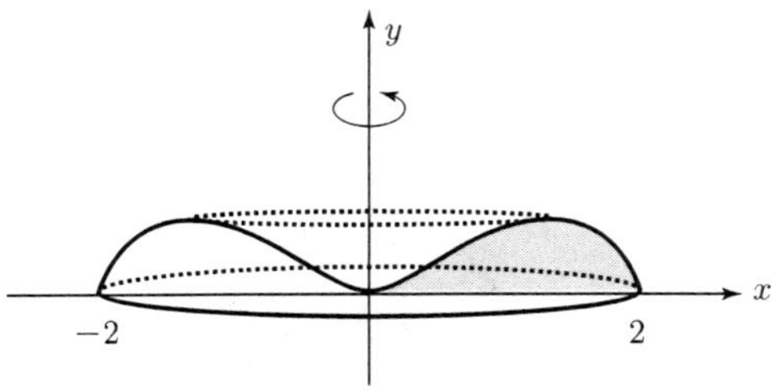

[그림 4.21]

예제 4.21 함수 $f(x) = x$와 $y = x^2$으로 둘러싸인 영역을 y축 둘레로 회전시킬 때 생기는 입체의 부피를 구하라.

풀이 폐구간 $[0,\ 1]$에서 함수 $f(x) = x - x^2$은 높이가 되고 주면각의 반지름은 x가 된다. 그리고 원둘레는 $2\pi x$이다. 따라서 주면각 방법을 이용하면 주어진 영역을 y축 둘레로 회전하여 얻어진 입체의 부피는

$$V = 2\pi \int_0^1 x(x - x^2)dx = 2\pi \int_0^1 (x^2 - x^3)dx$$
$$= 2\pi \left[\frac{x^3}{2} - \frac{x^4}{4} \right]_0^1 = 2\pi \left[\frac{1}{3} - \frac{1}{4} \right] = \frac{\pi}{6}$$

이다. ◆

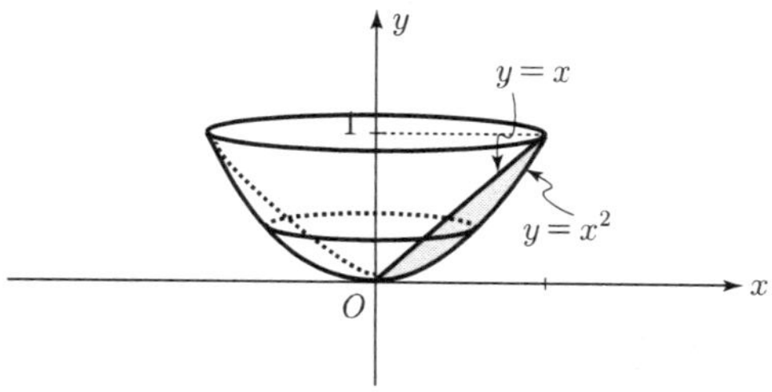

[그림 4.22]

예제 4.22 함수 $f(x) = x - x^2$과 $y = 0$으로 둘러싸인 영역을 직선 $x = 2$를 축으로 하여 회전시킬 때 생기는 입체의 부피를 구하라.

풀이 폐구간 $[0,\ 1]$에서 함수 $f(x) = x - x^2$은 높이가 되고 주면각의 반지름은 $2 - x$가 된다. 따라서 주면각의 원둘레는 $2\pi(2 - x)$이므로 주면각 방법을 이용한다. 그러면 그렇게 얻어진 입체의 부피는

$$V = 2\pi \int_0^1 (2 - x)(x - x^2)dx = 2\pi \int_0^1 (x^3 - 3x^2 + 2x)dx$$
$$= 2\pi \left[\frac{x^4}{4} - x^2 + x^2 \right]_0^1 = 2\pi \left[\frac{1}{4} - 1 + 1 \right] = \frac{\pi}{2}$$

이다. ◆

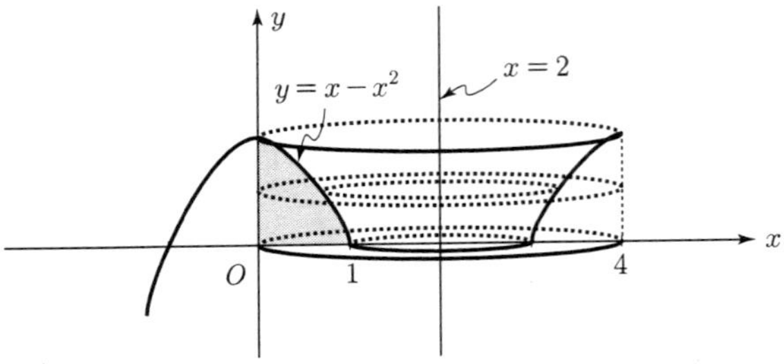

[그림 4.23]

연습문제 4.2

01. 주어진 곡선이 주어진 구간상에 놓이는 영역을 나타낼 때, 그 영역을 각각 x축과 y축 둘레로 회전하여 얻어지는 입체의 부피를 각각 구하라.

(1) $y=x^2,\ 0 \le x \le 1$

(2) $y=\sqrt{x},\ 0 \le x \le 4$

(3) $y=1-x,\ 0 \le x \le 1$

(4) $y=\sqrt{x^2+1},\ 0 \le x \le 1$

(5) $y=x^{-3},\ 1 \le x \le 2$

(6) $y=\ln x,\ 1 \le x \le e$

02. 주어진 곡선으로 둘러싸인 영역을 나타낼 때 그 영역을 각각 x축과 y축 둘레로 회전하여 얻어지는 입체의 부피를 각각 구하라.

(1) $x,\ y \ge 0,\ y=x^2\sqrt{1-x^4}$

(2) $y=x,\ y=2x,\ 0 \le x \le 3$

(3) $y=x,\ y=x^2$

(4) $x=0,\ x=y-y^4$

(5) $x=0,\ x=y+\dfrac{1}{y},\ 1 \le y \le 2$

(6) $y=0,\ y=x-2,\ y=\sqrt{x}$

03. $f(x)=\sqrt{1-(1-x)^2}$ 일 때 $x=1,\ x=3,\ x$축, 그리고 f의 그래프로 둘러싸인 영역을 y축으로 회전하여 얻어지는 입체의 부피를 구하라.

04. $f(x)=3-x^2$, $g(x)=3x-1$이고 R은 폐구간 $[0,\ 1]$ 사이에서 f, g로 이루어진 영역일 때 R을 y축으로 회전시켜 얻는 입체의 부피를 구하라.

05. R은 폐구간 $[0,\ 1]$ 위에서 $y=x^2$, $y=2x$로 이루어진 영역일 때 R을 x축 둘레로 회전하여 얻어지는 입체의 부피를 (1) 원반 방법, (2) 주면각 방법을 이용하여 각각 구하라.

06. 밑면의 반지름이 r이고 높이가 h인 직원뿔의 축을 따라 반지름이 a인 원기둥 모양의 구멍이 뚫려 있을 때의 입체의 부피를 구하라. (단, $0 < a < r$)

07. 주면각의 방법을 이용하여 곡선 $y=\sqrt{x}$와 x축 및 직선 $x=1$로 둘러싸인 영역을 y축 둘레로 회전시킬 때 생기는 입체의 부피를 구하라.

08. 주면각의 방법을 이용하여 주어진 곡선들로 둘러싸인 영역을 y축 둘레로 회전시킬 때 생기는 입체의 부피를 구하라.

(1) $y=\dfrac{1}{x}$, $y=0$, $x=1$, $x=2$

(2) $y=x^2$, $0 \le x \le 2$, $y=4$, $x=0$

(3) $y^2=x$, $x=2y$

09. 주면각의 방법을 이용하여 주어진 곡선들로 둘러싸인 영역을 x축 둘레로 회전시킬 때 생기는 입체의 부피를 구하라.

(1) $x=1+y^2$, $x=0$, $y=1$, $y=2$

(2) $y=x^3$, $y=8$, $x=0$

(3) $x=1+(y-2)^2$, $x=2$

10. 주면각의 방법을 이용하여 주어진 곡선들로 둘러싸인 영역을 주어진 회전축의 둘레로 회전시킬 때 생기는 입체의 부피를 구하는 적분식을 구하라.

(1) $y = \sin x,\ y = 0,\ x = 2\pi,\ x = 3\pi;\quad y$축

(2) $y = x^4,\ y = \sin\left(\dfrac{\pi x}{2}\right);\quad x = -1$

(3) $x = \sqrt{\sin y},\ 0 \le y \le \pi,\ x = 0;\quad y = 4$

4.3 곡선의 길이

CALCULUS

연속인 도함수를 갖는 함수 $y=f(x)(\geq 0)$가 폐구간 $[a, b]$에서 정의되어 있다고 하자. 그리고 폐구간 $[a, b]$에 대하여 $y=f(x)$의 그래프는 점 $(a, f(a))$에서 점 $(b, f(b))$까지의 곡선이 되는데 이때 그 곡선의 길이를 구해보자.

먼저 폐구간 $[a, b]$의 분할을 $a=x_0<x_1<x_2<\cdots<x_{n-1}<x_n=b$라 할 때 각 분할점에 대한 곡선상의 점들은 $(a, f(a))$, $(x_1, f(x_1))$, $(x_2, f(x_2))$, $\cdots$, $(x_{n-1}, f(x_{n-1}))$, $(b, f(b))$이고 이 점들을 선분으로 연결하는 꺾은선을 Λ_n이라 놓자. 이때 꺾은선 Λ_n의 길이를 $L_n(n\in N)$이라 놓으면 $L_n(n\in N)$은 구하려는 곡선의 근사 길이가 되고 $\lim\limits_{n\to\infty} L_n=L$은 주어진 곡선의 길이가 된다. 즉 $L_n(n\in N)$은

$$\begin{aligned} L_n &= \sum_{k=1}^{n}\sqrt{\Delta x_k^2+\Delta y_k^2}=\sum_{k=1}^{n}\sqrt{1+\left(\frac{\Delta y_k}{\Delta x_k}\right)^2}\,\Delta x_k \\ &= \sum_{k=1}^{n}\sqrt{1+\left(\frac{\Delta y_k}{\Delta x_k}\right)^2}\,\Delta x_k \end{aligned}$$

이고 $\lim\limits_{n\to\infty}\left(\frac{\Delta y_k}{\Delta x_k}\right)=f'(x_k)$임을 이용하면

$$\begin{aligned} L=\lim_{n\to\infty} L_n &= \lim_{n\to\infty}\sum_{k=1}^{n}\sqrt{\Delta x_k^2+\Delta y_k^2} \\ &= \lim_{n\to\infty}\sum_{k=1}^{n}\sqrt{1+\left(\frac{\Delta y_k}{\Delta x_k}\right)^2}\,\Delta x_k \\ &= \lim_{n\to\infty}\sum_{k=1}^{n}\sqrt{1+\left(\frac{\Delta y_k}{\Delta x_k}\right)^2}\,\Delta x_k \\ &= \int_a^b \sqrt{1+(f'(x))^2}\,dx \end{aligned}$$

이다.

예제 4.23 폐구간 $[a, b]$에서의 함수 $f(x) = Ax + B$의 그래프의 길이를 구하라.

풀이 폐구간 $[a, b]$에서의 함수 $f(x) = Ax + B$은 곡선의 길이공식 전제 조건을 모두 만족시킨다. 따라서 주어진 구간 $[a, b]$에서 곡선의 길이 L은

$$\begin{aligned} L &= \int_a^b \sqrt{1 + \left(\frac{df(x)}{dx}\right)^2}\, dx \\ &= \int_a^b \sqrt{1 + A^2}\, dx = \sqrt{1 + A^2} \int_a^b 1\, dx \\ &= (b - a)\sqrt{1 + A^2} \end{aligned}$$

이다. ◆

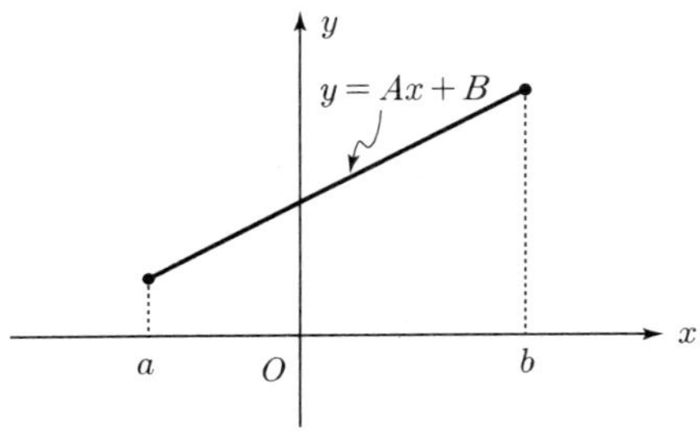

[그림 4.24]

예제 4.24 폐구간 $[0, 5]$에서의 함수 $f(x) = x\sqrt{x}$의 그래프 길이를 구하라.

풀이 폐구간 $[0, 5]$에서의 함수 $f(x) = x\sqrt{x}$은 곡선의 길이공식 전제 조건을 모두 만족시킨다. 따라서 주어진 구간 $[0, 5]$에서의 곡선의 길이는

$$\begin{aligned} L &= \int_0^5 \sqrt{1 + \left(\frac{df(x)}{dx}\right)^2}\, dx \\ &= \int_0^5 \sqrt{1 + \left(\frac{3}{2}\sqrt{x}\right)^2}\, dx = \frac{1}{2}\int_0^5 \sqrt{4 + 9x}\, dx \\ &= \frac{1}{18}\int_4^{49} \sqrt{t}\, dt = \frac{1}{18}\left[\frac{2}{3}t\sqrt{t}\right]_4^{49} \end{aligned}$$

$$= \frac{1}{27}((49)7 \ - 8) = \frac{335}{27}$$

이다. ◆

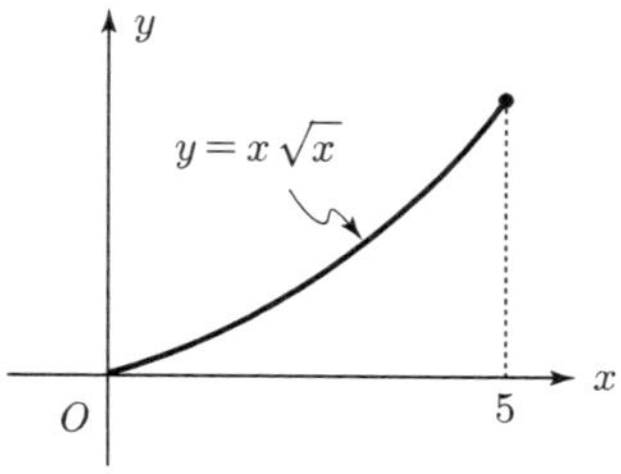

[그림 4.25]

예제 4.25 폐구간 $[1,\ a]$에서 함수 $f(x) = x\sqrt{x}$의 그래프 길이를 구하라. $(a > 1)$

풀이 폐구간 $[1,\ a]$에서 함수 $f(x) = x\sqrt{x}$은 곡선의 길이공식 전제 조건을 모두 만족시킨다. 따라서 주어진 구간 $[1,\ a]$에서 곡선의 길이는

$$\begin{aligned} L &= \int_1^a \sqrt{1 + \left(\frac{df(x)}{dx}\right)^2}\, dx \\ &= \int_1^a \sqrt{1 + \left(\frac{3}{2}\sqrt{x}\right)^2}\, dx = \frac{1}{2}\int_1^a \sqrt{4 + 9x}\, dx \\ &= \frac{1}{18}\int_{13}^{4+9a} \sqrt{t}\, dt = \frac{1}{18}\left[\frac{2}{3} t\sqrt{t}\right]_{13}^{4+9a} \\ &= \frac{1}{27}((4 + 9a)\sqrt{4 + 9a} - 13\sqrt{13}) \end{aligned}$$

이다.

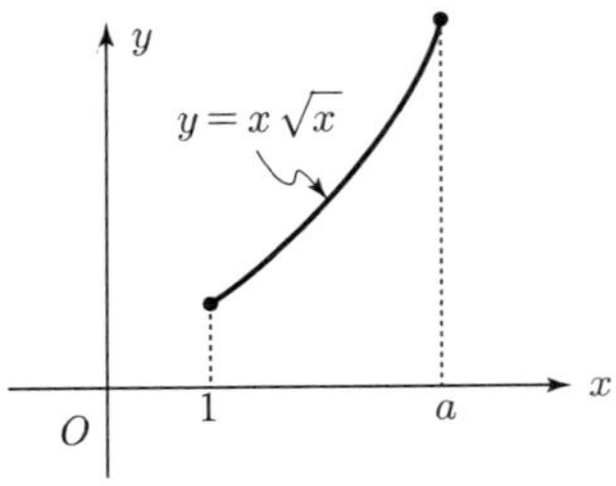

[그림 4.26]

예제 4.26 폐구간 $[\sqrt{3},\ 2\sqrt{2}]$에서 정의된 함수 $f(x) = \dfrac{1}{2}x^2$의 그래프 길이를 구하라.

풀이 폐구간 $[\sqrt{3},\ 2\sqrt{2}]$에서 함수 $f(x) = \dfrac{1}{2}x^2$은 곡선의 길이공식 전제 조건을 모두 만족시킨다. 따라서 주어진 구간 $[\sqrt{3},\ 2\sqrt{2}]$에서 곡선의 길이는

$$
\begin{aligned}
L &= \int_{\sqrt{3}}^{2\sqrt{2}} \sqrt{1+\left(\frac{df(x)}{dx}\right)^2}\, dx \\
&= \int_{\sqrt{3}}^{2\sqrt{2}} \sqrt{1+x^2}\, dx \\
&= \left[\frac{x\sqrt{x^2+1}}{2} + \ln(x+\sqrt{x^2+1})\right]_{\sqrt{3}}^{2\sqrt{2}} \\
&= 3\sqrt{2} + \ln(2\sqrt{2}+3) - (\sqrt{3} + \ln(\sqrt{3}+2)) \\
&= 3\sqrt{2} - \sqrt{3} + \ln(3+2\sqrt{2}) - \ln(2+\sqrt{3}) \\
&= 3\sqrt{2} - \sqrt{3} + \ln(6+4\sqrt{2}-3\sqrt{3}-2\sqrt{6})
\end{aligned}
$$

이다. ◆

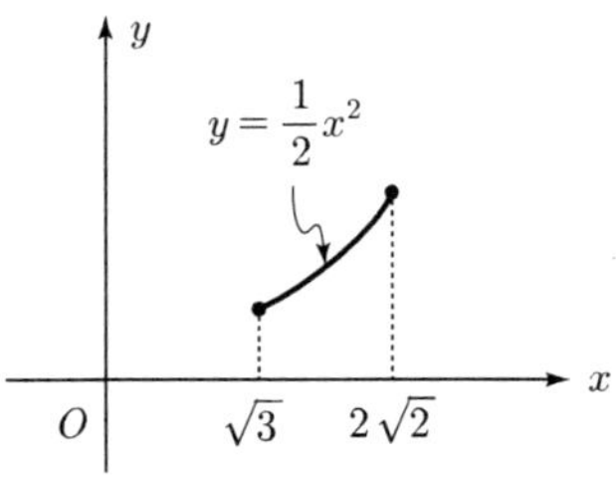

[그림 4.27]

예제 4.27 함수 $f(x)=\ln x$가 폐구간 $[a,\ b]$ $(0<a<b)$에서 정의되어 있다. 이때 폐구간 $[a,\ b]$에서의 함수 $f(x)=\ln x$의 그래프 길이를 구하라.

풀이 폐구간 $[a,\ b]$에서의 함수 $f(x)=\ln x$는 곡선의 길이공식 전제 조건을 모두 만족시킨다. 따라서 주어진 구간 $[a,\ b]$에서의 곡선의 길이는

$$
\begin{aligned}
L &= \int_a^b \sqrt{1+\left(\frac{d\ln x}{dx}\right)^2}\,dx \\
&= \int_a^b \sqrt{1+\left(\frac{1}{x}\right)^2}\,dx = \int_a^b \frac{\sqrt{x^2+1}}{x}\,dx \\
&= \left[\sqrt{x^2+1} - \ln\left(\frac{1+\sqrt{x^2+1}}{x}\right)\right]_a^b \\
&= \left[\sqrt{b^2+1} - \ln\left(\frac{1+\sqrt{b^2+1}}{b}\right) - \sqrt{a^2+1} + \ln\left(\frac{1+\sqrt{a^2+1}}{a}\right)\right] \\
&= \sqrt{b^2+1} - \sqrt{a^2+1} + \ln\left(\frac{b(1+\sqrt{a^2+1})}{a(1+\sqrt{b^2+1})}\right)
\end{aligned}
$$

이다. ◆

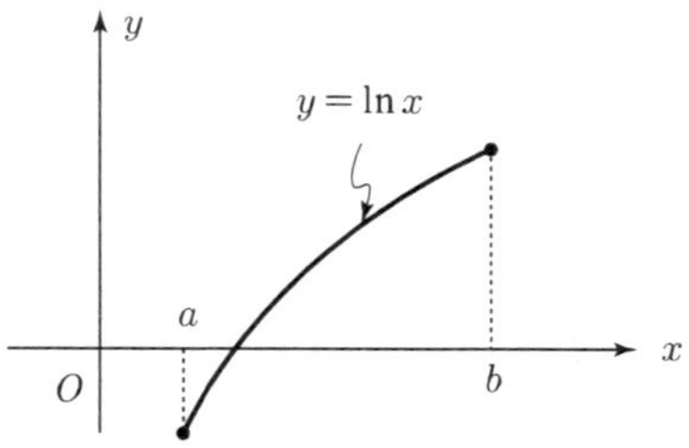

[그림 4.28]

예제 4.28 점 $(0,\ 0)$에서 점 $(1,\ 1)$까지의 포물선 $y^2=x$의 호의 길이를 구하라.

풀이 $x=y^2$이고 $\dfrac{dx}{dy}=2y$이므로 길이공식은

$$L=\int_0^1 \sqrt{1+\left(\frac{dx}{dy}\right)^2}\,dy$$

$$= \int_0^1 \sqrt{1+4y^2}\,dy = 2\int_0^1 \sqrt{(1/2)^2+y^2}\,dy$$

$$= 2\left[\frac{y}{2}\sqrt{1/4+y^2} + \frac{1}{8}\ln\left(y+\sqrt{1/4+y^2}\right)\right]_0^1$$

$$= 2\left[\frac{\sqrt{5}}{4} + \frac{1}{8}\ln\left(\frac{2+\sqrt{5}}{2}\right) + \frac{\ln 2}{8}\right]$$

$$= \frac{\sqrt{5}}{2} + \frac{\ln(2+\sqrt{5})}{4}$$

이다. ◆

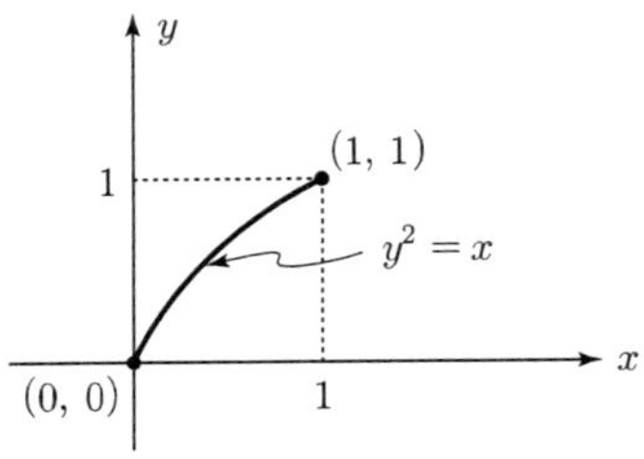

[그림 4.29]

예제 4.29 점 (1, 1)에서 점 (4, 8)까지의 반 3차 포물선 $y^2 = x^3$의 호의 길이를 구하라.

풀이 곡선의 윗부분의 함수는 $y = x\sqrt{x}$ 이고 $\frac{dy}{dx} = \frac{3}{2}\sqrt{x}$ 이므로 길이공식은

$$L = \int_1^4 \sqrt{1+\left(\frac{dy}{dx}\right)^2}\,dx = \int_1^4 \sqrt{1+\frac{9x}{4}}\,dx$$

$$= \frac{4}{9}\int_{13/4}^{10} \sqrt{u}\,du = \frac{4}{9}\left[\frac{2}{3}u^{3/2}\right]_{13/4}^{10}$$

$$= \frac{8}{27}\left[10\sqrt{10} - (13/4)\sqrt{13/4}\right]$$

$$= \frac{80\sqrt{10} - 13\sqrt{13}}{27}$$

이다. ◆

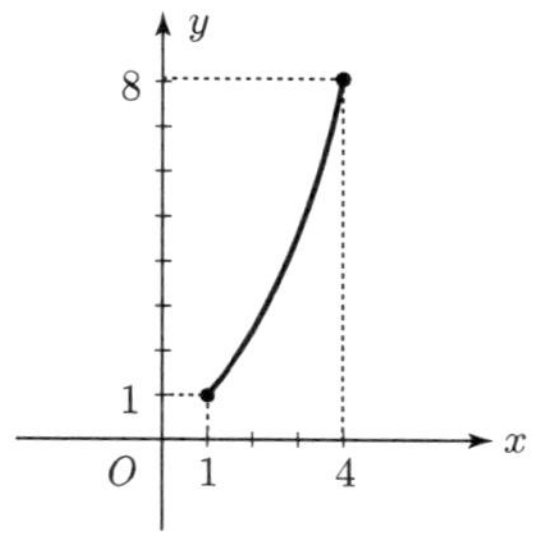

[그림 4.30]

예제 4.30 함수 $f(x)=x^2-\frac{1}{8}\ln x$에 대하여 시점 $(1,\ 1)$로부터 호의 길이 함수를 구하라.

풀이 폐구간 $[1,\ x]$에서 함수 $f(x)=x^2-\frac{1}{8}\ln x$에 대하여 $f'(x)=2x-\frac{1}{8x}$이므로 곡선의 길이 함수는

$$s(x)=\int_1^x \sqrt{1+(f'(t))^2}\,dt=\int_1^x \left(2t+\frac{1}{8t}\right)dt$$

$$=\left[t^2+\frac{1}{8}\ln t\right]_1^x=x^2-1+\frac{1}{8}\ln x$$

이다.

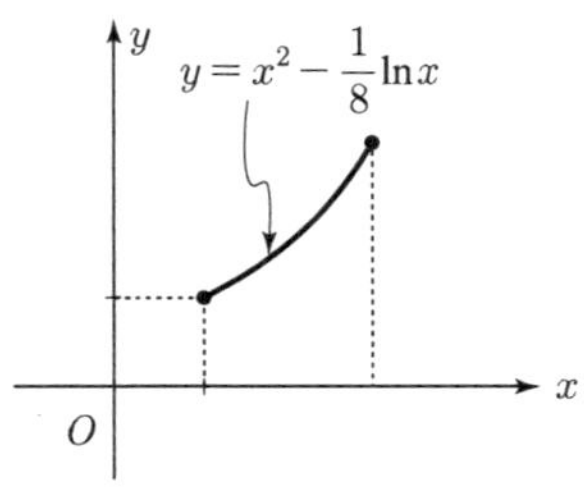

[그림 4.31]

연습문제 4.3

01. 주어진 곡선의 길이를 적분으로 표시하여라.

(1) $y = x^3, \quad 0 \le x \le 1$ (2) $x = y + y^3, \quad 1 \le y \le 4.$

02. 다음 곡선의 길이를 구하라.

(1) $y = \frac{2}{3}(x+2)^{\frac{3}{2}}, \quad 0 \le x \le 3$ (2) $(3y-1)^2 = x^3, \quad 0 \le x \le 2$

(3) $y = (x-1)^{\frac{2}{3}}, \quad 1 \le x \le 9$ (4) $x = \frac{y^4+3}{6y}, \quad 3 \le y \le 6$

(5) $y = \frac{3}{5}x^{\frac{5}{3}}, \quad 1 \le x \le 8$ (6) $x = \ln y, \quad \frac{3}{4} \le y \le \frac{4}{3}$

(7) $x^{\frac{2}{3}} + y^{\frac{2}{3}} = 1$ (8) $y = 2\int_1^x \sqrt{t^2+t}\,dt, \quad 2 \le t \le 6$

(9) $x = t^{\frac{2}{3}}, \quad y = (3-t)^{\frac{3}{2}}, \quad 0 \le t \le 1$

(10) $x = t^{\frac{3}{2}}, \quad y = 9t, \quad 1 \le t \le 4$

(11) $x = \ln(\sec\phi + \tan\phi),\ y = \ln(\csc\phi - \cot\phi), \quad \frac{\pi}{6} \le \phi \le \frac{\pi}{3}$

03. 폐구간 $[0,\ 1]$에서 함수 $f(x) = (1-\sqrt{x})^2$의 그래프 길이를 구하라.

04. 폐구간 $[-1,\ 1]$에서 곡선 $f(x) = \frac{1}{2}x^2$의 그래프 길이를 구하라.

05. 폐구간 $[0,\ 1]$에서 함수 $f(x) = x\sqrt[3]{4-x} \quad (0 \le x \le 4)$의 그래프 길이를 적분으로 표시하라.

06. 시점을 $(1,\ 2)$로 갖는 곡선 $f(x) = 4x\sqrt{x}$의 호의 길이 함수를 구하라.

07. 시점을 $(0,\ 1)$로 갖는 곡선 $f(x)=\arcsin x+\sqrt{1-x^2}$ 의 호의 길이 함수를 구하라.

08. 곡선 $f(x)=\int_0^x \sqrt{t^3-1}\,dt,\quad (1\le x\le 4)$의 길이를 구하라.

09. 폐구간 $[\frac{\pi}{6},\ \frac{\pi}{3}]$에서 함수 $f(x)=\int_{\pi/6}^{x}\tan t\,dt,\quad (\pi/6\le x\le \pi/3)$의 그래프 길이를 구하라.

10. $0\le t\le 1$일 때 매개변수 t로 주어지는 곡선 $x=t+1,\ y=e^{-t}$에 대한 호의 길이를 구하라.

4.4 회전면의 넓이

CALCULUS

연속인 함수 $y = f(x)(\geq 0)$가 폐구간 $[a,\ b]$에서 정의되어 있다고 하자. 그리고 폐구간 $[a,\ b]$에서 정의된 함수 $y = f(x)$의 그래프를 x축 둘레로 회전하여 얻어진 곡면의 넓이를 구하는 방법을 다음과 같이 세 가지의 경우로 나누어 생각해보자.

먼저 구간 $[a,\ b]$의 분할을 $a = x_0 < x_1 < x_2 < \cdots < x_{n-1} < x_n = b$라 할 때 각 분할점에 대하여 두 점 $(x_{k-1},\ f(x_{k-1}))$, $(x_k,\ f(x_k))$ $(k = 1,\ 2,\ 3,\ \cdots,\ n)$를 지나는 주어진 곡선을 회전하여 얻어진 곡면을 구하여 모두 합하면 주어진 회전면의 넓이에 근사된다. 즉 주어진 분할에 대한 꺾은선 Λ_n을 x축 둘레로 회전하여 얻어진 회전면의 넓이 S_n은 $\lim\limits_{n\to\infty} S_n = S$이 되고 주어진 곡면의 넓이 S가 된다. 즉 $S_n\,(n \in N)$은

$$S_n = 2\pi \sum_{k=1}^{n} \left(\frac{f(x_{k-1}) + f(x_k)}{2} \right) \sqrt{\Delta x_k^2 + \Delta y_k^2}$$

$$= \pi \sum_{k=1}^{n} (f(x_{k-1}) + f(x_k)) \sqrt{1 + \left(\frac{\Delta y_k}{\Delta x_k} \right)^2}\ \Delta x_k.$$

따라서 구하려는 곡면의 겉넓이 S는

$$S = \lim_{n\to\infty} S_n = \pi \lim_{n\to\infty} \sum_{k=1}^{n} (f(x_{k-1}) + f(x_k)) \sqrt{1 + \left(\frac{\Delta y_k}{\Delta x_k} \right)^2}\ \Delta x_k$$

$$= 2\pi \int_a^b f(x) \sqrt{1 + \left(\frac{df(x)}{dx} \right)^2}\ dx$$

이다.

예제 4.31 폐구간 $[0,\ \pi]$에서 함수 $f(x) = \sin x$의 그래프를 x축 둘레로 회전하여 얻어지는 회전면의 넓이를 구하라.

풀이 구하려는 회전면의 넓이는

$$
\begin{aligned}
S &= 2\pi \int_a^b f(x) \sqrt{1 + \left(\frac{df(x)}{dx}\right)^2}\, dx \\
&= 2\pi \int_0^\pi \sin x \sqrt{1 + \cos^2 x}\, dx \\
&= 4\pi \int_0^{\pi/2} \sin x \sqrt{1 + \cos^2 x}\, dx \\
&= -4\pi \int_1^0 \sqrt{1 + t^2}\, dt \\
&= 4\pi \int_0^1 \sqrt{1 + t^2}\, dt \\
&= 4\pi \left[\frac{t\sqrt{1+t^2}}{2} + \frac{1}{2} \ln\left(t + \sqrt{1+t^2}\right) \right]_0^1 \\
&= 4\pi \left[\frac{\sqrt{2}}{2} + \frac{1}{2} \ln\left(1 + \sqrt{2}\right) - \left(0 + \frac{1}{2} \ln 1\right) \right] \\
&= 2\pi\left(\sqrt{2} + \ln\left(1 + \sqrt{2}\right)\right)
\end{aligned}
$$

이다. ◆

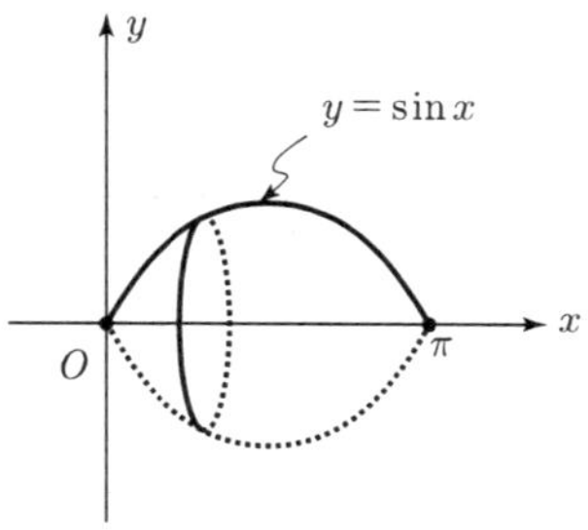

[그림 4.32]

예제 4.32 폐구간 $[0,\ 1]$에서 함수 $f(x) = e^x$의 그래프를 x축 둘레로 회전하여 얻어지는 회전면의 넓이를 구하라.

풀이 구하려는 회전면의 넓이는

$$S = 2\pi \int_a^b f(x) \sqrt{1 + \left(\frac{df(x)}{dx}\right)^2}\, dx$$

$$= 2\pi \int_0^1 e^x \sqrt{1+e^{2x}}\, dx$$

$$= 2\pi \int_1^e \sqrt{1+t^2}\, dt$$

$$= 2\pi \left[\frac{e\sqrt{1+e^2}}{2} + \frac{1}{2}\ln\left(e+\sqrt{1+e^2}\right) - \left(\frac{\sqrt{2}}{2} + \frac{1}{2}\ln(1+\sqrt{2}) \right) \right]$$

$$= \pi\left[e\sqrt{1+e^2} + \ln\left(e+\sqrt{1+e^2}\right) - \left(\sqrt{2} + \ln\left(1+\sqrt{2}\right)\right)\right]$$

이다. ◆

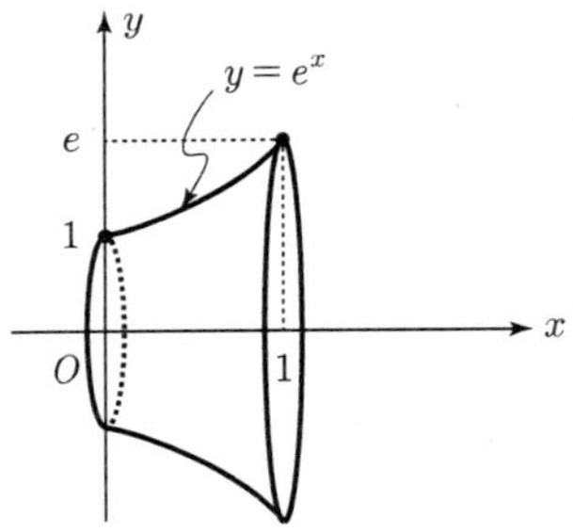

[그림 4.33]

예제 4.33 폐구간 $[0, b]$에서 함수 $f(x) = ax \ (a > 0)$의 그래프를 x축 둘레로 회전하여 얻어지는 회전면의 넓이를 구하라.

풀이 구하려는 회전면의 넓이는

$$S = 2\pi \int_a^b f(x) \sqrt{1 + \left(\frac{df(x)}{dx}\right)^2}\, dx$$

$$= 2\pi \int_0^b ax\sqrt{1+a^2}\, dx$$

$$= 2\pi a\sqrt{1+a^2} \int_0^b x\, dx$$

$$= 2\pi a\sqrt{1+a^2} \left[\frac{1}{2}x^2\right]_0^b$$

$$= \pi a\sqrt{1+a^2}\,(b^2 - 0) = \pi a b^2 \sqrt{1+a^2}$$

이다. ◆

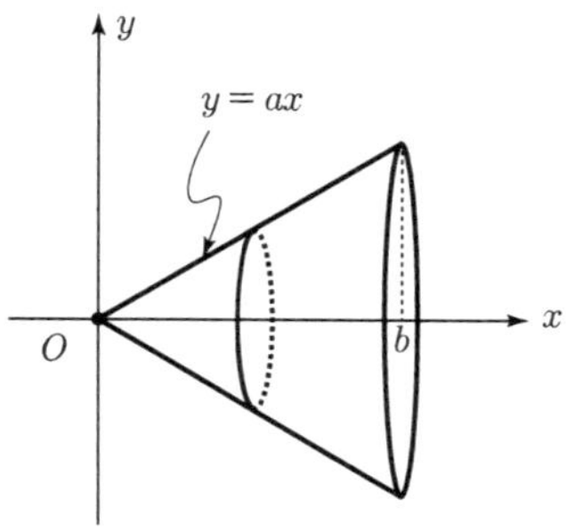

[그림 4.34]

예제 4.34 폐구간 [0, 2]에서 함수 $f(x)=\frac{1}{2}(x-1)^2$의 그래프를 x축 둘레로 회전하여 얻어지는 회전면의 넓이를 구하라.

풀이 구하려는 회전면의 넓이는

$$\begin{aligned}
S &= 2\pi\int_0^2 f(x)\sqrt{1+\left(\frac{df(x)}{dx}\right)^2}\,dx \\
&= 2\pi\int_0^2 \frac{1}{2}(x-1)^2\sqrt{1+(x-1)^2}\,dx \\
&= \pi\int_{-1}^1 t^2\sqrt{t^2+1}\,dt \\
&= 2\pi\int_0^1 t^2\sqrt{t^2+1}\,dt \\
&= 2\pi\left[\frac{t(2t^2+1)\sqrt{t^2+1}}{8}-\frac{1}{8}\ln(t+\sqrt{t^2+1})\right]_0^1 \\
&= \pi\left[\frac{3\sqrt{2}}{8}-\frac{1}{8}\ln(1+\sqrt{2})-\left(0-\frac{1}{8}\ln 1\right)\right] \\
&= \frac{\pi}{8}(3\sqrt{2}-\ln(1+\sqrt{2})) \quad \text{또는} \quad \frac{\pi}{8}(3\sqrt{2}+\ln(\sqrt{2}-1))
\end{aligned}$$

이다. ◆

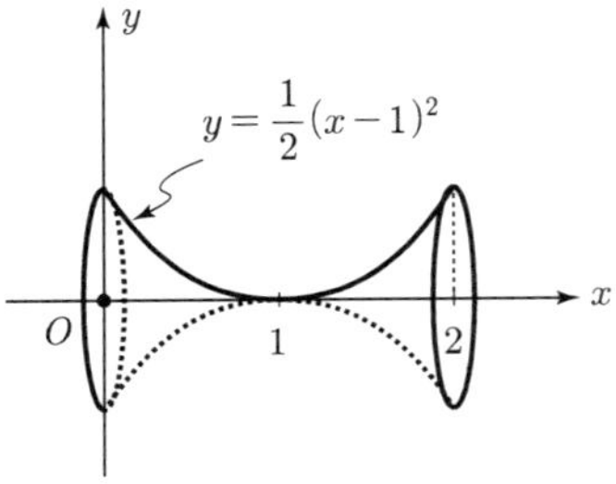

[그림 4.35]

예제 4.35 폐구간 $[0,\ 3]$에서 함수 $f(x)=\frac{1}{2}(x-1)^2$ 그래프를 x축 둘레로 회전하여 얻어지는 회전면의 넓이를 구하라.

풀이 구하려는 회전면의 넓이는

$$
\begin{aligned}
S &= 2\pi\int_0^3 f(x)\sqrt{1+\left(\frac{df(x)}{dx}\right)^2}\,dx \\
&= 2\pi\int_0^3 \frac{1}{2}(x-1)^2\sqrt{1+(x-1)^2}\,dx \\
&= \pi\int_{-1}^2 t^2\sqrt{t^2+1}\,dt \\
&= \pi\left[\frac{t(2t^2+1)\sqrt{t^2+1}}{8}-\frac{1}{8}\ln(t+\sqrt{t^2+1})\right]_{-1}^2 \\
&= \pi\left[\frac{9\sqrt{5}}{4}-\frac{1}{8}\ln(2+\sqrt{5})-\left(-\frac{9\sqrt{2}}{8}-\frac{1}{8}\ln(-1+\sqrt{2})\right)\right] \\
&= \pi\left[\frac{9\sqrt{5}}{4}-\frac{1}{8}\ln(2+\sqrt{5})+\frac{9\sqrt{2}}{8}+\frac{1}{8}\ln(-1+\sqrt{2})\right] \\
&= \frac{9(2\sqrt{5}+\sqrt{2})\pi}{8}-\frac{1}{8}\ln\left(\frac{-1+\sqrt{2}}{2+\sqrt{5}}\right) \\
&= \frac{9(2\sqrt{5}+\sqrt{2})\pi}{8}-\frac{1}{8}\ln(2+\sqrt{10}-2\sqrt{2}-\sqrt{5})
\end{aligned}
$$

이다. ◆

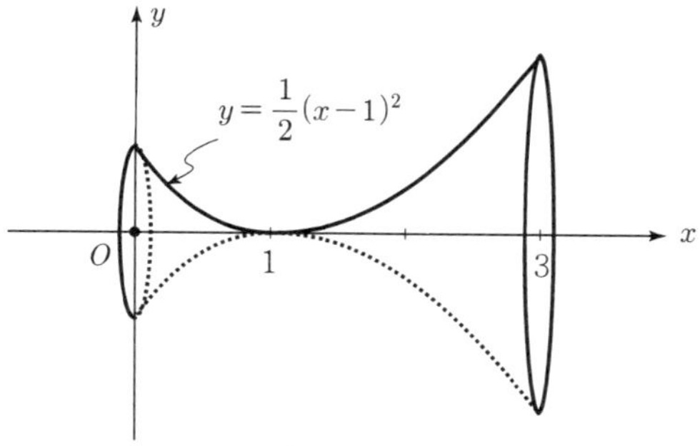

[그림 4.36]

예제 4.36 폐구간 $[a,\ b]$ $(0 < a < b)$에서 함수 $f(x)=\dfrac{1}{x}$의 그래프를 x축 둘레로 회전하여 얻어지는 회전면의 넓이를 구하라.

풀이 구하려는 회전면의 넓이는

$$
\begin{aligned}
S &= 2\pi\int_a^b \frac{1}{x}\sqrt{1+\left(\frac{-1}{x}\right)^2}\,dx \\
&= 2\pi\int_a^b \frac{\sqrt{x^2+1}}{x^2}\,dx \\
&= 2\pi\left[-\frac{\sqrt{x^2+1}}{x}+\ln\left(x+\sqrt{x^2+1}\right)\right]_a^b \\
&= 2\pi\left[-\frac{\sqrt{b^2+1}}{b}+\ln\left(b+\sqrt{b^2+1}\right)-\left(-\frac{\sqrt{a^2+1}}{a}+\ln\left(a+\sqrt{a^2+1}\right)\right)\right] \\
&= 2\pi\left[\frac{\sqrt{a^2+1}}{a}-\frac{\sqrt{b^2+1}}{b}+\ln\left(\frac{b+\sqrt{b^2+1}}{a+\sqrt{a^2+1}}\right)\right]
\end{aligned}
$$

이다. ◆

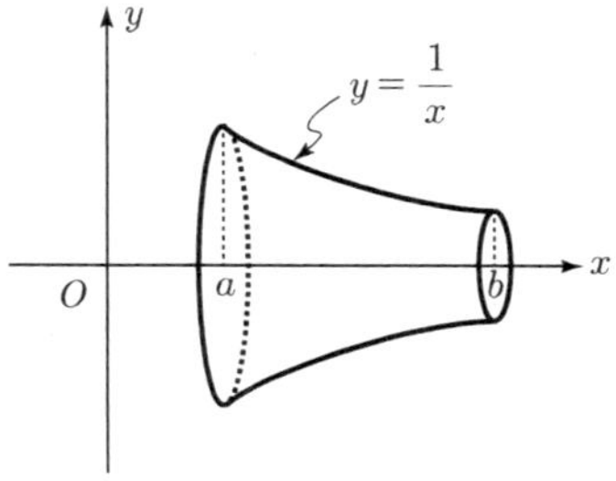

[그림 4.37]

예제 4.37 함수 $f(x)=\sqrt{x}$가 폐구간 $[2,\ 12]$에서 정의되어 있다. 이때 폐구간 $[2,\ 12]$에서의 함수 $f(x)=\sqrt{x}$의 그래프를 x축 둘레로 회전하여 얻어지는 회전면의 넓이를 구하라.

풀이 구하려는 회전면의 넓이는

$$
\begin{aligned}
S &= 2\pi\int_a^b f(x)\sqrt{1+\left(\frac{df(x)}{dx}\right)^2}\,dx \\
&= 2\pi\int_2^{12}\sqrt{x}\sqrt{1+\left(\frac{1}{2\sqrt{x}}\right)^2}\,dx \\
&= 2\pi\int_2^{12}\sqrt{x+\frac{1}{4}}\,dx \\
&= 2\pi\left[\frac{2}{3}\left(x+\frac{1}{4}\right)^{3/2}\right]_2^{12} \\
&= \frac{4}{3}\pi\left[\left(\frac{7}{2}\right)^3-\left(\frac{3}{2}\right)^3\right]=52\frac{2}{3}\pi
\end{aligned}
$$

이다. ◆

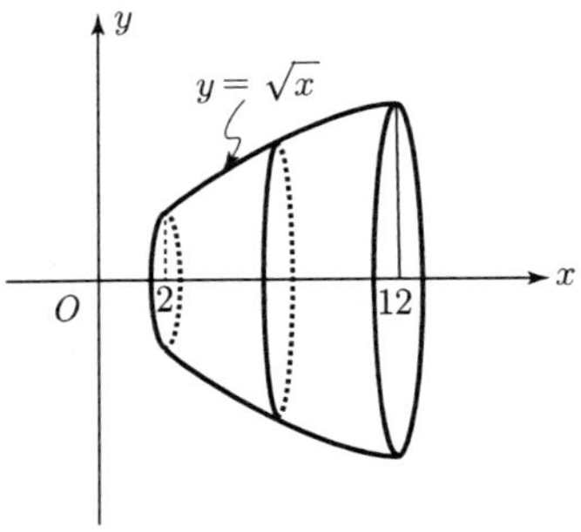

[그림 4.38]

예제 4.38 함수 $f(x)=e^{-x}$가 폐구간 $[0,\ \infty)$에서 정의되어 있다. 이때 폐구간 $[0,\ \infty)$에서의 함수 $f(x)=e^{-x}$의 그래프를 x축 둘레로 회전하여 얻어지는 회전면의 넓이를 구하라.

풀이 구하려는 회전면의 넓이는

$$
\begin{aligned}
S &= 2\pi \lim_{a\to\infty}\int_0^a f(x)\sqrt{1+\left(\frac{df(x)}{dx}\right)^2}\,dx \\
&= 2\pi \lim_{a\to\infty}\int_0^a e^{-x}\sqrt{1+(-e^{-x})^2}\,dx \\
&= -2\pi \lim_{a\to\infty}\int_1^{e^{-a}} \sqrt{1+t^2}\,dx \\
&= -2\pi \lim_{a\to\infty}\left[\frac{t\sqrt{1+t^2}}{2}+\frac{1}{2}\ln(t+\sqrt{1+t^2})\right]_1^{e^{-a}} \\
&= -2\pi \lim_{a\to\infty}\left[\frac{e^{-a}\sqrt{1+e^{-2a}}}{2}+\frac{1}{2}\ln(e^{-a}+\sqrt{1+e^{-2a}})\right] \\
&= -\lim_{a\to\infty}\left(\frac{\sqrt{2}}{2}+\frac{1}{2}\ln(1+\sqrt{2})\right) \\
&= -2\pi\left(-\frac{\sqrt{2}}{2}-\frac{\ln(1+\sqrt{2})}{2}\right) \\
&= \pi\sqrt{2}+\pi\ln(1+\sqrt{2})
\end{aligned}
$$

이다. ◆

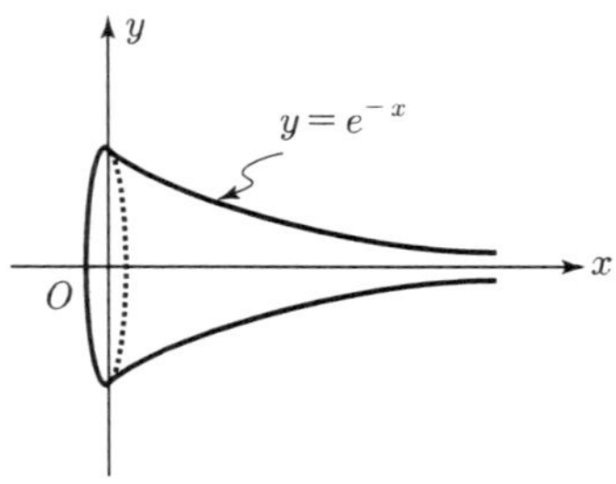

[그림 4.39]

예제 4.39 반지름이 $r\ (>0)$인 구의 겉넓이를 구하라.

풀이 주어진 구의 중심을 좌표평면의 원점에 일치시키고 구면과 xy평면과의 교선을 구하면 방정식 $x^2+y^2=r^2$이 된다. 따라 폐구간 $[-r,\ r]$에서 정의되고 개구간 $(-r, r)$에서 연속인 도함수를 갖는 y축 대칭인 함수 $f(x)=\sqrt{r^2-x^2}$의 그래프를 x축 둘레로 회전하여 얻어지는 회전면의 겉넓이를 구하면 된다. 다만 함수 $f(x)=\sqrt{r^2-x^2}$의 도함수가 $x=-r, r$에서 존재하지 않는다. 따라서 구의 겉넓이를 구하는 정적분은 이상적분이 된다. 그리고 y축 대칭성을 고려하면 폐구간 $[0, r-d]$ $(0<d<r)$에서의 근사적인 겉넓이를 구하고 그 정적분 값에 $d \to 0+$를 적용하여 구하려는 구의 겉넓이 S를 구한다. 즉

$$\begin{aligned}
S &= 2\pi\int_{-r}^{r}\sqrt{r^2-x^2}\sqrt{1+\left(\frac{d\sqrt{r^2-x^2}}{dx}\right)^2}dx \\
&= 4\pi\int_{0}^{r}\sqrt{r^2-x^2}\sqrt{1+\left(\frac{-x}{\sqrt{r^2-x^2}}\right)^2}dx \\
&= 4\pi\lim_{d\to 0+}\int_{0}^{r-d}\sqrt{r^2-x^2}\sqrt{1+\left(\frac{x^2}{r^2-x^2}\right)}dx \\
&= 4\pi\lim_{d\to 0+}\int_{0}^{r-d}\sqrt{r^2-x^2}\frac{r}{\sqrt{r^2-x^2}}dx \\
&= 4\pi\lim_{d\to 0+}\int_{0}^{r-d}rdx \\
&= 4\pi\lim_{d\to 0+}[rx]_0^{r-d} \\
&= 4\pi\lim_{d\to 0+}[r(r-d)-r\cdot 0] \\
&= 4\pi r^2
\end{aligned}$$

이다. ◆

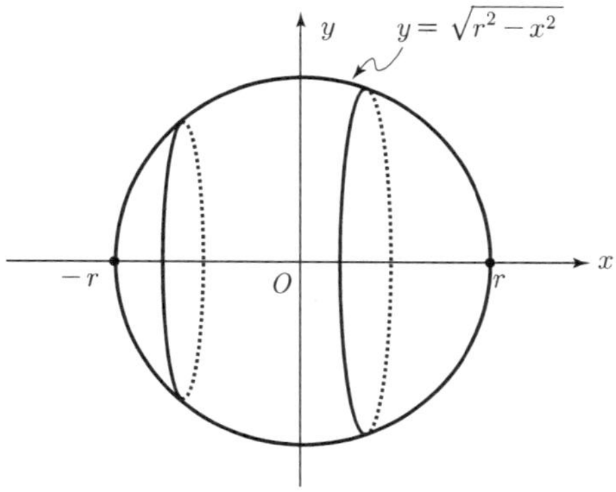

[그림 4.40]

예제 4.40 타원 $x^2+\frac{y^2}{2}=1$을 x축 둘레로 회전하여 얻어진 회전체의 겉넓이를 구하라.

풀이 폐구간 $[0,\ 1]$에서 정의되어 있는 함수 $f(x)=\sqrt{2}\sqrt{1-x^2}$은 폐구간 $[0,\ 1-d]$ $(0<d<1)$에서 연속인 도함수를 갖는다. 따라서 폐구간 $[0,\ 1]$에서 구하려는 회전타원면의 겉넓이는 폐구간 $[0,\ 1-d]$에서의 회전타원면의 겉넓이를 $d\to 0+$를 적용하여 얻어지는 극한값이 된다. 즉 함수 $f(x)=\sqrt{2}\sqrt{1-x^2}$의 도함수가 $x=1$에서 존재하지 않는다. 따라서 회전타원면의 겉넓이를 구하는 정적분은 이상적분이 된다. 그리고 y축 대칭성을 고려하면 폐구간 $[0,\ 1-d]$ $(0<d<1)$에서의 근사적인 겉넓이 S_d를 구하고 그 값에 $d\to 0+$를 적용하면 구하려는 회전타원체의 겉넓이 S가 구해진다. 이로부터

$$
\begin{aligned}
S=\lim_{d\to 0+}S_d &= 2\pi\int_{-1}^{1}f(x)\sqrt{1+\left(\frac{df(x)}{dx}\right)^2}\,dx \\
&= 2\pi\int_{-1}^{1}\sqrt{2}\sqrt{1-x^2}\sqrt{1+\left(\frac{-\sqrt{2}\,x}{\sqrt{1-x^2}}\right)^2}\,dx \\
&= 4\pi\lim_{d\to 0+}\int_{0}^{1-d}\sqrt{2}\sqrt{1-x^2}\sqrt{1+\frac{2x^2}{1-x^2}}\,dx \\
&= 4\pi\sqrt{2}\lim_{d\to 0+}\int_{0}^{1-d}\sqrt{1-x^2+2x^2}\,dx \\
&= 4\sqrt{2}\,\pi\lim_{d\to 0+}\int_{0}^{1-d}\sqrt{1+x^2}\,dx
\end{aligned}
$$

$$= 4\sqrt{2}\pi \lim_{d \to 0+} \left[\frac{x}{2}\sqrt{1+x^2} + \frac{1}{2}\ln\left(x + \sqrt{1+x^2}\right) \right]_0^{1-d}$$

$$= 4\sqrt{2}\pi \lim_{d \to 0+} \left[\frac{1-d}{2}\sqrt{1+(1-d)^2} + \frac{1}{2}\ln\left(1-d+\sqrt{1+(1-d)^2}\right) \right]$$

$$= 4\sqrt{2}\pi \left[\frac{1}{2}\sqrt{2} + \frac{1}{2}\ln\left(1+\sqrt{2}\right) \right]$$

$$= [4 + 2\sqrt{2}\ln(1+\sqrt{2})]\pi$$

이다. ◆

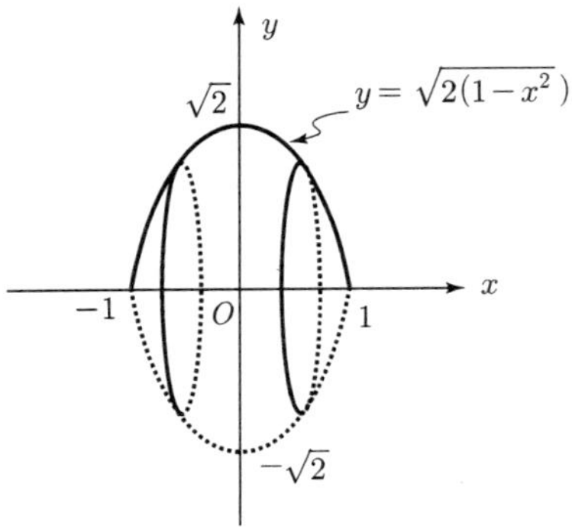

[그림 4.41]

연습문제 4.4

01. 주어진 곡선을 y축 둘레로 회전하여 얻어지는 회전면의 넓이를 구하라.

(1) $y = x^2,\ 0 \le x \le 2$

(2) $y = 2x^{\frac{3}{2}},\ 0 \le x \le 1$

(3) $y = \frac{1}{3}x\sqrt{x} - \sqrt{x},\ 1 \le x \le 4$

(4) $y = \frac{3}{5}x^{\frac{5}{3}} - \frac{3}{4}x^{\frac{1}{3}},\ 1 \le x \le 8$

(5) $x = t+1,\ y = \frac{1}{2}t^2 + t,\ 0 \le t \le 2$

02. 주어진 곡선을 x축 둘레로 회전하여 얻어지는 회전면의 넓이를 구하라.

(1) $y=\frac{1}{3}x^3,\ 0 \le x \le 1$

(2) $y=\frac{x^3}{6}+\frac{1}{2x},\ 1 \le x \le 2$

(3) $y=\frac{1}{3}x\sqrt{x}-\sqrt{x},\ 3 \le x \le 4$

(4) $x=2t+1,\ y=4-t,\ 0 \le t \le 4$

03. 원 $x^2+y^2=r^2$의 제1사분면에 놓이는 부분 중 $0 \le x \le a$ (단, $0<a<r$)인 범위에 놓이는 부분을 x축 둘레로 회전하여 얻어지는 회전면의 넓이를 구하라.

04. 사이클로이드의 한 호 $x=a(t-\sin t),\ y=a(1-\cos t),\ 0 \le t \le 2\pi$를 x축 둘레로 회전하여 얻어지는 회전면의 넓이를 구하라.

05. 곡선 $y=\frac{1}{2}x^2,\ 0 \le x \le 1$을 x축 둘레로 회전하여 생기는 회전면의 넓이를 사다리꼴 공식에서 $\Delta x=0.2$라 놓고 구하라.

06. $0<b<a$일 때, 장반경이 $a\ (>0)$이고 단반경이 $b\ (>0)$인 타원 $\frac{x^2}{a^2}+\frac{y^2}{b^2}=1$을 x축 둘레로 회전하여 얻어진 회전면의 넓이를 구하라.

07. 폐구간 $[0,\ 3]$에서 함수 $f(x)=a(x-1)^2\ (a>0)$의 그래프를 x축 둘레로 회전하여 얻어지는 회전면의 넓이를 구하라.

08. $f(x)=x^3,\ 0 \le x \le 1$일 때 f의 그래프를 x축에 관하여 회전시켜 생기는 곡면의 넓이를 구하라.

09. 자폐선인 곡선 $8y^2=x^2(1-x^2)$을 x축을 둘레로 회전하여 생기는 곡면의 넓이를 구하라.

10. 곡선 $x=e^{2y},\ (0 \le y \le 1))$을 y축에 관하여 회전시켜 생기는 곡면의 넓이를 구하라.

4.5 기타 응용

CALCULUS

뉴턴의 운동법칙을 이미 알고 있는 것으로 간주한다. 관성의 정량적인 척도를 질량이라 말한다. 일정한 속력으로 직선운동을 하고 있는 물체가 그 상황을 방해받는다면 어떤 영향이 있었기 때문이며, 그 영향을 힘이라 말한다. 힘은 질량 곱하기 가속도, 즉 $F=ma$이다. 여기서 F는 힘, m은 질량, a는 가속도이다. 한편, 시간 함수로서의 힘은 속도 $v(t)$에 대해 $F(t)=m\dfrac{dv(t)}{dt}$로 표시된다.

예제 4.41 어떤 물체가 질량이 100kg이고 속도 $v(t)=2t^2+3t+1m/\sec$일 때 시간 $t=15\sec$에서의 그 물체에 작용하는 힘은 얼마인가?

풀이 $a=\dfrac{dv(t)}{dt}=4t+3$이고, 구하려는 힘은 $F(t)=m\dfrac{dv(t)}{dt}$이므로

$$\begin{aligned} F(15) &= 100\times(4\cdot 15+3)m/\sec^2 \\ &= 6300m/\sec^2 \\ &= 6300N \end{aligned}$$

여기서 $1N\,(=1m/\sec^2)$은 힘의 단위인 1뉴턴이다.

1) 일

힘이 일정할 때 물체에 작용하는 힘 f와 그 힘의 방향에 물체가 움직인 거리 s와의 곱 fs가 그 힘이 한 일의 양이다. 지금 직선 l 위에서 외력에 의해 질점이 움직일 때 이 직선에 따라 힘이 원점에서 질점까지의 거리 x의 함수 $f(x)$로 표시될 때 $OP=x$, $OQ=x+\Delta x$라 하고 질점이 P에서 Q까지 움직일 때 일의 양을 ΔW라 하면

$$\Delta W \fallingdotseq f(x)\Delta x \qquad (\Delta x \to 0)$$

[$\because \Delta W= f(x)+\epsilon$라 놓으면 $f(x)+\epsilon$은 구간 $[x,\ x+\Delta x]$에서 $f(x)$의 최댓값 G와 최솟값 L 사이에 있고 $\lim\limits_{\Delta x\to 0}G=\lim\limits_{\Delta x\to 0}L=f(x)$이다. 따라서 $\Delta x \to 0$일 때는

$\epsilon \to 0$이기 때문이다.]

그러므로 $OA = a$, $OB = b$라 하고 A에서 B까지의 질점이 움직여서 생기는 일의 양을 W라 하면 $W = \int_a^b f(x)\,dx$이다.

2) 압력

액체의 면을 y축, 이것에 수직으로 x축을 잡고 곡선 $y = f(x)$, 직선 $x = a$, $y = b$ 및 x축으로 둘러싸인 평면의 부분 $ABCD$가 받는 압력 P를 구하기 위하여(단, $f(x) \ge 0$, $a < b$라고 하자) 곡선 $y = f(x)$ 위의 한 점 $(x,\ y)$ 및 $(x + \Delta x,\ y + \Delta y)$를 지나 y축에 평행인 두 직선 사이에 있는 도형 $ABCD$의 일부분(사선 부분)이 받는 전 압력을 ΔP라 하면 깊이 x인 곳에 압력의 힘은 wx(w는 단위 체적의 액체의 무게)이므로

$$\Delta P \fallingdotseq wxy\Delta x \ (\Delta \to 0),\ \text{즉}\ dP = wxy\,dx$$

따라서

$$P = \int_a^b wxy\,dx \qquad \therefore P = w\int_a^b f(x)x\,dx$$

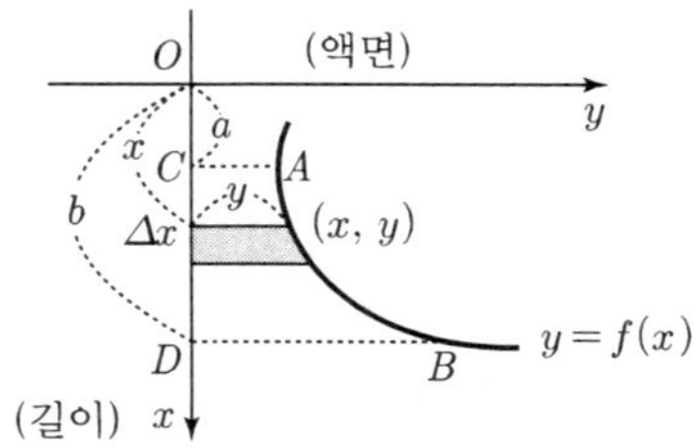

[그림 4.42]

주의 $\Delta P = (wxy + \epsilon)\Delta x$라 놓으면 $wxy + \epsilon$은 구간 $[x,\ x + \Delta x]$에 있어서 wxy의 최댓값 G 및 최솟값 L 사이에 있고 $\lim_{\Delta x \to 0} G = \lim_{\Delta x \to 0} L = wxy$이므로 $\Delta x \to 0$일 때는 $\epsilon \to 0$, 따라서 $\Delta P \fallingdotseq wxy\Delta x \quad (\Delta x \to 0)$이다.

3) 액체의 유출량

깊이가 h인 곳에 작은 구멍에서 나오는 액체의 속도는 매초 약 $\sqrt{2gh}$ cm, $(g = 980$

(cm/sec^2))와 같다.

예제 4.42 다음 그림에서와 같이 윗면의 반경이 $r$cm인 깔때기 모양의 용기에 가득 차 있는 물이 맨 밑의 구멍에서 유출될 때 전부 나오는 데 걸리는 시간을 구하라. 단, 구멍의 면적을 Acm^{2}이라 하자.

풀이

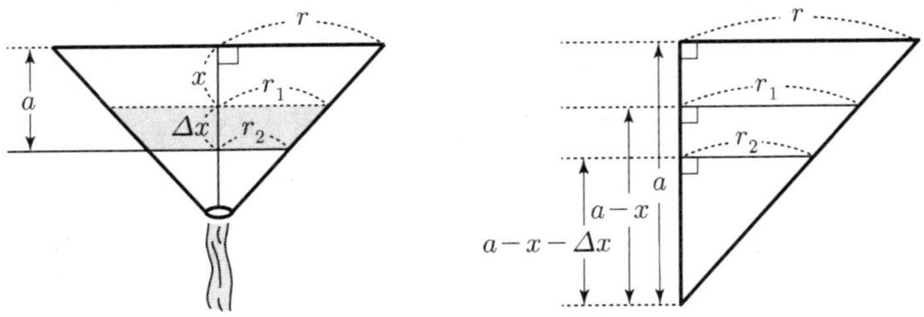

[그림 4.43]

그림을 참조하면 다음이 성립함을 알 수 있다.

$$a : r = a - x : r_1, \quad a : r = a - x - \Delta x : r_2$$

이로부터

$$r_1 = \frac{r(a-x)}{a}, \quad r_2 = \frac{r(a-x-\Delta x)}{a}$$

그리고 Δt 시간 동안 물의 깊이가 $a-x$에서 $a-x-\Delta x$로 줄었을 때 그 시간 동안 유출된 물의 양을 ΔV라 하면

$$\begin{aligned}\Delta V &\fallingdotseq \frac{1}{3}\pi(r_1)^2(a-x) - \frac{1}{3}\pi(r_2)^2(a-x) \\ &= \frac{1}{3}\pi\left(\frac{r}{a}\right)^2[(a-x)^3 - (a-x-\Delta x)^3] \\ &= \frac{1}{3}\pi\left(\frac{r}{a}\right)^2[3(a-x)^2\Delta x - 3(a-x)(\Delta x)^2 + (\Delta x)^3] \\ &\fallingdotseq \pi\left(\frac{r}{a}\right)^2(a-x)^2\Delta x \quad (\because\ \Delta t \to 0 \Rightarrow \Delta x \to 0)\end{aligned}$$

여기서 위 식의 우변은 Δt 시간 동안 깔때기 모양의 용기에서 변화량을 나

타내는 부피이다. 또 한 거리=속력×시간임을 이용하면 Δt 시간 동안 외부로 유출된 물의 양은 $A \cdot \sqrt{2g(a-x)} \cdot \Delta t$이다.

그리고 이 두 부피는 거의 같으므로 $\Delta t \to 0 \Rightarrow \Delta x \to 0$일 때

$$A\sqrt{2g(a-x)}\,\Delta t \fallingdotseq \pi\left(\frac{r}{a}\right)^2(a-x)^2\Delta x$$

따라서

$$\Delta t \fallingdotseq \frac{\pi}{A\sqrt{2g(a-x)}}\left(\frac{r}{a}\right)^2(a-x)^2\Delta x$$

구하는 시간을 $T(\mathrm{sec})$라 놓으면

$$\begin{aligned} T &= \int_0^a \frac{\pi}{A\sqrt{2g(a-x)}}\left(\frac{r}{a}\right)^2(a-x)^2dx \\ &= \frac{\pi}{A\sqrt{2g}}\left(\frac{r}{a}\right)^2\int_0^a(a-x)\sqrt{a-x}\,dx \\ &= \frac{\pi}{A\sqrt{2g}}\left(\frac{r}{a}\right)^2\left[-\frac{2}{5}(a-x)^{\frac{5}{2}}\right]_0^a \\ &= \frac{\pi}{A\sqrt{2g}}\left(\frac{r}{a}\right)^2\left(\frac{2}{5}a^{\frac{5}{2}}\right) \\ &= \frac{\sqrt{2}}{5}\ \frac{\sqrt{a}\,r^2\pi}{\sqrt{g}\,A} \end{aligned}$$

이다. ◆

4) 평균값

폐구간 $[a,\ b]$에서 정의된 연속함수 $y=f(x)$가 주어져 있을 때 $a,\ b$ 사이를 n등분하여 이들 소구간 내에 있는 함수의 임의 값을 $y_1,\ y_2,\ \cdots,\ y_n$이라 할 때 이들 함수의 산술평균은

$$\bar{y} = \frac{1}{n}\sum_{i=1}^{n}y_i$$

로 정의되고 각각의 소구간의 길이를 Δx라 하면

$$\bar{y} = \frac{\sum_{i=1}^{n} y_i \Delta x}{n \Delta x} = \frac{\sum_{i=1}^{n} y_i \Delta x}{b-a}$$

위 식의 극한값이 존재하면 x에 관한 $f(x)$의 **평균값**을 다음과 같이 정의한다.

$$\bar{y}_x = \frac{1}{b-a} \int_a^b f(x).$$

일반적으로 일변수 u의 다른 변수 v에 관한 $f(x)$의 평균값은

$$\bar{u}_v = \frac{\int_c^d u\,dv}{\int_c^d dv}$$

로 정의 된다. 여기서 u, v는 구간 $[c,\ d]$에서 정의된 동일변수의 함수이다.

예제 4.43 반경이 r인 원 둘레의 한 정점에서 임의의 현을 그어서 만든 열궁형(劣弓形)의 넓이의 평균값을 구하라.

풀이

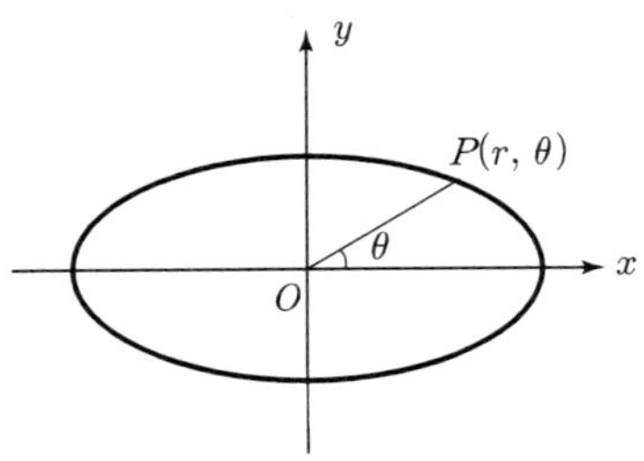

[그림 4.44]

정점을 지나는 임의의 현이 만드는 중심각을 θ라 하면 그 열궁형의 넓이는

$$\frac{1}{2} r^2 (\theta - \sin\theta)$$

이다. 따라서 구하는 평균값을 θ라 하면

$$\begin{aligned} S_\theta &= \frac{1}{\pi}\int_0^\pi \frac{1}{2}r^2(\theta - \sin\theta)\,d\theta \\ &= \frac{r^2}{2\pi}\left[\frac{1}{2}\theta^2 + \cos\theta\right]_0^\pi \\ &= \frac{\pi^2 - 4}{4\pi}r^2 \end{aligned}$$

이다. ◆

5) 중심

평면상에 $m_1, m_2, \cdots, m_n$인 질량을 갖는 점이 있어서 이들의 질점의 좌표를 각각 $(x_1, y_1), (x_2, y_2), \cdots, (x_n, y_n)$이라 하면

$$\bar{x} = \frac{\sum_{i=1}^{n} m_i x_i}{M}, \quad \bar{y} = \frac{\sum_{i=1}^{n} m_i y_i}{M} \quad (\text{여기서 } M = \sum_{i=1}^{n} m_i)$$

를 좌표로 하는 점 $(\bar{x}, \bar{y})$를 이들의 질점의 **중심**(Centroid)이라 한다. 중심은 이들의 질점에 작용하는 지구의 인력의 합친 힘의 작용선이 지나는 점이다. 이것은 $n=2$일 때는 분명하지만 일반적인 경우는 수학적 귀납법으로 증명된다.

다음에 곡선 $x=f(t), y=g(t)$ $(a \le t \le b)$ 위의 $t=a, t=b$에 대응하는 점 A, B에 대해 호 AB를 $A_1, A_2, \cdots, A_{n-1}$의 n개의 소부분으로 나누어 점 A_i의 좌표에 대응하는 $[a, b]$에서의 t의 값을 t_i라 하자. 이때 소부분으로 이루어지는 호를 각각 $AA_1 = \Delta s_1$, $A_1A_2 = \Delta s_2, \cdots, A_{n-1}B = \Delta s_n$이라 두고 $AA_1, AA_2, \cdots, A_{n-1}B$ 위에 각각 임의의 한 점 $P_1(x_1, y_1), P_2(x_2, y_2), \cdots, P_n(x_n, y_n)$을 차례로 잡자. 지금 호 AB는 같은 밀도를 갖는 선이라 생각하고 이 선의 단위 길이의 질량을 ρ라고 한다. 각 부분의 질량 $\rho\Delta s_1, \rho\Delta s_2, \cdots, \rho\Delta s_n$이 각각 점 $P_1, P_2, \cdots, P_n$에 집중한 것으로 생각하여

$$\frac{\sum_{i=1}^{n}(\rho\Delta s_i)x_i}{\sum_{i=1}^{n}\rho\Delta s_i}, \quad \frac{\sum_{i=1}^{n}(\rho\Delta s_i)y_i}{\sum_{i=1}^{n}\rho\Delta s_i}$$

를 만들어 n을 한없이 크게 하고 $\Delta s_i \to 0$일 때 극한값에 대하여 생각하면

$$\Delta s_i \fallingdotseq \sqrt{f'(t_i)^2 + (g'(t_i))^2}\,\Delta t_i, \qquad (\Delta t_i \to 0)$$

(여기서 $\Delta t_i = t_i - t_{i-1}$ $(i = 1,\ 2,\ \cdots,\ n)$, $t_0 = a,\ t_n = b$)이므로 위의 분수식의 극한을 각각 $\overline{x}$, $\overline{y}$라 하면

$$\overline{x} = \frac{\int_a^b x\sqrt{\left(\frac{dx}{dt}\right)^2 + \left(\frac{dy}{dt}\right)^2}\,dt}{\int_a^b \sqrt{\left(\frac{dx}{dt}\right)^2 + \left(\frac{dy}{dt}\right)^2}\,dt}, \quad \overline{y} = \frac{\int_a^b y\sqrt{\left(\frac{dx}{dt}\right)^2 + \left(\frac{dy}{dt}\right)^2}\,dt}{\int_a^b \sqrt{\left(\frac{dx}{dt}\right)^2 + \left(\frac{dy}{dt}\right)^2}\,dt}$$

이다. 여기서 점 $(\overline{x},\ \overline{y})$를 **호 AB의 중심**이라 부른다.

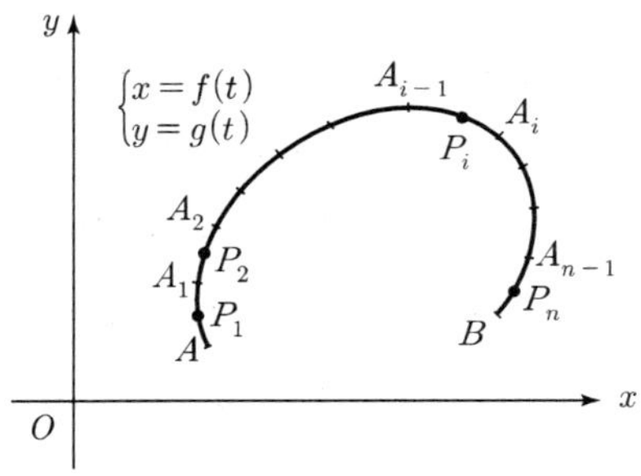

[그림 4.45]

지금 곡선의 방정식이 $y = f(x)$ $(a \leq x \leq b)$일 때

$$\overline{x} = \frac{\int_a^b x\sqrt{1 + \left(\frac{dy}{dx}\right)^2}\,dx}{l}, \quad \overline{y} = \frac{\int_a^b y\sqrt{1 + \left(\frac{dy}{dx}\right)^2}\,dx}{l}$$

여기서 $l = \int_a^b \sqrt{1 + \left(\frac{dy}{dx}\right)^2}\,dx$이다.

또 호 AB를 x축 둘레로 회전하여 생기는 회전면의 넓이를 S라 하고 호 AB의 길이를 l이라 하면 위의 공식에서 $\overline{y} = \dfrac{S}{2\pi l}$(단, $y = g(t) \geq 0$)이므로 $S = 2\pi l \overline{y}$이다. 따라서 다음 정리를 얻는다.

정리 4.1 파푸스(Pappus)의 정리

> 평면 위의 직선 g와 그 옆에 곡선의 호 AB가 있을 때 AB를 직선 g의 둘레로 회전할 때 생기는 회전면의 넓이는 호 AB의 길이와 그의 중심이 회전할 때 지나는 길의 길이 $2\pi \overline{y}$의 곱과 같다.

예제 4.44 반경 r, 중심각 2α인 원호의 중심을 구하라.

풀이

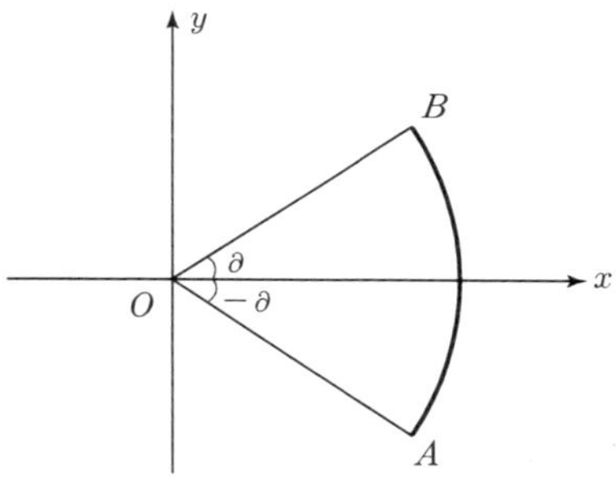

[그림 4.46]

원호의 방정식을 $x = r\cos\theta,\ y = r\sin\theta(-\alpha \leq \theta \leq \alpha)$라 하면

$$\left(\frac{dx}{d\theta}\right)^2 + \left(\frac{dy}{d\theta}\right)^2 = r^2,$$

$$\overline{x} = \frac{\displaystyle\int_{-\alpha}^{\alpha} r\cos\theta\sqrt{r^2}\,d\theta}{\displaystyle\int_{-\alpha}^{\alpha}\sqrt{r^2}\,d\theta} = \frac{[r^2\sin\theta]_{-\alpha}^{\alpha}}{2r\alpha} = \frac{r\sin\alpha}{\alpha}$$

여기서 호 AB는 x축에 대하여 대칭이므로 $\overline{y} = 0$이다. 따라서 구하는 중심은 $\left(\dfrac{r\sin\alpha}{\alpha},\ 0\right)$이다.

주의 $\alpha = \frac{\pi}{2}$ 라 놓으면 중심의 좌표는 $\left(\frac{2r}{\pi},\ 0\right)$, 또 반원주의 중심은 직경에 수직인 직선 위에 있고 원의 중심으로부터 원주 쪽으로 $\frac{2r}{\pi}$ 의 거리에 있다.

4장 종합문제

01. 공간상에서 x축 상에 놓여 있는 한 물체의 각점에서의 밀도와 단면의 넓이가 다음과 같이 주어진다. 이때 그 물체의 총질량을 구하라.

밀도함수: $\rho(x)=\phi(x)=e^x$, 단면의 넓이: $A(x)=\sqrt{1+e^x}$, $0 \le x \le 1$

02. 점 $(-1, 2)$, $(1, -1)$, $(3, 2)$에 각각 2, 3, 5 단위의 질량이 놓여 있을 때 x, y축에 관한 질점계의 1차 모멘트와 중심을 구하라.

03. 밀도가 일정하고 반지름이 r인 반원주의 중심을 구하라.

04. 밀도가 일정하고 반지름이 r인 반구의 표면의 중심을 구하라.

05. 밀도가 일정하고 반지름이 r인 반구의 중심을 구하라.

06. 굴딘의 정리를 이용하여 원 $x^2+(y-b)^2=r^2\,(b>r)$를 x축 둘레로 회전해서 생기는 원환체의 겉넓이를 구하라.

07. 굴딘의 정리를 이용하여 원 $x^2+(y-b)^2=r^2$, $(b>r)$를 x축 둘레로 회전해서 생기는 원환체의 부피를 구하라.

08. 위치가 $(2, 1, 0)$, $(3, 0, 5)$, $(4, 0, 2)$인 질점의 질량이 각각 6, 2, 2일 때 z축에 관한이 질점계의 관성모멘트를 구하라.

09. 어느 물체가 정지된 위치에서 동력의 작용에 의해서 낙하할 때 그 물체의 속도의 평균값을 구하라.

10. $x=0$에서 $x=4$까지 함수 $\sqrt{x}$의 평균을 구하라.

11. 왼쪽에서 오른쪽으로 갈수록 굵어지는 막대가 x축에 놓여 있다. 이 막대의 왼쪽 끝은 $x=0$이고 오른쪽 끝은 $x=10$이며 이 막대의 선밀도는 다음과 같다.

$$\rho(x)=1+\frac{x}{10}\,kg/m$$

주어진 막대의 질량중심을 구하라.

12. 밀도가 모든 점에서 일정한 삼각형판의 질량중심은 삼각형의 무게중심(삼각형에서 세 중선의 교점)과 일치함을 보여라.

13. 균일한 재질로 이루어져 있으며 굵기가 일정한 철사로 반지름이 r인 반원을 만들었다. 이렇게 굽은 철사의 질량중심을 구하라.

14. 반지름이 rm인 반구형의 수조에 가득 들어 있는 물을 펌프를 사용하여 수면 위로 hm까지 끌어 올리는 데 필요한 일을 계산하라.

15. 길이가 $1\,ft$이고 용수철 상수가 $k=16$인 용수철을 $0.75\,ft$로 압축하는 데 필요한 일을 구하라.

16. 질량이 m인 입자가 $t=0$일 때 정지 상태에서 출발하여 일정한 가속도 a로 $x=0$에서 $x=h$까지 움직였다. 이 입자는 움직이는 동안에 t시간에 따라 변하는 힘 $f(t)=t^2$을 계속 받았다. 이 힘의 입자에 한 일을 구하라.

17. 어떤 스프링을 본래의 길이에서 1cm 잡아 늘리는 데 필요한 일의 $10^5 ergs$라고 할 때 1cm에서 본래의 길이보다 3cm만큼 늘리는 데 필요한 일 W를 구하라.

18. 수영장은 반경이 $10\,\text{ft}$, 깊이가 $8\,\text{ft}$인 직원기둥 모양이다. $5\,\text{ft}$ 깊이까지 물이 채워져 있다면 $1\,\text{ft}$를 제외하고 나머지 물을 수영장 맨 위까지 퍼올리는 데 필요한 일 W를 구하라.

단, $W=\int_a^b 62.5(l-x)A(x)dx$로 주어진다. 여기서 62.5는 물의 무게로 $1\,\text{ft}^3$당 62.5lb를 나타낸다. l은 수영장의 깊이이다. 그리고 $A(x)$는 $[a,\ b]$ 내의 각 x에서의 탱크의 절단면의 넓이를 나타낸다.

19. $0.2\,\text{lb}$ 무게의 공이 수직방향으로 던져졌다. 공이 다시 땅에 떨어질 때까지 t초 후의 높이는 $h(t)=6+8t-16t^2$으로 주어진다. 이때 공이 최고 높이에서 땅으로 떨어지는 동안 중력에 의해 공에 행해진 일 W를 구하라.

20. 뉴턴의 중력법칙에 따르면 질량이 m_1, m_2인 두 물체는 다음과 같은 힘 F로 끌어당기고 있다고 한다.

$$F=G\frac{m_1m_2}{r^2}$$

여기에서 r은 두 물체 사이의 거리이며, G는 중력상수이다. 두 물체 중의 하나를 고정시킬 때 다른 물체를 $r=a$부터 $r=b$까지 움직이는 데 필요한 일 W를 구하라.

부록

1. 연습문제와 종합문제 해답
2. 기본공식 모음
3. 적분표

1 연습문제와 종합문제 해답

CALCULUS

제1장 도함수의 개요

연습문제 1.1

01. (1) 5 (2) -4

03. (1) $-2\sqrt{3}$ (2) 1

05. (1) 0 (2) $\frac{4}{5}$ (3) $\frac{1}{2}$ (4) 8

07. $1+\sin x \leq 2$이고 $4-\cos x \geq 3$이므로 $0 \leq \frac{1+\sin x}{4-\cos x} \leq \frac{2}{3}$이다.

따라서 $\lim_{x \to \infty}\left(\frac{1+\sin x}{4-\cos x}\right)^x = 0$이다.

09. $a=1$

연습문제 1.2

01. (1) 8 (2) $\frac{3\sqrt{3}}{2}$ (3) 2 (4) 1

03. (1) $\frac{1}{2\sqrt{x}}$ (2) $\frac{11}{2}x^4\sqrt{x}+10x^4+\frac{15}{2}x\sqrt{x}+12x-\frac{2}{\sqrt{x}}$

05. -2

연습문제 1.3

01. $3f(x)^2 f'(x)$

03. (1) $\frac{10 \cdot 2^{10}x^9}{(x+1)^{11}}$ (2) $\frac{5x^4+6x}{2\sqrt{x^5+3x^2}}$

05. (1) $y=-\frac{1}{2}(x+1)+1=-\frac{1}{2}x+\frac{1}{2}$ (2) $y=-2(x-3)-2=-2x+4$

07. 256

연습문제 1.4

01. (1) 5 (2) 1 (3) $\dfrac{5}{3}$ (4) $-\dfrac{1}{2}$

03. $\sin 3x = \sin 2x \cos x + \sin x \cos 2x = 2 \sin x \cos^2 x + \sin x (1 - 2\sin^2 x)$

$$= 2 \sin x (1 - \sin^2 x) + \sin x (1 - 2\sin^2 x) = 3 \sin x - 4 \sin^3 x$$

05. 최댓값 $= 2 \sin \dfrac{13\pi}{24}$, 최솟값 $= -2 \sin \dfrac{13\pi}{24}$

07. (1) $y' = -\sin\left(\dfrac{x+1}{x-1}\right)\left(-\dfrac{2}{(x-1)^2}\right) = \dfrac{2}{(x-1)^2} \sin\left(\dfrac{x+1}{x-1}\right)$

(2) $y' = (5x^4 + 6x^2) \cos (x^5 + 2x^3 + 5)$

(3) $y' = \dfrac{(2x-3)\cos(x^2 - 3x)}{2\sqrt{\sin(x^2 - 3x)}}$

(4) $y' = \dfrac{\sec^2 2x \cdot 2(\cos x^2 + 3) - \tan 2x(-\sin x^2)(2x)}{(\cos x^2 + 3)^2}$

$$= \frac{2(\cos x^2 + 3)\sec^2 2x + 2x \tan 2x (\sin x^2)}{(\cos x^2 + 3)^2}$$

09. (1) $\dfrac{dy}{dx} = \dfrac{2x+2}{\sqrt{1-(x^2+2x)^2}} = \dfrac{2(x+1)}{\sqrt{1 - x^4 - 4x^3 - 4x^2}}$

(2) $\dfrac{dy}{dx} = \dfrac{-\left(\dfrac{-1}{\sqrt{1-x^2}}\right)}{\arccos^2 x} = \dfrac{1}{\sqrt{1-x^2}\arccos^2 x}$

(3) $\dfrac{dy}{dx} = \arctan(2x+1) + x\dfrac{2}{1+(2x+1)^2} = \arctan(2x+1) + \dfrac{x}{2x^2 + 2x + 1}$

(4) $\dfrac{dy}{dx} = -\sin(\arctan x + 1)\dfrac{1}{1+x^2} = \dfrac{-\sin(\arctan x + 1)}{1+x^2}$

11. $x = (2n+1)\pi$이면 $\cos x = -1$이므로 $f(x) = \lim_{y \to \infty} (\cos x)^y$는 발산한다. $x = 2n\pi$이면 $\cos x = 1$이므로 $f(x) = \lim_{y \to \infty} (\cos x)^y = 1$이고 $x \neq n\pi$이면 $-1 < \cos x < 1$이므로 $f(x) = \lim_{y \to \infty} (\cos x)^y = 0$이다. $x = 2n\pi$이면 $f(x) = 1 \neq 0 = \lim_{y \to x} f(y)$이므

로 $f(x)$는 연속이 아니고 $x \neq n\pi$이면 $f(x)=0=\lim_{y\to x} f(y)$이므로 $f(x)$는 연속이다. 따라서 $f(x)$가 연속이 아닌 점은 $x=n\pi$이다.

연습문제 1.5

01. (1) $\frac{1}{3}$ (2) 0 (3) $\frac{3e^6}{4}$ (4) 1

(5) $5(\ln 2)^9$ (6) e (7) $\ln 2$ (8) $\frac{1}{\ln 3}$

03. (1) $y=3e^{11}(x-2)+e^{11}=3e^{11}x-5e^{11}$

(2) $y=6(x-1)=6x-6$

(3) $y=-2(x-2)+1=-2x+5$

(4) $y=\frac{1}{e}(x-1)=\frac{x-1}{e}$

05. $e^x-e^{-x}=2y$이므로 $e^{2x}-2ye^x-1=0$이다. 따라서 $e^x=y\pm\sqrt{y^2+1}$인데 $e^x>0$이므로 $e^x=y+\sqrt{y^2+1}$이다. $x=\ln(y+\sqrt{y^2+1})$이므로 $y=\sinh x$의 역함수는 $y=\ln(x+\sqrt{x^2+1})$이다.

07. (1) $n=1,\ 2,\ 3$이면 $\frac{n^2}{2}<2^n$이다. $n\geq 4$이면

$$\frac{n^2}{2}=\frac{3^2}{2}\cdot\left(\frac{4}{3}\right)^2\cdot\left(\frac{5}{4}\right)^2\cdots\left(\frac{n}{n-1}\right)^2\leq 2^3\cdot 2\cdot 2\cdots 2=2^n$$

(2) $[x]=n$이면 $\frac{(x-1)^2}{2}\leq\frac{n^2}{2}\leq 2^n\leq 2^x$

(3) $x>1$일 때 $0<\frac{x-1}{2^x}\leq\frac{2}{x-1}$. $\lim_{x\to\infty}\frac{2}{x-1}=0$이므로 $\lim_{x\to\infty}\frac{x-1}{2^x}=0$이다.

따라서 $\lim_{x\to\infty}\frac{x}{2^x}=0$이다.

(4) $\lim_{x\to\infty}\frac{x}{a^x}=\lim_{x\to\infty}\frac{x}{\left(2^{\log_2 a}\right)^x}=\lim_{t\to\infty}\frac{1}{\log_2 a}\frac{t}{2^t}=0$ $(t=x\log_2 a)$

(5) $b^k=a$이면 $b>1$. $\lim_{x\to\infty}\frac{x^k}{a^x}=\lim_{x\to\infty}\frac{x^k}{b^{kx}}=\lim_{x\to\infty}\left(\frac{x}{b^x}\right)^k=0$

(6) $\lim_{x\to\infty}\frac{\ln x}{x}=\lim_{t\to\infty}\frac{t}{e^t}=0$

1장 종합문제

01. (1) 2 　(2) $\dfrac{1}{\ln\left(\dfrac{3}{2}\right)}$ 　(3) 1 　(4) 0

(5) 0 　(6) 2 　(7) -1 　(8) 1

03. $a=\pm\sqrt{2}$

05. $f(0)=\lim_{n\to\infty}\left(\dfrac{1-0}{1+0}\right)^n=1$이고 $x\neq 0$이면 $0\leq\dfrac{1-x^2}{1+x^2}<1$이므로

$f(x)=\lim_{n\to\infty}\left(\dfrac{1-x^2}{1+x^2}\right)^n=0$이다. 따라서 $f(x)$는 $x=0$에서 연속이 아니다.

07. (1) $f'(x)=7(x^3-x^2)^6(3x^2-2x)$

(2) $f'(x)=\dfrac{e^{\frac{3x}{5}}(1+3x)}{5\sqrt[5]{x^4}}$

09. (1) $y=e(x-1)-e=ex-2e$ 　(2) $y=36(x-1)+8=36x-24e$

11. $y=\left(x+\dfrac{1}{2}\right)-\dfrac{1}{2}e^{-1}-\dfrac{1}{2}=x-\dfrac{1}{2e}$

13. (1) $y=-4(x-2)+1=-4x+9$ 　(2) $y=\pi x+\pi$

15. -1

17. $\sqrt{13}$

19. (1) $\lim_{x\to\infty}\dfrac{\ln g(x)}{\ln f(x)}=\lim_{x\to\infty}\dfrac{\ln g(x)-\ln f(x)}{\ln f(x)}+1$

$$=\lim_{x\to\infty}\frac{\ln\dfrac{g(x)}{f(x)}}{\ln f(x)}+1=\lim_{x\to\infty}\frac{\ln L}{\ln f(x)}+1=1$$

(2) $\lim_{x\to\infty}\dfrac{\ln(5x^4+x^3+3)}{\ln(x^3+2x+9)-\ln(x^5+3x)}=\lim_{x\to\infty}\dfrac{\ln(5x^4+x^3+3)}{\ln\dfrac{x^3+2x+9}{x^5+3x}}$

$$= \lim_{x \to \infty} \frac{\ln x^4\left(5 + \frac{1}{x} + \frac{1}{x^4}\right)}{\ln \frac{1}{x^2} \frac{1 + \frac{2}{x^2} + \frac{9}{x^3}}{1 + \frac{3}{x^4}}} = \lim_{x \to \infty} \frac{4\ln x + \ln\left(5 + \frac{1}{x} + \frac{1}{x^4}\right)}{-2\ln x + \ln \frac{1 + \frac{2}{x^2} + \frac{9}{x^3}}{1 + \frac{3}{x^4}}} = -2$$

제2장 도함수의 응용

연습문제 2.1

01. (1) 접선: $y - \left(-\frac{1}{8}\right) = \frac{4}{3}\left(x - \left(-\frac{1}{2}\right)\right)$, 법선: $y - \left(-\frac{1}{8}\right) = -\frac{3}{4}\left(x - \left(-\frac{1}{2}\right)\right)$

(2) 접선: $y - 1 = -\frac{2}{3}(x-3)$, 법선: $y - 1 = \frac{3}{2}(x-3)$

(3) 접선과 법선의 방정식은 존재하지 않는다.

(4) 접선: $y - 4 = 6(x-1)$, 법선: $y - 4 = -\frac{1}{6}(x-1)$

(5) 접선: $y - 0 = 1(x-0)$, 법선: $y - 0 = -1(x-0)$

(6) $x = 0$에서 미분계수가 존재하지 않으므로 접선과 법선의 방정식은 존재하지 않는다.

03. (1) 임계수: $x = 0$, $x = -1$, $x = 1$, 임계점: $(0, 0)$, $\left(1, -\frac{1}{2}\right)$, $\left(-1, -\frac{1}{2}\right)$

(2) 임계수: $x = -\sqrt{3}$, $x = \sqrt{3}$, 임계점: $\left(-\sqrt{3}, -\frac{2}{9}\sqrt{3}\right)$, $\left(\sqrt{3}, \frac{2}{9}\sqrt{3}\right)$

(3) $y' = 0$의 근이 존재하지 않으므로 임계수가 존재하지 않는다.

(4) 임계수: $x = 0$, 임계점: $(0, 0)$

(5) 임계수: $x = 1$, $x = -2$, 임계점: $(1, 16)$, $(-2, -11)$

(6) 임계수: $x = 5$, 임계점: $(5, -\frac{9}{8})$

(7) 임계수: $x = -2$, 임계점: $(-2, -3)$

(8) 임계수: $x = 2 - \sqrt{5}$, $x = 2 + \sqrt{5}$,

임계점: $(2 - \sqrt{5}, 4 - 2\sqrt{5})$, $(2 + \sqrt{5}, 4 + 2\sqrt{5})$

(9) 임계수: $x = \frac{4}{3}$, $x = 4$,

임계점: $\left(\frac{4}{3}, \frac{175}{17}\right)$, $(4, -3)$

(10) $y'=0$의 근이 존재하지 않으므로 임계수, 임계점이 존재하지 않는다.

연습문제 2.2

01. (1) $c=1$

(2) $f(x)=(x-1)^{-4}$는 $f(0)=1=f(2)$지만 $x=1$에서 불연속이고 미분가능하지 않다. 그러므로 일반화 된 롤 정리를 만족하는 c가 $(0, 2)$ 내에 존재하지 않는다.

(3) $f(x)=1+\sqrt[3]{x^2}$는 $[-1, 1]$에서 연속이고 $f(-1)=0=f(1)$이지만 개구간 $(-1, 1)$ 내의 점 $x=0$에서 미분불가능이다. 따라서 일반화 된 롤 정리를 만족하는 c가 $(-1, 1)$ 내에 존재하지 않는다.

03. (1) $c=\sqrt{3}$ (2) $c=1$ (3) $c=\frac{1}{4}$ (4) $c=1$

05. $9.95 \le \sqrt{101} \le 10.05$

연습문제 2.3

01. $(-\infty, \infty)$에서 증가

02. (1) 감소: $\left(-\infty, -\frac{1}{2}\right)$, 증가: $\left(-\frac{1}{2}, \infty\right)$

(2) 감소: $(-\infty, 0)$와 $\left(0, \frac{3}{2}\right)$, 증가: $\left(\frac{3}{2}, \infty\right)$

(3) $(-\infty, \infty)$에서 증가

(4) 감소: $\left(-\frac{\sqrt{10}}{5}, \frac{\sqrt{10}}{5}\right)$, 증가: $\left(-\infty, -\frac{\sqrt{10}}{5}\right)$와 $\left(\frac{\sqrt{10}}{5}, \infty\right)$

(5) 감소 :$(-2, 1)$, 증가: $(-\infty, -2)$와 $(1, \infty)$

(6) 감소: $(0, \infty)$, 증가: $(-\infty, 0)$

연습문제 2.4

01. $\frac{9}{\pi}$(cm/sec)

03. $v=(a, a-4b)$

05. $v=\left(-1,\ \frac{\sqrt{2}}{2}\right)$

연습문제 2.5

01. (1) f의 정의역은 모든 실수, $f(0)=0$이므로 y절편은 0이다.

$f(x)=0$에서 $x=0,\ 4$이므로 x절편은 0, 4이다. 또한

$f'(x)=4x^3-12x^2=4x^2(x-3)$이고

$f''(x)=12x^2-24x=12x(x-2)$이므로

$f(x)$의 증감과 요철을 표로 나타내면 다음과 같다.

x	$\cdots$	0	$\cdots$	2	$\cdots$	3	$\cdots$
$f(x)$	↘	0	↘	-16	↘	-27	↗
$f'(x)$	$-$	0	$-$	$-$	$-$	0	$+$
$f''(x)$	$+$	0	$-$	0	$+$	$+$	$+$

$f'(x)=0$에서 $x=0,\ 3$이므로 임계점은 $(0,\ 0)$, $(3,\ -27)$이다. $f''(x)$의 부호가 변하는 곳은 $x=0,\ 2$이므로 변곡점은 $(0,\ 0)$, $(2,\ -16)$이다. 또한 $x=3$일 때 f는 극솟값 $f(3)=-27$를 가진다. 위의 정보로 그래프를 그려 보면 다음과 같다.

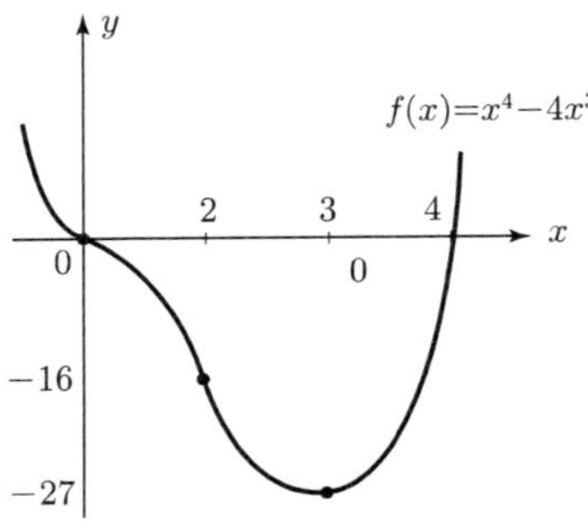

(2) f의 정의역은 $[-3,\ \infty)$이다. $f(0)=0$이므로 y절편은 0이다.

$f(x)=0$에서 $x=0,\ -3$이므로 x 절편은 $0,\ -3$이다.

$$f'(x)=\sqrt{x+3}+x\frac{1}{2\sqrt{x+3}}=\frac{3x+6}{2\sqrt{x+3}},$$

$$f''(x)=\frac{1}{2\sqrt{x+3}}+\frac{2\sqrt{x+3}-\frac{x}{\sqrt{x+3}}}{4(x+3)}=\frac{3x+12}{4(x+3)\sqrt{x+3}}$$

로부터 $f(x)$의 증감과 요철을 표로 나타내면 다음과 같다.

x	-3	$\cdots$	-2	$\cdots$
$f(x)$	0	↘	-2	↗
$f'(x)$	$-$	$-$	0	$+$
$f''(x)$	$+$	$+$	0	$+$

$f'(x)=0$에서 $x=-2$이므로 임계점은 $(-2, -2)$이다. f의 정의역 $[-3, \infty)$에 속하는 모든 x에 대해 $f''(x)>0$이므로 변곡점은 존재하지 않는다. 또한 $x=-2$일 때 f는 극솟값 $f(-2)=-2$를 가진다. 위의 정보로 그래프를 그려 보면 다음과 같다.

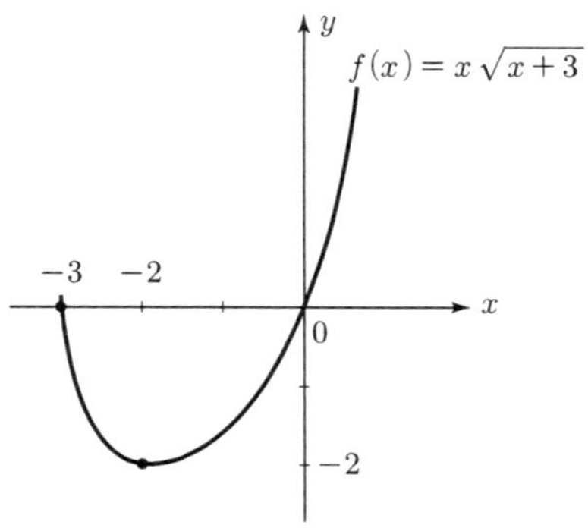

(3) f의 정의역은 모든 실수, $f(0)=-5$이므로 y절편은 -5이다.

$f'(x)=3x^2-3=3(x-1)(x+1)$이고 $f''(x)=6x$이므로 $f(x)$의 증감과 요철을 표로 나타내면 다음과 같다.

x	$\cdots$	-1	$\cdots$	0	$\cdots$	1	$\cdots$
$f(x)$	↗	-3	↘	-5	↘	-7	↗
$f'(x)$	$+$	0	$-$	$-$	$-$	0	$+$
$f''(x)$	$-$	$-$	$-$	0	$+$	$+$	$+$

$f'(x)=0$에서 $x=-1, 1$이므로 임계점은 $(-1, -3)$, $(1, -7)$이다. $f''(x)$의 부호가 변하는 곳은 $x=0$이므로 변곡점은 $(0, -5)$이다. 또한 $x=-1$일 때 f는 극댓값 $f(-1)=-3$를 가진다. $x=1$일 때 f는 극솟값 $f(1)=-7$를 가진다. 위의 정보로 그래프를 그려 보면 다음과 같다.

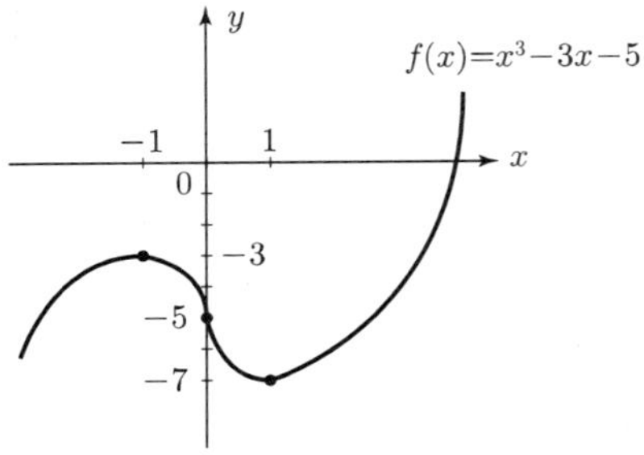

연습문제 2.6

01. (1) 0　　(2) -2　　(3) 0　　(4) 1

(5) $\frac{1}{3}$　　(6) $\frac{1}{2}$　　(7) 2　　(8) $\ln 3$

(9) 0　　(10) $\frac{1}{2}$

2장 종합문제

01. $(4,\ 2)$

03. $c=2$

05. 구간 $[-1,\ 1]$ 내에 있는 점 0에 대해 $f'(0)$이 존재하지 않으므로 롤 정리를 적용할 수 없다.

07. $f(0)=-2$이고 $f(1)=10$. 함수 f가 폐구간 $[0,\ 1]$에서 연속이고 $f(0)<0<f(1)$이므로 중간값 정리에 의해 c가 개구간 $(0,\ 1)$에 존재해서 $f(c)=0$이다. 따라서 $f(x)$가 적어도 하나의 실수해를 가진다는 것을 보였다.

다음 $f(x)$가 두 개의 서로 다른 실수해를 가진다고 가정하면 모순을 유도하여 $f(x)$가 많아야 하나의 실수해를 가진다는 것을 보인다.

$f(x)$가 두 개의 서로 다른 실수해 a와 b를 가진다고 하고 $a<b$라 하자. 그러면 함수 f는 $[a,\ b]$에서 연속이고, $(a,\ b)$에서 미분가능이고 $f(a)=0=f(b)$이므로 롤 정리에 의해 c_1이 $(a,\ b)$ 내에 존재해서 $f'(c_1)=0$이다.

그런데 $f'(x)=20x^4+3x^2+7$이므로 모든 x에 대해 $f'(x)>0$이다.

09. $x=2$에서 극댓값 128, $x=6$에서 극솟값 0

11. $f'(x) = -7x^6 - 3x^2$이므로 모든 실수 x에 대해 $f'(x) < 0$. 따라서 f는 감소함수다.

13. 함수 $f(x) = \sqrt{x}$를 생각하자. f는 폐구간 $[3,\ 4]$에서 연속이고 개구간 $(3,\ 4)$에서 미분가능이므로 평균값의 정리에 의해 c가 개구간 $(3,\ 4)$ 내에 존재해서

$\dfrac{\sqrt{4} - \sqrt{3}}{4 - 3} = 2 - \sqrt{3} = f'(c)$이다.

실제로 $f'(x) = \dfrac{1}{2\sqrt{x}}$이고 $f'(x)$가 구간 $[3,\ 4]$에서 감소함수이므로 모든 $x \in (3,\ 4)$에 대해 $\dfrac{1}{4} = f'(4) < f'(x) < f'(3) = \dfrac{1}{2\sqrt{3}} \le \dfrac{1}{2}$, 즉 $\dfrac{1}{4} < f'(x) < \dfrac{1}{2}$이다.

따라서 $\dfrac{1}{4} < f'(c) < \dfrac{1}{2}$이고 $f'(x) = 2 - \sqrt{3}$이므로 $\dfrac{1}{4} < 2 - \sqrt{3} < \dfrac{1}{2}$에서 $1.5 < \sqrt{3} < 1.75$을 얻는다.

15. 0

17. -1

19. $y = (1+x)^{\frac{1}{x}}$이라고 두면 $\ln y = \dfrac{\ln(1+x)}{x}$이다. 따라서

$$\ln\left(\lim_{x \to 0} y\right) = \lim_{x \to 0} \ln y = \lim_{x \to 0} \frac{\ln(1+x)}{x} = \lim_{x \to 0} \frac{1}{1+x} = 1\text{이다.}$$

$$\lim_{x \to 0} (1+x)^{\frac{1}{x}} = \lim_{x \to 0} y = e$$

제3장 적분

연습문제 3.1

01. (1) $\dfrac{1}{2}x^2 + \ln x + c$

(3) $\dfrac{1}{18}(2 + 3x^2)^3 + c$

(5) $\dfrac{1}{2}\arctan\dfrac{x}{2} + c$

(7) $\dfrac{2^x}{\ln 2} + c$

(9) $\ln(x^2 + 4) + \dfrac{5}{2}\arctan\dfrac{x}{2} + c$

연습문제 3.2

01. (1) $-\frac{1}{8}\cos 4x+\frac{1}{4}\cos 2x+c$

(3) $\frac{1}{18}\sin 6x+\frac{1}{8}\sin 4x+c$

(5) $\frac{1}{8}(\sin x)^8-\frac{1}{10}(\sin x)^{10}+c$

(7) $\frac{1}{3}\tan^3 x-\tan x+x+c$

(9) $\frac{1}{5\sqrt{2}}\arctan\frac{\sqrt{2}(x-2)}{5}+c$

(11) $\frac{1}{2(m-n)}\sin(m-n)x-\frac{1}{2(m+n)}\sin(m+n)x$

연습문제 3.3

01. (1) $-5\ln x+6\ln(x-1)+\ln(x+1)+c$

(3) $6\ln x-\frac{3}{2}\ln(x^2+1)+4\arctan x+c$

(5) $3\ln x-\frac{5}{(x-1)}-\ln|x-1|+c$

(7) $\ln\frac{e^x}{1+e^x}+c$

(9) $\frac{1}{2}\left(\ln(1+x^2)+\frac{1}{1+x^2}\right)+c$

연습문제 3.4

01. (1) $-\frac{\sqrt{x^2+4}}{x}+\ln(x+\sqrt{x^2+4})+c$

(3) $\frac{x}{2}\sqrt{x^2+4}-2\ln(x+\sqrt{x^2+4})+c$

(5) $\frac{1}{4}\ln\left|\frac{x+2}{x-2}\right|+c$

연습문제 3.5

01. (1) $\frac{1}{2}(x^2\arctan x - x + \arctan x) + c$

(3) $2\sqrt{x}\log x - 4\sqrt{x} + c$

(5) $\frac{x(\sin(\log x) - \cos(\log x))}{2} + c$

(7) $x(\tan x - x) + \ln|\cos x| - \frac{1}{2}x^2 + c$

(9) $\frac{e^{-3x}(-3\sin x - \cos x)}{10} + c$

(11) $\frac{1}{2}x\sinh 2x - \frac{1}{4}\cosh 2x + c$

연습문제 3.6

01. (1) 1 (3) ∞ (5) $-\ln\frac{3}{5}$ (7) $\frac{1}{2}$

(9) $\frac{1}{2(a^2+1)}$ (11) $\frac{\pi}{4}$ (13) ∞ (15) ∞

02. (1) $\sqrt{(x-1)^2 - 1}$ (3) $f(x^2+1)2x$ (5) $\frac{3}{2}x^2 + 2x$

3장 종합문제

01. (1) $x^2 - 6x - \ln(x+1) - 15\ln(x+2) + c$

(3) $9 + 3\ln(x-1) - \frac{3}{2}\ln(x^2 - x + 1) - 3\sqrt{3}\arctan\frac{2}{\sqrt{3}}\left(x + \frac{1}{2}\right) + c$

(5) $\tan x - \cot x + c$

(7) $-\frac{x}{6}\sqrt{x^2 - 3} - \frac{3}{2}\ln(x + \sqrt{x^2 - 3}) - \frac{1}{2}x^2 + c$

(9) $\frac{4}{11}(e^x + 1)^{\frac{11}{4}} - \frac{8}{7}(e^x + 1)^{\frac{7}{4}} + \frac{4}{3}(e^x + 1)^{\frac{3}{4}} + c$

(11) $\frac{2}{7}(\cos x)^{\frac{7}{2}} - \frac{2}{3}(\cos x)^{\frac{3}{2}} + c$

(13) $-\arctan(\cos x) + c$

(15) $\sqrt{x^2+1} - \frac{1}{2}\ln\left|\frac{\sqrt{x^2+2x}-x-1}{\sqrt{x^2+2x}+x+1}\right| + c$

02. (1) $-10\sqrt{18} + \frac{29}{3}\sqrt{17}$ (3) $\frac{\pi}{4}$ (5) $\frac{\pi}{2}$ (7) π

제4장 적분의 응용

연습문제 4.1

01. (1) $\frac{56}{3}$ (3) $\frac{125}{3}$ (5) $\frac{32}{3}$ (7) $\frac{1}{5}$

(9) $\frac{4}{3}$ (11) $\frac{1}{6}$ (13) $\frac{101}{75}$ (15) $\frac{9+4\sqrt{2}}{6}$

(17) $\frac{1}{3}$ (19) $\pi - 2$

03. 30π

05. $\frac{1}{3}$

07. $A = 18$

09. $c = 3\sqrt{3}$

연습문제 4.2

01. (1) $\frac{\pi}{5}$ (2) $\frac{\pi}{2}$

03. (1) $\frac{\pi}{3}$ (2) $\frac{\pi}{3}$ (3) $\frac{(3\pi-2)\pi}{6}$

05. (1) x축 둘레로 회전한 경우: $\frac{20}{3}\pi$

(2) y축 둘레로 회전한 경우: $\frac{29}{6}\pi$

07. $V=\frac{4}{5}\pi$

09. (1) $\frac{21}{2}\pi$ (3) 3π

연습문제 4.3

01. (1) $L=\int_0^1 \sqrt{1+9x^4}\,dx$

03. $L=1+\frac{\operatorname{arcsin}h(1)}{\sqrt{2}}$

05. $L=1+\frac{\operatorname{arcsin}h(1)}{\sqrt{2}}$

07. $L=2(\sqrt{1+t}-\sqrt{2})\quad (t\geq 1)$

09. $L=2\arctan\left(\frac{\sqrt{3}-1}{2}\right)$

연습문제 4.4

01. (1) $A=2\pi\int_0^4 x\sqrt{1+\left(\frac{1}{2\sqrt{y}}\right)^2}\,dy$

$$=2\pi\int_0^4 \sqrt{y+1/4}\,dy=\left(\frac{34\sqrt{17}}{3}-\frac{1}{6}\right)\pi$$

03. $A=2\pi\int_{-2/3}^{2/3} x\sqrt{1+\frac{4x}{(x-1)^2}}\,dx=2\pi\int_1^4 x^{3/2}+\sqrt{x}\,dx=\frac{232}{15}\pi$

05. $A=2\pi\int_0^1 \frac{x^2}{2}\sqrt{1+x^2}\,dx$

$$=\pi[f(0)+f(1)+2(f(0.2)+f(0.4)+f(0.6)+f(0.8))]$$

$$=\pi[\sqrt{2}+2(0.04\sqrt{1.04}+0.16\sqrt{1.16}+0.36\sqrt{1.36}+0.64\sqrt{1.64})]$$

≈ 13.5695, 여기서 $f(x)=x^2\sqrt{1+x^2}$

(참고: $A = \pi\int_0^1 x^2\sqrt{1+x^2}\,dx = \dfrac{3\sqrt{2}-\ln(1+\sqrt{2})}{8}\pi$)

07. $A = \pi\int_0^1 x^2\sqrt{1+x^2}\,dx = \dfrac{3\sqrt{2}-\ln(1+\sqrt{2})}{8}\pi$

09. $A = \left[\dfrac{99}{1024}\sqrt{61}+\dfrac{31}{1024}\sqrt{517}+\dfrac{1107}{2048}\ln\left(\dfrac{31+2\sqrt{517}}{-33+6\sqrt{61}}\right)\right]\pi$

4장 종합문제

01. $L = \int_0^1 e^x\sqrt{1+(e^x)^2}\,dx = \dfrac{2}{3}[-2\sqrt{2}+(1+e)^{3/2}]$

03. $(\bar{x},\ \bar{y}) = \left(0,\ \dfrac{\pi r}{4}\right)$

05. $(\bar{x},\ \bar{y},\ \bar{z}) = \left(0,\ 0,\ \dfrac{\pi r}{4}\right)$

07. $V = 2\pi^2 br^2$

09. $v = \sqrt{2gh}$, 여기서 $g = 9.8\mathrm{m/sec}^2$, h는 낙하거리

11. $\bar{x} = 7.5(\mathrm{m})$

13. $(\bar{x},\ \bar{y}) = \left(0,\ \dfrac{\pi r}{4}\right)$

15. $W = 3.5(ergs)$

17. $8\times 10^5(ergs)$

19. $1.4(foot-pounds)$

2 기본공식 모음

CALCULUS

대수

- **이차방정식의 근의 공식**

$ax^2+bx+c=0$, $a\neq 0$이면

$$x=\frac{-b\pm\sqrt{b^2-4ac}}{2a}$$

- **지수법칙**

$a>0$, $a\neq 1$일 때 모든 실수 p, q에 대해

(1) $a^pa^q=a^{p+q}$

(2) $a^p\div a^q=a^{p-q}$

(3) $(a^p)^q=a^{pq}$

(4) $(ab)^p=a^pb^p$, $(b>0,\ b\neq 1)$

- **log의 성질**

(1) $\log(MN)=\log M+\log N$

(2) $\log(M/N)=\log M-\log N$

(3) $\log M^n=n\log M$

(4) $\log\sqrt[n]{M}=(1/n)\log M$

(5) $\log_b b=1$

(6) $\log_1=0$

- **계승** $n!=1\cdot 2\cdot 3\cdot\ \cdots\ \cdot(n-1)\cdot n$, $0!=1$

- **이항전개**

$$(a+b)^n=a^n+{}_nC_1a^{n-1}b+{}_nC_2a^{n-2}b^2+\cdots+{}_nC_ra^{n-r}+\cdots+b^n$$

여기서

$${}_nC_1=\frac{n}{1},\ {}_nC_2=\frac{n(n-1)}{1\cdot 2},\ {}_nC_r=\frac{n!}{r!\cdot(n-r)!}$$

- **등차급수** a를 초항, d를 공차, n을 항수, l을 말항, S를 총합이라 하면

$$l=a+(n-1)d,\ S=\frac{1}{2}n(a+1),\ S=\frac{1}{2}n[2a+(n-1)d]$$

- **등비급수** a를 초항, r을 공비, n을 항수, l을 말항, S를 총합이라면

$$l = ar^{n-1},\ S = \frac{1-r^n}{1-r},\ S = \frac{a-rl}{1-r} \quad (r \neq 1)$$

- **무한등비급수** $r^2 < 1$이면, $S = a/(1-r)$

삼각법

- **호도와 도수** $360^\circ = 2\pi$라디안(radian)$= 1$회전

1라디안$= 57.2957\cdots$도. 1도$= 0.0174532\cdots$라디안

- **특수각에 관한 삼각함수값**

각(라디안)	sin	cos	tan	cot	sec	csc	각(라디안)
0°	0	1	0	∞	1	∞	0
30°	$\frac{1}{2}$	$\frac{1}{2}\sqrt{3}$	$\frac{1}{3}\sqrt{3}$	$\sqrt{3}$	$\frac{2}{3}\sqrt{3}$	2	$\frac{1}{6}\pi$
45°	$\frac{1}{2}\sqrt{2}$	$\frac{1}{2}\sqrt{2}$	11	11	$\sqrt{2}$	$\sqrt{2}$	$\frac{1}{4}\pi$
60°	$\frac{1}{2}\sqrt{3}$	$\frac{1}{2}$	$\sqrt{3}$	$\frac{1}{3}\sqrt{3}$	2	$\frac{2}{3}\sqrt{3}$	$\frac{1}{3}\pi$
90°	1	0	∞	0	∞	1	$\frac{1}{2}\pi$

각(도수)	sin	cos	tan	cot	sec	csc	각(도수)
180°	0	-1	0	∞	-1	∞	π
270°	-1	0	∞	0	∞	-1	$\frac{3}{2}\pi$
360°	0	1	0	∞	1	∞	2π

- **환원관계**

각	Sine	Cosine	Tangent	Cotangent	Secant	Cosecant
$-x$	$-\sin x$	$\cot x$	$-\tan x$	$\cot x$	$\sec x$	$-\csc x$
$90^\circ - x$	$\cos x$	$\sin x$	$\cot x$	$\tan x$	$\csc x$	$\sec x$
$90^\circ + x$	$\cos x$	$-\sin x$	$-\cot x$	$-\tan x$	$-\csc x$	$\sec x$
$180^\circ - x$	$\sin x$	$-\cos x$	$-\tan x$	$-\cot x$	$-\sec x$	$\csc x$
$180^\circ + x$	$\sin x$	$-\cos x$	$\tan x$	$\cot x$	$-\sec x$	$-\csc x$
$270^\circ - x$	$-\cos x$	$-\sin x$	$\cot x$	$\tan x$	$-\csc x$	$-\sec x$
$270^\circ + x$	$-\cos x$	$\sin x$	$-\cot x$	$-\tan x$	$\csc x$	$-\sec x$
$360^\circ - x$	$-\sin x$	$\cos x$	$-\tan x$	$-\cot x$	$\sec x$	$-\csc x$

- **기본항등식**

$\csc x = 1/\sin x$, $\sec x = 1/\cos x$, $\cot x = 1/\tan x$,

$\tan x = \sin x/\cos x$, $\cot x = \cos x/\sin x$, $\sin^2 x + \cos^2 x = 1$,

$1 + \tan^2 x = \sec^2 x$, $1 + \cot^2 x = \csc^2 x$.

- **두 각의 합과 차에 관한 공식**

$$\sin(x \pm y) = \sin x \cos y \pm \cos x \sin y$$

$$\cos(x \pm y) = \cos x \cos y \mp \sin x \sin y$$

$$\tan(x \pm y) = \frac{\tan x \pm \tan y}{1 \mp \tan x \tan y}$$

- **배각의 공식**

$$\sin 2x = 2 \sin x \cos x, \quad \cos 2x = \cos^2 x - \sin^2 x,$$

$$\tan 2x = \frac{2 \tan x}{1 - \tan^2 x}$$

- **반각의 공식**

$$\sin^2 \frac{x}{2} = \frac{1 - \cos x}{2}, \quad \cos \frac{x}{2} = \frac{1 + \cos x}{2}$$

$$\tan^2 \frac{x}{2} = \frac{1 - \cos x}{1 + \cos x} = \left(\frac{1 - \cos x}{\sin x}\right)^2$$

- **합의 공식**

$$\sin x + \sin y = 2\sin\frac{1}{2}(x+y)\cos\frac{1}{2}(x-y),$$

$$\sin x - \sin y = 2\cos\frac{1}{2}(x+y)\sin\frac{1}{2}(x-y),$$

$$\cos x + \cos y = 2\cos\frac{1}{2}(x+y)\cos\frac{1}{2}(x-y),$$

$$\cos x - \cos y = -2\sin\frac{1}{2}(x+y)\sin\frac{1}{2}(x-y)$$

- **곱의 공식**

$$\sin x\sin y = \frac{1}{2}\cos(x-y) - \frac{1}{2}\cos(x+y),$$

$$\sin x\cos y = \frac{1}{2}\sin(x-y) + \frac{1}{2}\sin(x+y),$$

$$\cos x\cos y = \frac{1}{2}\cos(x-y) + \frac{1}{2}\cos(x+y)$$

- **임의의 삼각형에 관한 공식** 변의 길이를 a, b, c, 그 대각을 α, β, γ, $s=\frac{1}{2}(a+b+c)$, 외접원의 반경을 R, 내접원의 반경을 r이라 하면

사인법칙 $\quad \dfrac{a}{\sin\alpha} = \dfrac{b}{\sin\beta} = \dfrac{c}{\sin\gamma} 2R,$

코사인법칙 $\quad a^2 = b^2 + c^2 - 2bc\cos\alpha,$

$$r = \sqrt{\frac{(s-a)(s-b)(s-c)}{s}}$$

$$\text{면적} = \frac{1}{2}ab\sin\gamma = \frac{abc}{4k}$$

$$= \frac{a^2\sin\beta\sin\gamma}{2\sin(\beta+\gamma)}$$

$$= \sqrt{s(s-a)(s-b)(s-c)} \quad \text{(Heron의 공식)}$$

평면해석기하

- 두 점 $P_1(x_1, y_1)$과 $P_2(x_2, y_2)$에 관하여

거리 P_1P_2 $\quad \text{dist} = \sqrt{(x_1 - x_2)^2 + (y_1 - y_2)^2}$

P_1P_2의 기울기 $\quad m = \dfrac{y_1 - y_2}{x_1 - x_2}$

P_1P_2의 중점 $\quad x = \dfrac{1}{2}(x_1 + x_2), \quad y = \dfrac{1}{2}(y_1 + y_2)$

- 기울기가 m_1, m_2인 두 직선 사이의 각

$$\tan\theta = \frac{m_1 - m_2}{1 + m_1 m_2}$$

평행인 직선에 대해서는 $m_1 = m_2$, 수직인 직선에 대해서는 $m_1 = -\dfrac{1}{m_2}$이다.

- 직선의 방정식

점-기울기형 $y - y_1 = m(x - x_1)$

기울기-절편형 $y = mx + b$

두 점형 $\dfrac{y - y_1}{x - x_1} = \dfrac{y_2 - y_1}{x_1 - x_1}$

절편형 $\dfrac{x}{a} + \dfrac{y}{b} = 1$

수평선 $y = b$

수직선 $x = a$

- $P(x_1, y_1)$에서 직선 $ax + by + c = 0$에 이르는 거리

$$d = \frac{ax_1 + by_1 + c}{\sqrt{a^2 + b^2}}$$

- 직교좌표와 극좌표와의 관계

$$x = r\cos\theta, \ r = \pm\sqrt{x^2 + y^2},$$
$$y = r\cos\theta, \ \theta = \arctan(y/x)$$

- **원의 방정식** 중심이 (h, k), 반경이 r

$$(x-h)^2+(y-k)^2=r^2$$

- **타원의 방정식** 중심이 (h, k), 반장축이 a, 반단축이 b

$$\frac{(x-h)^2}{a^2}+\frac{(y-k)^2}{b^2}=1 \quad 혹은 \quad \frac{(y-h)^2}{a^2}+\frac{(x-h)^2}{b^2}=1$$

- **쌍곡선의 방정식** 중심이 (h, k), 반관축이 a, 반공액축이 b

$$\frac{(x-h)^2}{a^2}-\frac{(y-h)^2}{b^2}=1 \quad 혹은 \quad \frac{(y-k)^2}{a^2}-\frac{(x-h)^2}{b^2}=1$$

- **포물선의 방정식** 정점이 (h, k), 초점거리가 p

$$(y-k)^2=4p(x-h) \quad 혹은 \quad (x-h)^2=4p(y-k)$$

입체해석기하

- **두 점 $P_1(x_1, y_1, z_1)$, $P_2(x_2, y_2, z_2)$에 대하여**

  거리 P_1P_2 $\text{dist}=\sqrt{(x_1-x_2)^2+(y_1-y_2)^2+(z_1-z_2)^2}$

  P_1P_2의 방향수 $[x_1-x_2, y_1-y_2, z_1-z_2]$

  P_1P_2의 중점 $x=\frac{1}{2}(x_1+x_2)$, $y=\frac{1}{2}(y_1+y_2)$, $z=\frac{1}{2}(z_1+z_2)$

- **방향수가 $[a_1, b_1, c_1]$, $[a_2, b_2, c_2]$인 두 직선 사이의 각**

$$\cos\theta=\frac{|a_1a_2+b_1b_2+c_1c_2|}{\sqrt{a_1^2+b_1^2+c_1^2}\sqrt{a_2^2+b_2^2+c_2^2}}$$

  평행인 직선 $\frac{a_1}{a_2}=\frac{b_1}{b_2}=\frac{c_1}{c_2}$

  수직인 직선 $a_1a_2+b_1b_2+c_1c_2=0$

- **점 $P(x_1, y_1, z_1)$을 지나고 방향수가 $[a, b, c]$인 직선과 수직인 평면의 방정식**

$$a(x-x_1)+b(y-y_1)+c(z-z_1)=0$$

- $P(x_1, y_1, z_1)$을 지나고 방향수가 $[a, b, c]$인 직선의 방정식

$$\frac{x-x_1}{a}=\frac{y-y_1}{b}=\frac{z-z_1}{c}$$

- $P(x_1, y_1, z_1)$에서 평면 $ax+by+cz+d=0$에 이르는 거리

$$\text{dist}=\frac{ax_1+by_1+cz_1+d}{\sqrt{a^2+b^2+c^2}}$$

- 직표좌표와 주면좌표와의 관계

$x=r\cos\theta,$ $\quad y=r\sin\theta,$ $\quad z=z$

$x=\pm\sqrt{x^2+y^2},$ $\quad \theta=\arctan(y/x),$ $\quad z=z$

- 직교좌표와 구면좌표와의 관계

$x=r\sin\phi\cos\theta,$ $\quad y=r\sin\phi\sin\theta,$ $\quad z=r\cos\phi$

$r=\pm\sqrt{x^2+y^2+z^2},$ $\quad \theta=\arctan(y/x),$ $\quad \phi=\arctan(\sqrt{x^2+y^2}/z)$

3 적분표

CALCULUS

기본형

1. $\int du = u + c$

2. $\int c\, du = c \int du$

3. $\int (f + g + \cdots) du = \int f\, du + \int g\, du + \cdots$

4. $\int u\, dv = uv - \int v\, du$

5. $\int u^n\, du = \dfrac{u^{n+1}}{n+1} + c \qquad (\neq -1)$

6. $\int \dfrac{du}{u} = \log u + c$

$a+bu$를 포함하는 유리식형

7. $\int \dfrac{u\, du}{a+bu} = \dfrac{1}{b^2}[a + bu - a\log(a+bu)] + c$

8. $\int \dfrac{u^2\, du}{a+bu} = \dfrac{1}{b^3}\left[\dfrac{1}{2}(a+bu)^2 - 2a(a+bu) + a^2\log(a+bu)\right] + c$

9. $\int \dfrac{u\, du}{(a+bu)^2} = \dfrac{1}{b^2}\left[\dfrac{a}{a+bu} + \log(a+bu)\right] + c$

10. $\int \dfrac{u^2\, du}{(a+bu)^2} = \dfrac{1}{b^3}\left[a + bu - \dfrac{a^2}{a+bu} - 2a\log(a+bu)\right] + c$

11. $\int \dfrac{du}{u(a+bu)} = -\dfrac{1}{a}\log\dfrac{a+bu}{u} + c$

12. $\int \dfrac{du}{u^2(a+bu)} = -\dfrac{1}{au} + \dfrac{b}{a^2}\log\dfrac{a+bu}{u} + c$

13. $\int \dfrac{du}{u(a+bu)^2} = -\dfrac{1}{a(a+bu)} - \dfrac{1}{a^2}\log\dfrac{a+bu}{u} + c$

$\sqrt{a+bu}$를 포함하는 형

14. $$\int u\sqrt{a+bu}\,du=\frac{2(3bu-2a)}{15b^2}(a+bu)^{\frac{3}{2}}+c$$

15. $$\int u^2\sqrt{a+bu}\,du=\frac{2(15b^2u^2-12abu+8a^2)}{105b^3}(a+bu)^{\frac{3}{2}}+c$$

16. $$\int\frac{u\,du}{\sqrt{a+bu}}=\frac{2(2bu+2a)}{3b^2}\sqrt{a+bu}+c$$

17. $$\int\frac{u^2\,du}{\sqrt{a+bu}}=\frac{2(3b^2u^2-4abu+8a^2)}{15b^3}\sqrt{a+bu}+c$$

18a. $$\int\frac{du}{u\sqrt{a+bu}}=\frac{1}{\sqrt{a}}\log\frac{\sqrt{a+bu}-\sqrt{a}}{\sqrt{a+bu}+\sqrt{a}}+c\quad(a>0)$$

18b. $$\int\frac{du}{u\sqrt{a+bu}}=\frac{2}{\sqrt{-a}}\arctan\frac{\sqrt{a+bu}}{-a}+c\quad(a<0)$$

19. $$\int\frac{du}{u^2\sqrt{a+bu}}=-\frac{\sqrt{a+bu}}{au}-\frac{b}{2a}\int\frac{du}{u\sqrt{a+bu}}$$

20. $$\int\frac{\sqrt{a+bu}}{u}du=2\sqrt{a+bu}+a\int\frac{du}{u\sqrt{a+bu}}$$

21. $$\int\frac{\sqrt{a+bu}}{u^2}du=-\frac{\sqrt{a+bu}}{u}+\frac{b}{2}\int\frac{du}{u\sqrt{a+bu}}$$

$a^2\pm u^2$과 u^2-a^2을 포함하는 형

22. $$\int\frac{du}{a^2+u^3}=\frac{1}{a}\arctan\frac{u}{a}+c,\ \text{if}\ a>0$$

23. $$\int\frac{du}{a^2+u^3}=\frac{1}{2a}\ln\frac{a+u}{a-u}+C=\frac{1}{a}\arctan\frac{u}{a}+c,\ \text{if}\ u^2<a^2$$

24. $$\int\frac{du}{a^2+u^3}=\frac{1}{2a}\ln\frac{u+a}{u+a}+C=-\frac{1}{a}\arctan\frac{u}{a}+c,\ \text{if}\ u^2>a^2$$

$\sqrt{a^2-u^2}$을 포함하는 형

25. $$\int\frac{du}{\sqrt{a^2-u^2}}=\arcsin\frac{u}{a}+c,\quad(u^2<a^2,\ a>0)$$

26. $$\int\sqrt{a^2-u^2}\,du=\frac{u}{2}\sqrt{a^2-u^2}+\frac{a^2}{2}\arcsin\frac{u}{a}+c$$

27. $\int u^2\sqrt{a^2-u^2}\,du=-\frac{u}{4}(a^2-u^2)^{\frac{3}{2}}+\frac{a^2}{8}u\sqrt{a^2-u^2}+\frac{a^4}{8}\arcsin\frac{u}{a}+c$

28. $\int\frac{\sqrt{a^2-u^2}}{u}du=\sqrt{a^2-u^2}-a\log\left(\frac{a+\sqrt{a^2-u^2}}{u}\right)+c$

29. $\int\frac{\sqrt{a^2-u^2}}{u^2}du=-\frac{\sqrt{a^2-u^2}}{u}-\arcsin\frac{u}{a}+c$

30. $\int\frac{u^2\,du}{\sqrt{a^2-u^2}}=-\frac{u}{2}\sqrt{a^2-u^2}+\frac{a^2}{2}\arcsin\frac{u}{a}+c$

31. $\int\frac{du}{u\sqrt{a^2-u^2}}=-\frac{1}{a}\log\left(\frac{a+\sqrt{a^2-u^2}}{u}\right)+c$

32. $\int\frac{du}{u\sqrt{a^2-u^2}}=-\frac{\sqrt{a^2-u^2}}{a^2u}+c$

33. $\int(a^2-u^2)^{\frac{3}{2}}du=-\frac{u}{8}(2u^2-5a^2)\sqrt{a^2-u^2}+\frac{3a^4}{8}\arcsin\frac{u}{a}+c$

34. $\int\frac{du}{(a^2-u^2)^{\frac{3}{2}}}=\frac{u}{a^2\sqrt{a^2-u^2}}+c$

$\sqrt{a^2+u^2}$ 을 포함하는 형

35. $\int\frac{du}{\sqrt{a^2+u^2}}=\log(u+\sqrt{a^2+u^2})+C=\operatorname{arcsinh}\frac{u}{a}+c$

36. $\int\sqrt{a^2+u^2}\,du=\frac{u}{2}\sqrt{a^2+u^2}+\frac{a^2}{2}\log(u+\sqrt{a^2+u^2})+c$

$$=\frac{u}{2}\sqrt{a^2+u^2}+\frac{a^2}{2}\operatorname{arcsinh}\frac{u}{a}+c$$

37. $\int u^2\sqrt{a^2+u^2}\,du=\frac{u}{8}(2u^2+a^2)\sqrt{a^2+u^2}-\frac{a^4}{8}\log(u+\sqrt{a^2+u^2})+c$

$$=\frac{u}{8}(2u^2+a^2)\sqrt{a^2+u^2}-\frac{a^4}{8}\operatorname{arcsinh}\frac{u}{a}+c$$

38. $\int\frac{\sqrt{a^2+u^2}}{u}du=\sqrt{a^2+u^2}-a\log\left(\frac{a+\sqrt{a^2+u^2}}{u}\right)+c$

39. $$\int \frac{\sqrt{a^2+u^2}}{u^2}du = -\frac{\sqrt{a^2+u^2}}{u} + \ln(u+\sqrt{a^2+u^2}) + c$$
$$= -\frac{\sqrt{a^2+u^2}}{u} + \operatorname{arcsinh}\frac{u}{a} + c$$

40. $$\int \frac{u^2\,du}{\sqrt{a^2+u^2}} = \frac{u}{2}\sqrt{a^2+u^2} - \frac{a^2}{2}\log(u+\sqrt{a^2+u^2}) + c$$
$$= \frac{u}{2}\sqrt{a^2+u^2} - \frac{a^2}{2}\operatorname{arcsinh}\frac{u}{a} + c$$

41. $$\int \frac{du}{u\sqrt{a^2+u^2}} = -\frac{1}{a}\log\left(\frac{\sqrt{a^2+u^2}+a}{u}\right) + c$$

42. $$\int \frac{du}{u^2\sqrt{a^2+u^2}} = -\frac{\sqrt{a^2+u^2}}{a^2u} + c$$

43. $$\int (a^2+u^2)^{\frac{3}{2}}du = \frac{u}{8}(2u^2+5a^2)\sqrt{a^2+u^2} + \frac{3a^4}{8}\log(u+\sqrt{a^2+u^2}) + c$$
$$= \frac{u}{8}(2u^2+5a^2)\sqrt{a^2+u^2} + \frac{3a^4}{8}\operatorname{arcsinh}\frac{u}{a} + c$$

44. $$\int \frac{du}{(a^2+u^2)^{\frac{3}{2}}} = \frac{u}{a^2\sqrt{a^2+u^2}} + c$$

$\sqrt{u^2-a^2}$ 을 포함하는 형

45. $$\int \frac{du}{\sqrt{u^2-a^2}} = \log(u+\sqrt{u^2-a^2}) + C = \operatorname{arccosh}\frac{u}{a} + c$$

46. $$\int \sqrt{u^2-a^2}\,du = \frac{u}{2}\sqrt{u^2-a^2} - \frac{a^2}{2}\log(u+\sqrt{u^2-a^2}) + c$$
$$= \frac{u}{2}\sqrt{u^2-a^2} + \frac{a^2}{2}\operatorname{arccosh}\frac{u}{a} + c$$

47. $$\int u^2\sqrt{u^2-a^2}\,du = \frac{u}{8}(2u^2-a^2)\sqrt{u^2-a^2} - \frac{a^4}{8}\log(u+\sqrt{u^2-a^2}) + c$$
$$= \frac{u}{8}(2u^2-a^2)\sqrt{u^2-a^2} - \frac{a^4}{8}\operatorname{arccosh}\frac{u}{a} + c$$

48. $$\int \frac{\sqrt{u^2-a^2}}{u}du = \sqrt{u^2-a^2} - a \operatorname{arccos} \frac{a}{u} + c$$
$$= \sqrt{u^2-a^2} - a \operatorname{arcsec} \frac{u}{a} + c$$

49. $$\int \frac{\sqrt{u^2-a^2}}{u^2}du = -\frac{\sqrt{u^2-a^2}}{u} + \log(u+\sqrt{u^2-a^2}) + c$$
$$= -\frac{\sqrt{u^2-a^2}}{u} + \operatorname{arccosh} \frac{u}{a} + c$$

50. $$\int \frac{u^2\,du}{\sqrt{u^2-a^2}} = \frac{u}{2}\sqrt{u^2-a^2} + \frac{a^2}{2}\log(u+\sqrt{u^2-a^2}) + c$$
$$= \frac{u}{2}\sqrt{u^2-a^2} + \frac{a^2}{2}\operatorname{arccosh}\frac{u}{a} + c$$

51. $$\int \frac{du}{u\sqrt{u^2-a^2}} = \frac{1}{a}\operatorname{arccos}\frac{a}{u} + C = \frac{1}{a}\operatorname{arcsec}\frac{u}{a} + c$$

52. $$\int \frac{du}{u^2\sqrt{u^2-a^2}} = \frac{\sqrt{u^2-a^2}}{a^2u} + c$$

53. $$\int (u^2-a^2)^{\frac{3}{2}}du = \frac{u}{8}(2u^2-5a^2)\sqrt{u^2-a^2} + \frac{3a^4}{8}\log(u+\sqrt{u^2-a^2}) + c$$
$$= \frac{u}{8}(2u^2-5a^2)\sqrt{u^2-a^2} + \frac{3a^4}{8}\operatorname{arccosh}\frac{u}{a} + c$$

54. $$\int \frac{du}{(u^2-a^2)^{\frac{3}{2}}} = \frac{u}{a^2\sqrt{u^2-a^2}} + c$$

$\sqrt{2au-u^2}$ 을 포함하는 형

55. $$\int \sqrt{2au-u^2}\,du = \frac{u-a}{2}\sqrt{2au-u^2} + \frac{a^2}{2}\operatorname{arccos}\left(1-\frac{u}{a}\right) + c$$

56. $$\int u\sqrt{2au-u^2}\,du = \frac{2u^2-au-3a^2}{6}\sqrt{2au-u^2} + \frac{a^2}{2}\operatorname{arccos}\left(1-\frac{u}{a}\right) + c$$

57. $$\int \frac{\sqrt{2au-u^2}}{u}\,du = \sqrt{2au-u^2} + a\operatorname{arccos}\left(1-\frac{u}{a}\right) + c$$

58. $$\int \frac{\sqrt{2au-u^2}}{u^2}\,du = -\frac{2\sqrt{2au-u^2}}{u} + a\,\mathrm{arc\cos}\left(1-\frac{u}{a}\right)+c$$

59. $$\int \frac{du}{\sqrt{2au-u^2}} = 2\,\mathrm{arc\sin}\sqrt{\frac{u}{2a}} + C = \mathrm{arc\cos}\left(1-\frac{u}{a}\right)+c$$

60. $$\int \frac{u\,du}{\sqrt{2au-u^2}} = -\sqrt{2au-u^2} + a\,\mathrm{arc\cos}\left(1-\frac{u}{a}\right)+c$$

61. $$\int \frac{u^2\,du}{\sqrt{2au-u^2}} = -\frac{(u+3a)}{2}\sqrt{2au-u^2} + \frac{3a^2}{2}\mathrm{arc\cos}\left(1-\frac{u}{a}\right)+c$$

62. $$\int \frac{du}{u\sqrt{2au-u^2}} = -\frac{\sqrt{2au-u^2}}{au}+c$$

63. $$\int \frac{du}{(2au-u^2)^{\frac{3}{2}}} = \frac{u-a}{a^2\sqrt{2au-u^2}}+c$$

삼각함수에 관한 공식

64. $$\int \sin u\,du = -\cos u + c$$

65. $$\int \cos u\,du = \sin u + c$$

66. $$\int \tan u\,du = -\log\cos u + c = -\log\sec u + c$$

67. $$\int \cot u\,du = \log\sin u + c = -\log\csc u + c$$

68. $$\int \sec u\,du = \log(\sec u + \tan u) + c = \log\tan\left(\frac{u}{2}+\frac{\pi}{4}\right)+c$$

69. $$\int \csc u\,du = -\log(\csc u + \cot u) + c = \log\tan\frac{u}{2}+c$$

70. $$\int \sec^2 u\,du = \tan u + c$$

71. $$\int \csc^2 u\,du = -\cot u + c$$

72. $$\int \sec u\tan u\,du = \sec u + c$$

73. $$\int \csc u\cot u\,du = -\csc u + c$$

74. $$\int \sin^2 u\,du = \frac{1}{2}(u-\sin u\cos u)+c = \frac{1}{2}u-\frac{1}{4}\sin 2u+c$$

75. $\displaystyle\int \cos^2 u\, du = \frac{1}{2}(u + \sin u \cos u) + c = \frac{1}{2}u + \frac{1}{4}\sin 2u + c$

76. $\displaystyle\int \tan^2 u\, du = \tan u - u + c$

77. $\displaystyle\int \sec^3 u\, du = \frac{1}{2}\sec u \tan u + \frac{1}{2}\log(\sec u + \tan u) + c$

78. $\displaystyle\int \sin \mu \sin \nu\, du = \frac{\sin(m-n)u}{2(m-n)} - \frac{\sin(m+n)u}{2(m+n)} + c$

79. $\displaystyle\int \sin mu \cos nu\, du = -\frac{\cos(m-n)u}{2(m-n)} - \frac{\cos(m+n)u}{2(m+n)} + c$

80. $\displaystyle\int \cos mu \cos nu\, du = \frac{\sin(m-n)u}{2(m-n)} - \frac{\cos(m+n)u}{2(m+n)} + c$

81. $\displaystyle\int u \sin u\, du = \sin u - u \cos u + c$

82. $\displaystyle\int u \cos u\, du = \cos u + u \sin u + c$

83. $\displaystyle\int u^2 \sin u\, du = (2 - u^2)\cos u + 2u \sin u + c$

84. $\displaystyle\int u^2 \cos u\, du = (u^2 - 2)\sin u + 2u \cos u + c$

85a. $\displaystyle\int \sin^m u \cos^n u\, du = -\frac{\sin^{m-1} u \cos^{n+1} u}{m+n} \int \sin^{m-2} u \cos^n u\, du$

85b. $\displaystyle\int \sin^m u \cos^n u\, du = -\frac{\sin^{m+1} u \cos^{n-1} u}{m+n} \int \sin^m u \cos^{n-2} u\, du$

86a. $\displaystyle\int \frac{du}{a + b\cos u} = \frac{2}{\sqrt{a^2 - b^2}} \arctan\left(\frac{\sqrt{a^2 - b^2}\tan\frac{u}{2}}{a+b}\right) + c$, 단 $a^2 > b^2$

86b. $\displaystyle\int \frac{du}{a + b\cos u} = \frac{1}{\sqrt{b^2 - a^2}} \log\left(\frac{a + b + \sqrt{b^2 - a^2}\tan\frac{u}{2}}{a + b - \sqrt{b^2 - a^2}\tan\frac{u}{2}}\right) + c$, 단 $b^2 > a^2$

87a. $\displaystyle\int \frac{du}{a + b\sin u} = \frac{2}{\sqrt{a^2 - b^2}} \arctan\left(\frac{a\tan\frac{u}{2} + b}{\sqrt{a^2 - b^2}}\right)$, 단 $a^2 > b^2$

87b. $\displaystyle\int \frac{du}{a + b\sin u} = \frac{1}{\sqrt{b^2 - a^2}} \log\left(\frac{a\tan\frac{u}{2} + b - \sqrt{b^2 - a^2}}{a\tan\frac{u}{2} + b + \sqrt{b^2 - a^2}}\right) + c$, 단 $b^2 > a^2$

역삼각함수에 관한 공식

88. $\int \arcsin u\, du = u \arcsin u + \sqrt{1-u^2} + c$

89. $\int \arccos u\, du = u \arccos u - \sqrt{1-u^2} + c$

90. $\int \arctan u\, du = u \arctan u - \frac{1}{2}\log(1+u^2) + c$

지수 및 대수함수에 관한 공식

91. $\int e^u\, du = e^u + c$

92. $\int a^u\, du = \frac{a^u}{\ln a} + c$

93. $\int u\, e^u\, du = e^u(u-1) + c$

94. $\int u^n\, e^u\, du = u^n\, e^u - n\int u^{n-1}\, e^u\, du$

95. $\int \frac{e^u}{n^n}\, du = -\frac{e^u}{(n-1)u^{n-1}} + \frac{1}{n-1}\int \frac{e^u\, du}{u^{n-1}}$

96. $\int \log u\, du = u \log u - u + c$

97. $\int u^n \sin u\, du = u^{n+1}\left[\frac{\log u}{n+1} - \frac{1}{(n+1)^2}\right] + c$

98. $\int \frac{du}{u \log u}\, duu \log u = \log(\log u) + c$

99. $\int e^{au} \sin nu\, du = \frac{e^{au}(a \sin nu - n \cos nu)}{a^2+n^2} + c$

100. $\int e^{au} \cos nu\, du = \frac{e^{au}(a \cos nu - n \sin nu)}{a^2+n^2} + c$

쌍곡선함수에 관한 공식

101. $\int \sinh u\, du = \cosh u + c$

102. $\int \cosh u\, du = \sinh u + c$

103. $\int \tanh u\, du = \log \cosh u + c$

104. $\int \coth u\, du = \log \sinh u + c$

105. $\int \operatorname{sech} u\, du = \arctan(\sinh u) + c$

106. $\int \operatorname{csch} u\, du = \log \tanh \frac{1}{2} u + c$

107. $\int \operatorname{sech}^2 u\, du = \tanh u + c$

108. $\int \operatorname{csch}^2 u\, du = -\coth u + c$

109. $\int \operatorname{sech} u \tanh u\, du = -\operatorname{sech} u + c$

110. $\int \operatorname{csch} u \coth u\, du = -\operatorname{csch} u + c$

111. $\int \sinh^2 u\, du = \frac{1}{4} \sinh 2u - \frac{1}{2} u + c$

112. $\int \cosh^2 u\, du = \frac{1}{4} \sinh 2u + \frac{1}{2} u + c$

113. $\int u \sinh u\, du = u \cosh u - \sinh u + c$

114. $\int u \cosh u\, du = u \sinh u - \cosh u + c$

115. $\int e^{au} \sinh nu\, du = \frac{e^{au}(a \sinh nu - n \cosh nu)}{a^2 - n^2} + c$

116. $\int e^{au} \cosh nu\, du = \frac{e^{au}(a \cosh nu - n \sinh nu)}{a^2 - n^2} + c$

Wallis의 공식(점화식)

117. $$\int_0^{\frac{\pi}{2}} \sin^n u\, du = \int_0^{\frac{\pi}{2}} \cos^n u\, du = \begin{cases} \dfrac{(n-1)(n-3)\cdots 4 \cdot 2}{n(n-2)\cdots 5 \cdot 3 \cdot 1}, & n\text{이 1보다 큰 홀수일 때} \\ \dfrac{(n-1)(n-3)\cdots 3 \cdot 1}{n(n-2)\cdots 4 \cdot 2} \cdot \dfrac{\pi}{2}, & n\text{이 짝수일 때} \end{cases}$$

118. $\int_0^{\frac{\pi}{2}} \sin^m u \cos^n u \, du$

$$= \begin{cases} \dfrac{(n-1)(n-3)\cdots 4 \cdot 2}{(m+n)(m+n-2)\cdots(m+5)(m+3)(m+1)}, \\ n\text{이 1보다 큰 홀수일 때} \\ \dfrac{(m-1)(m-3)\cdots 4 \cdot 2}{(n+m)(n+m-2)\cdots(n+5)(n+3)(n+1)}, \\ m\text{이 1보다 큰 홀수일 때} \\ \dfrac{(m-1)(m-3)\cdots 3 \cdot 2 \cdot (n-1)(n-3)\cdots 3 \cdot 1}{(m+n)(m+n-2)\cdots 4 \cdot 2} \cdot \dfrac{\pi}{2}, \\ m\text{과 } n\text{이 짝수일 때} \end{cases}$$

찾아보기

기초 미적분학

지은이 고정미 · 김홍철 · 김병도 · 김병문
김용찬 · 손성익 · 송병철 · 오주목
펴낸이 조경희
펴낸곳 경문사
펴낸날 2014년 3월 5일 1판 1쇄
2023년 3월 2일 1판 8쇄
등 록 1979년 11월 9일 제1979-000023호
주 소 04057, 서울특별시 마포구 와우산로 174
전 화 (02)332-2004 팩스 (02)336-5193
이메일 kyungmoon@kyungmoon.com

값 19,000원

ISBN 978-89-6105-653-3